国家自然科学基金面上项目(12171472)资助
江苏高校"青蓝工程"资助

Sato 理论与无限维李代数

程纪鹏　著

U0338108

中国矿业大学出版社
· 徐州 ·

内 容 简 介

本书介绍了Sato理论的核心内容KP及其相关可积方程族的相关知识，包括Lax方程、双线性方程、tau函数、平方本征函数对称、附加对称以及达布变换等问题. 同时，本书给出了如何利用无限维李代数的最高权表示来构造这些可积方程族及其约化，并研究了其相应的性质.

图书在版编目(CIP)数据

Sato理论与无限维李代数 / 程纪鹏著. —徐州：中国矿业大学出版社，2022.10

ISBN 978-7-5646-5572-3

Ⅰ. ①S… Ⅱ. ①程… Ⅲ. ①可积函数—研究②无限维—李代数—研究 Ⅳ. ①O174.1②O152.5

中国版本图书馆CIP数据核字(2022)第192241号

书　　名 Sato理论与无限维李代数

著　　者 程纪鹏

责任编辑 吴学兵

出版发行 中国矿业大学出版社有限责任公司

（江苏省徐州市解放南路　邮编221008）

营销热线 (0516)83885370　83884103

出版服务 (0516)83995789　83884920

网　　址 http://www.cumtp.com　**E-mail**：cumtpvip@cumtp.com

印　　刷 苏州市古得堡数码印刷有限公司

开　　本 787 mm×1092 mm　1/16　**印张** 12.25　**字数** 207千字

版次印次 2022年10月第1版　2022年10月第1次印刷

定　　价 48.00元

（图书出现印装质量问题，本社负责调换）

前　言

Sato 理论，是以日本京都大学著名数学家 Mikio Sato(沃尔夫奖获得者)命名的关于 Kadomtsev-Petviashvili(简称 KP)及其相关方程族的一系列可积系统理论，是孤立子与可积系统的重要研究分支之一，在现代数学与物理领域具有广泛的应用. Sato 理论核心内容是 tau 函数理论. 注意到 KP 方程族的 tau 函数，定义为真空在无限维李代数 A_∞ 对应群 GL_∞ 作用下的轨道，这里的真空是 A_∞ 的最高权向量. 借助 A_∞ 的费米与玻色表示，可以给出 KP 方程族 tau 函数所满足的双线性等式. 进一步利用拟微分算子，可以给出 KP 方程族的 Lax 方程形式. 因此无限维李代数的最高权表示在 Sato 理论中起着非常重要的作用.

目前，已经有许多非常优秀的关于 Sato 理论方面的教材与讲义，但是 Sato 理论的研究内容非常广泛，并且均侧重于作者本身的研究背景与特点. 此外，本人在从事 Sato 理论的研究时，发现很多不同的知识点散落于不同的教材或讲义中，缺少一本符合自身研究需求的著作. 同时也想借此机会，将本人的最新研究成果进行归纳总结. 这是本人编写这本书的主要目的.

本人最早接触 Sato 理论是在首都师范大学读硕士期间(2005—2008 年)，吴可教授与赵伟忠教授介绍了经典讲义 *Transformation Groups for Soliton Equations* 中关于 KP 方程族的内容. 之后在中国科技大学读博期间(2008—2011 年)，在贺劲松教授与胡森教授的精心指导下，我认真学习了 *Soliton Equations and Hamiltonian Systems* 以及其他关于 Sato 理论的各种经典文献与讲义，并从事了关于 KP 及其相关方程族的平方本征函数对称、附加对称与随机矩阵的研究. 2011 年进入中国矿业大学工作，继续从事

KP 及其相关方程族的研究，开始阅读与撰写关于达布变换的论文，并于 2012 年和 2013 年分别申请到国家自然科学基金：数学天元基金与青年基金项目，均与 Sato 理论研究密切相关. 2016 年 9 月至 2018 年 11 月，先后在清华大学张友金教授与日本东京大学 Todor Milanov 教授指导下进行访问学习，系统学习了无限维李代数构造可积系统的各种方法，并逐渐开始以无限维李代数为工具研究 KP 及其相关可积方程族. 本书着重研究 Sato 理论中 KP 及其相关方程族的 tau 函数、双线性等式、达布变换、平方本征函数对称与附加对称，以及探讨如何利用无限维李代数的最高权表示来构造与研究可积系统等问题.

本书共分为七章. 第一章是绪论部分，主要介绍了孤立子与可积系统的发展历史，KP 及其相关方程族的研究背景与研究现状，以及无限维李代数在构造可积系统方面的研究. 第二章主要介绍了拟微分算子与无限维矩阵的性质，这也是后面 KP 与 Toda 方程族的基础. 第三章主要介绍了 KP 方程族的 Lax 方程、Sato 方程、双线性方程以及 tau 函数等基本概念，并讨论了 KP 方程族的平方本征函数对称、附加对称与对称约束和达布变换等问题. 第四章和第五章主要介绍了 mKP 与 Toda 方程族的 Lax 结构、双线性等式及平方本征函数对称与附加对称等. 第六章和第七章主要介绍了如何利用无限维李代数的最高权表示构造可积系统，内容包括无限维李代数 A_∞ 以及子代数 $A_1^{(1)}$ 的费米与玻色表示，在此基础上构造了 KP 与 Toda 方程族，并利用 Kac-Wakimoto 的构造方式与 Casimir 算子的分解，验证了 $A_1^{(1)}$-可积方程族正是 KdV 方程族.

Sato 理论的其他内容还有很多，比如 KP 方程族的 Hamiltonian 结构可以参考 Dickey 教授编写的 *Soliton Equations and Hamiltonian Systems*，KP 方程族的 Grassmannian 可以参考 Segal 与 Wilson 教授的经典文献 *Loop Groups and Equations of KdV Type*，KP 方程族的代数理论可以参考 Mulase 教授的 *Algebraic Theory of the KP Equations*，与随机矩阵相关的内容可以参考 Harnad 教授主编的 *Random Matrices*，*Random Processes and Integrable Systems*，与 Gromov-Witten 理论相关的内容可以参考 Guest

教授编写的 *From Quantum Cohomology to Integrable Systems*.

在本书的撰写过程中,贺劲松教授在百忙之中阅读本书初稿并提出宝贵意见;书稿的 Tex 录入与排版校对得到了李传忠教授、田可雷副教授、芮文娟副教授、吴彦强副教授以及研究生杨艺、王申、管文闯、郭蔚慈、张媛媛、党盼盼、李亚娟、崔彤彤等的大力帮助,在此表示衷心的感谢.特别感谢各位导师:吴可教授、赵伟忠教授、贺劲松教授、胡森教授、张友金教授、Todor Milanov 教授等给予的精心指导.最后,本书出版得到了国家自然科学基金面上项目(批准号:12171472)和江苏高校"青蓝工程"的资助.

Sato 理论的研究内容非常广泛,加上本人水平有限与时间仓促,书中难免存在不足之处,恳请广大读者批评指正.

作 者

2022 年 5 月

目　录

第一章　绪论 ………………………………………………………… 1

1.1　Sato 理论简介 ………………………………………………… 1

1.2　KP 及其相关方程族的对称 ……………………………………… 10

1.3　KP 及其相关方程族的 Darboux 变换 ……………………………… 12

1.4　可积系统与无限维李代数 ………………………………………… 13

第二章　拟微分算子与无限维矩阵 ………………………………… 16

2.1　拟微分算子 ……………………………………………………… 16

2.2　无限维矩阵 ……………………………………………………… 20

第三章　KP 方程族 ………………………………………………… 23

3.1　KP 方程族简介 …………………………………………………… 23

3.2　KP 方程族的对称 ………………………………………………… 44

3.3　约束 KP 方程族 …………………………………………………… 55

3.4　KP 方程族的 Darboux 变换 ……………………………………… 60

第四章　mKP 方程族 ……………………………………………… 71

4.1　mKP 方程族简介 ………………………………………………… 71

4.2　mKP 方程族的对称 ……………………………………………… 77

4.3　约束 mKP 方程族的 Virasoro 对称 ……………………………… 81

4.4　Miura 变换 ……………………………………………………… 84

4.5　mKP 方程族的 Darboux 变换 …………………………………… 87

第五章 Toda 方程族 …… 93
5.1 Toda 方程族简介 …… 93
5.2 Toda 方程族的对称 …… 100

第六章 李代数 A_∞ 与可积系统 …… 111
6.1 李代数 A_∞ 简介 …… 111
6.2 李代数 A_∞ 的费米表示 …… 112
6.3 李代数 A_∞ 的玻色表示 …… 120
6.4 A_∞-可积系统 …… 134

第七章 李代数 $A_1^{(1)}$ 与可积系统 …… 140
7.1 李代数 $A_1^{(1)}$ 简介 …… 140
7.2 李代数 $A_1^{(1)}$ 的表示 …… 145
7.3 可积系统的 Kac-Wakimoto 构造 …… 150
7.4 $A_1^{(1)}$-可积方程族 …… 153
7.5 Casimir 算子的分解 …… 157

参考文献 …… 167

第一章 绪 论

1.1 Sato 理论简介

Sato 理论是以日本著名数学家 Mikio Sato 命名的关于 Kadomtsev-Petviashvili(简称 KP)及其相关方程族的一系列可积系统理论，是孤立子与可积系统的重要研究分支之一. 本节从孤立子与可积系统的发展历史出发，介绍 Sato 理论中的 KP 及其相关可积方程族.

1.1.1 孤立子与可积系统

Liouville 意义下的完全可积系统是一个很有意义并具有很长历史的数学研究课题[1]. 但是，学术界一直认为只有很少的系统是完全可积的，因而完全可积性在数学上的普适性受到了怀疑. 直到后来对 Fermi-Pasta-Ulam (简称 FPU)问题[2-3]的研究，导致了孤立子(Soliton)的提出[4]、Toda 格点方程的发现[5]、反散射方法的创立[6]，发现了很多完全可积系统，从而消除了这个怀疑. 因此，现代可积系统研究起源于 FPU 问题的说法，已被很多学者所接受.

1954—1955 年，著名的物理学家 E. Fermi，J. Pasta 和 S. Ulam 利用计算机进行了一维非谐晶格的实验研究. 实验中，他们将 64 个质点用非线性弹簧连接成一条非线性振动弦. 初始时，这些谐振子的所有能量都集中在一个质点上，其他 63 个质点的初始能量为零. 他们发现由于非线性效应的存在，经过相当长时间以后并没有(如统计物理中能量均分定理所描述的那样)出现所有质点能量相同的状态，反而出现了几乎全部能量又回到了原先初始分布的现象(也就是周期回归现象)，这就是著名的 FPU 问题.

FPU 问题的研究，至少从两个方向直接推动了可积系统的研究. 第一个是在 1965 年，美国科学家 N. J. Zabusky 和 M. D. Kruskal[4] 从 FPU 问题的运动方程出发，通过连续极限给出了 Korteweg-de Vries（简称 KdV）方程，并研究了 KdV 方程的数值解和周期回归现象（尽管他们用的是周期边条件，与 FPU 的固定边条件不同）. 值得一提的是：他们通过数值解意外地发现，以不同速度运动的两个孤波在相互碰撞后，仍然保持各自原有的能量，动量的集中形态，其波形和速度具有极大的稳定性，就像弹性粒子的碰撞过程一样，所以完全可以把孤波当作刚性粒子看待. 于是，他们将这种具有粒子性的孤波，命名为孤立子. 第二个是受到 J. Ford[7-8] 关于 FPU 系统没有出现能量均分原因分析的启发，日本物理学家 M. Toda 相信格点系统存在解析解，并在引入了指数型相互作用的格点后，提出了可解的格点方程[5]（现在被称为 Toda 格点方程）. Toda 格点方程被认为是目前 FPU 系统最好的近似[3].

N. J. Zabusky 和 M. D. Kruskal 关于 KdV 孤立子解的工作[4] 直接推动了反散射方法的创立. C. S. Gardner，J. M. Greene，M. D. Kruskal 和 R. M. Miura（简称 GGKM）等人于 1967 年[6] 提出了求解 KdV 方程的反散射方法（Inverse Scattering Method），并得出了 KdV 方程中 N 个孤波相互作用的精确解. 随后，P. D. Lax[9] 于 1968 年通过引入 Lax 对（两个关于 x 的微分算子 L，A），将孤子方程的求解问题与 Lax 对所定义的线性方程组（二阶线性本征值问题和线性时间演化问题）的求解联系起来，从而使反散射方法的数学形式表述得更为简洁. 后来，M. J. Ablowitz，D. J. Kaup，A. C. Newell 和 H. Segur[10-11]（简称 AKNS）等人提出一阶谱问题及其相关时间演化，建立了 AKNS 系统，并将其完善为一种较普遍的解析方法[12]，从而极大地推进了孤立子方程的构造和求解. 这些孤立子方程都是完全可积系统，从而彻底消除了人们对可积性普适性的疑惑.

可积系统逐渐成为数学里的一个重要研究领域，越来越多的数学家对其产生了浓厚的兴趣，包括 P. D. Lax，I. M. Gel'fand，V. G. Drinfeld，S. P. Novikov，M. Adler 和 M. Sato 等在内的许多著名数学家都对可积系统进行了相关研究，并取得一系列的研究成果[9,13-19]，为这一领域的发展作出了巨大的贡献，极大地推动了可积系统的发展. 值得注意的是：自 1980 年起，KP

方程族开始成为经典可积系统领域中最重要的研究课题之一. 学者们围绕着 KP 方程族展开了很多研究,特别是 M. Sato 等在 KP 可积方程族方面作出了很多原创性贡献[17-19]. M. Sato(1928—)是一位日本数学家,1963 年博士毕业于东京大学,师从诺贝尔物理学奖(1965 年)获得者 Sin-Itero Tomonaga. 先后在大阪大学与东京大学任教. 之后从 1970 年开始,在著名的京都大学数理解析研究所(RIMS)工作,并于 1987—1991 年担任数理解析研究所的所长,1993 年成为美国科学院院士,1997 年获得肖克奖,2003 年获得沃尔夫奖. M. Sato 在代数分析、数学物理、可积系统领域具有很多开创性贡献[20-21].

M. Sato 在 Hirota 双线性方法[22]的基础上,发展了关于 KP 方程族的 tau 函数理论[17-19]. R. Hirota 通过引入 Hirota 双线性算子以及相应的变换(事实上为引入 tau 函数),可以将孤子方程写成 Hirota 双线性的形式,并利用普通约化微扰法给出相应的孤子解[22]. M. Sato 利用代数分析的方法,将 Hirota 变换中的 tau 函数看成无穷维 Grassmannian 的一个点,从而可以将 Hirota 双线性关系理解为无穷维 Grassmannian 的 Plücker 坐标关系. 后来经过 M. Sato, Y. Sato 及其学生 E. Date, M. Jimbo, M. Kashiwara 和 T. Miwa 等(简称 DJKM)[23-25]的努力,逐渐形成了著名的京都学派. 他们研究的关于 KP 及其相关方程族的一系列理论,称为 Sato 理论.

1.1.2 KP 方程族

KP 方程族最早的描述方式主要有两种. 一种是利用拟微分算子,这里主要有 20 世纪 70 年代 I. M. Gel'fand 和 L. A. Dickey[26]基于拟微分算子引入了 Gelfand-Dickey(简称 GD)可积方程族. GD 方程族可以看成 KdV 方程族的推广. 同时 GD 方程族也可以看作另一个十分重要而且更广泛的可积系统 KP 方程族[23,26]的 n-约化. M. Sato[17]于 1981 年在利用拟微分算子时,将 KP 方程族看作一个线性谱问题的相容性条件,给出了相应的 Lax 方程,

$$\partial_{t_n} L=[(L^n)_{\geqslant 0}, L], \tag{1.1}$$

其中,Lax 算子 $L=\partial+\sum_{j=1}^{\infty} u_{j+1}\partial^{-j}$ 为拟微分算子,$(L^n)_{\geqslant 0}$ 表示 L^n 中 ∂ 非负阶部分(符号含义见 § 2.1),$\partial_{t_n} L$ 表示对 L 中的系数关于 t_n 求导,后面为方便起见有时候也用 L_{t_n} 来表示 $\partial_{t_n} L$.

另一种是借助 tau 函数所满足的双线性等式. E. Date、M. Jimbo、M. Kashiwara 和 T. Miwa 在 M. Sato 与 Y. Sato 研究的基础上，借助全纯量子场论的方法，发展了孤子方程的变换群理论[23,27-33]. 他们将 KP 方程族的 tau 函数看成是 GL_∞ 的真空轨道，从而可以借助无限维李代数最高权表示的方法来构造双线性等式，

$$\oint_{z=\infty}\frac{\mathrm{d}z}{2\pi i}\tau(t-[z^{-1}])\tau(t'+[z^{-1}])\mathrm{e}^{\xi(t-t',z)}=0,$$

这里 $\xi(t,z)=\sum_{j=1}^{\infty}t_jz^j$，$[z^{-1}]=(z^{-1},z^{-2}/2,\cdots)$. 并且 $\oint_{z=\infty}\frac{\mathrm{d}z}{2\pi i}$ 的积分路径为 $|z|=R$ 取逆时针方向（R 充分大），因此 $\oint_{z=\infty}\frac{\mathrm{d}z}{2\pi i}=-\mathrm{Res}_{z=\infty}$. 后面为了方便起见，在不需要指明积分路径的时候，我们仅用 Res_z 来代替 $-\mathrm{Res}_{z=\infty}$，即 $\mathrm{Res}_z\sum_i a_iz^i=a_{-1}$.

KP 方程族的出现，使得通过一个统一的方式来理解孤子与可积系统成为可能. 例如，可以利用无限维李代数的最高权表示来理解反散射、Hirota 双线性方法、Bäcklund 变换与 Miura 变换等问题. 以 KP 方程族为核心的 Sato 理论目前已经在各个方面具有重要应用，下面引用 M. Mulase 在 KP 方程族的综述论文[34]中的话来说明.

"After 1980, the KP theory has developed at an enormous rate. Let us just enumerate some of the mathematical subjects known to be related with the KP equations: algebraic curves, theta functions, commuting ordinary differential operators, Schur polynomials, infinite-dimensional Grassmannians, affine Kac-Moody algebras, vertex operators, loop groups, Jacobian varieties, the determinant of the Cauchy-Riemann operators, symplectic geometry, string theory, conformal field theory, determinant line bundles on moduli spaces of algebraic curves and their cohomology, vector bundles on curves, Prym varieties, commuting partial differential operators, 2-dimensional quantum gravity, matrix models and intersection theory of cohomology classes of moduli spaces of stable algebraic curves. To make this list complete, we have to add an even larger number of subjects from applied mathematics."

1.1.3 KP 方程族的子方程族

1.1.3.1 BC_r-KP 方程族

在 E. Date, M. Jimbo, M. Kashiwara 和 T. Miwa 的孤子变换群系列论文[32]中，给出了 KP 方程族的子方程族

$$\mathrm{Res}_z z^{r-1}\psi(t,z)\psi(t',-z)=\delta_{r0},r\geqslant 0, \tag{1.2}$$

这里

$$\psi(t,z)=\frac{\tau(t-[z^{-1}])}{\tau(t)}e^{\xi(t,z)}$$

为 KP 方程族的波函数，其中 $\tau(t)$ 为 KP 方程族的 tau 函数. 通过式(1.2)可以得到如下的 Lax 算子约束，也就是 $r\geqslant 1$ 时存在微分算子 Q 满足

$$Q=(-1)^r Q^*=\partial^{r-1}+\text{低阶项},L^*=-Q^{-1}LQ,$$

这里 * 为拟微分算子的共轭运算，具体见 § 2.1.2. 特别是在 $r=0$ 时，等价于 $L^*=-\partial L\partial^{-1}$；在 $r=1$ 时，$L^*=-L$. 由于上面的约束条件，可以发现式(1.2)确定的 Lax 方程(1.1)仅有奇数时间流. $r=0$ 与 $r=1$ 时分别对应于 BKP 与 CKP 方程族. 更一般的情形被左达峰教授称为 BC_r-KP 方程族[35].

1.1.3.2 BKP 方程族

首先 BKP 方程族作为 KP 方程族的子方程族[23,32]，相应的波函数可以借助 KP 方程族的 tau 函数 τ_{KP} 来进行表达. 具体如下：BKP 方程族继承了 KP 方程族的 tau 函数，但是由于波函数中偶数时间流强制为 0，导致相应的波函数与 tau 函数的关系如下

$$\psi(t,z)=\frac{\tau_{\mathrm{KP}}(t_1-z^{-1},-z^{-2}/2,t_3-z^{-3}/3,-z^{-4}/4,\cdots)}{\tau_{\mathrm{KP}}(t_1,0,t_3,0,\cdots)}e^{\tilde{\xi}(t,z)}, \tag{1.3}$$

这里 $t=(t_1,t_3,t_5,\cdots)$，$\tilde{\xi}(t,z)=\sum_{n=0}^{\infty}t_{2n+1}z^{2n+1}$. 这个 tau 函数使用难点在于式(1.3)中偶数时间流部分的移动. 不过幸运的是 BKP 方程族有属于自己单独的 tau 函数 $\tau_b(t)$，满足

$$\psi(t,z)=\frac{\tau_b(t-2[z^{-1}]_{\mathrm{odd}})}{\tau_b(t)}e^{\tilde{\xi}(t,z)},$$

其中，$[z^{-1}]_{\mathrm{odd}}=\left(z^{-1},\frac{1}{3}z^{-3},\cdots\right)$，于是 BKP 方程族与 KP 方程族非常类似，

因此在很多问题处理上可以借鉴 KP 方程族的方法. 但是由于 BKP 约束 $L^* = -\partial L\partial^{-1}$ 的存在,又带来了很大的差别. 处理 BKP 方程族相关问题时必须与 BKP 约束相容才可以,例如附加对称[36]与达布变换[37-38]等.

1.1.3.3 CKP 方程族

CKP 方程族[32]的约束条件 $L^* = -L$ 虽然简单,但是由于 tau 函数的特殊性,因此各类问题的处理,尤其是涉及 CKP tau 函数的问题都相对比较困难. CKP 方程的 tau 函数主要有三种. 第一种类似于 BKP 方程族,CKP 方程族也可以作为 KP 方程族的子方程族,但这个 tau 函数使用的难点同样在于偶数时间流部分的移动. 为此,DJKM 在文献[32]中建议可以利用自由玻色子来构造 CKP 方程族的 tau 函数. 第二种是 J. van de Leur 等在文献[39]中在 DJKM 工作的基础上,利用自由玻色子构造了一个 CKP 方程族的 tau 函数,但是这个 tau 函数含有 Grassmann 奇变量,即有超对称部分. 在具体使用的时候,需要利用超对称部分展开,这就导致了无穷多个 tau 函数. 第三种是常亮与吴朝中教授在文献[40]中引入了一个真正的 CKP 方程族的 tau 函数 $\tau_c(t)$,其表达式如下:

$$\psi(t,\lambda)=\left(1+\frac{1}{\lambda}\partial_x\log\frac{\tau_c(t-2[\lambda^{-1}]_{\mathrm{odd}})}{\tau_c(t)}\right)^{1/2}\frac{\tau_c(t-2[\lambda^{-1}]_{\mathrm{odd}})}{\tau_c(t)}\mathrm{e}^{\tilde{\xi}(t,\lambda)}, \tag{1.4}$$

这里 $t=(t_1,t_3,\cdots)$,$\tilde{\xi}(t,\lambda)=\sum_{n=0}^{\infty}t_{2n+1}\lambda^{2n+1}$. 但是利用该 tau 函数不能得到相应的 Hirota 双线性等式,主要原因是式(1.4) 中有一个开方项不易处理. 综上可知,CKP 方程族的三种 tau 函数各有优缺点,因此需要根据不同的目的,选择不同类型的 tau 函数.

1.1.3.4 k-GD 方程族与 k-约束 KP 方程族

除了 BC_r-KP 方程族之外,KP 方程族的子方程族还有 k-GD 方程族,即在 KP 方程族的 Lax 算子 L 上施加如下的约束

$$L^k=(L^k)_{\geqslant 0}.$$

于是根据式(1.1),可以发现 k-GD 方程族不依赖时间流 t_{kp}, $p=1,2,3,\cdots$. 特别地,$k=2$ 时为 KdV 方程族,而 $k=3$ 时为 Boussinesq 方程族. k-GD 方程族的进一步推广是 k-约束 KP 方程族,其定义如下:

$$L^k=(L^k)_{\geqslant 0}+q\partial^{-1}r,$$

这里 q 与 r 分别为 KP 方程族的本征函数与共轭本征函数，满足 $q_{t_n}=(L^n)_{\geqslant 0}(q)$ 以及 $r_{t_n}=-(L^n)^*_{\geqslant 0}(r)$. 约束 KP 方程族是由程艺教授与李翊神教授[41-43]以及 W. Strampp 等[44]在曹策问教授的非线性化工作[45]的基础上提出的. 其中，1-约束 KP 方程族对应 AKNS 方程族[41,43]，2-约束 KP 方程族对应 Yajima-Oikawa 方程族[43].

1.1.4 KP 方程族的推广

1.1.4.1 KP 方程族的非标准推广

假定 $\mathfrak{D}$ 为全体拟微分算子组成的集合(具体见§2.1)，则 $\mathfrak{D}$ 有如下分解

$$\mathfrak{D}=\Big\{\sum_{i\geqslant k}u_i\partial^i\Big\}\oplus\Big\{\sum_{i<k}u_i\partial^i\Big\}:=\mathfrak{D}_{\geqslant k}\oplus\mathfrak{D}_{<k},$$

特别是当且仅当 $k=0,1,2$ 时，$\mathfrak{D}_{\geqslant k}$ 和 $\mathfrak{D}_{<k}$ 为 $\mathfrak{D}$ 的子代数[46-47]，也就是

$$[\mathfrak{D}_{\geqslant k},\mathfrak{D}_{\geqslant k}]\subset\mathfrak{D}_{\geqslant k},[\mathfrak{D}_{<k},\mathfrak{D}_{<k}]\subset\mathfrak{D}_{<k}.$$

根据 Adler-Kostant-Symes 框架[13]，构造定义在 $\mathfrak{D}$ 上的 Lax 方程[46-47]

$$\partial_{t_n}L=[(L^n)_{\geqslant k},L],$$

这里 $k=0,1,2$ 分别对应着 KP，modified KP(mKP)与 Harry-Dym 可积方程族，其对应的 Lax 算子 L 分别为

$$L=\begin{cases}\partial+u_2\partial^{-1}+u_3\partial^{-2}+\cdots, & k=0;\\ \partial+u_1+u_2\partial^{-1}+\cdots, & k=1;\\ u_0\partial+u_1+u_2\partial^{-1}+\cdots, & k=2;\end{cases}$$

并且分别因为包含下面著名的 2+1 维方程而得名：

$$k=0:\quad 4u_{2tx}=(u_{2xxx}+12u_2u_{2x})_x+3u_{2yy},\qquad \text{(KP)}$$

$$k=1:\quad 4u_{1tx}=(u_{1xxx}-6u_1^2u_{1x})_x+3u_{1yy}+6u_{1x}u_{1y}+6u_{1xx}\partial^{-1}u_{1y},\qquad \text{(mKP)}$$

$$k=2:\quad 4u_{0t}=u_0^3u_{0xxx}-3\frac{1}{u_0}\left(u_0^2\partial^{-1}\left(\frac{1}{u_0}\right)_y\right)_y,\qquad \text{(Harry-Dym)}$$

这里 $t_2=y,t_3=t$. 其中，$k=1,2$ 情形被称为非标准可积方程族，这个概念是由著名的可积系统专家 B. A. Kupershmidt 在研究经典无色散长波方程的色散推广时提出来的[48]. 非标准可积方程族是对标准 KP 可积方程族在

Sato 理论框架下的进一步推广. $k=1$ 情形被称为 Kupershmidt-Kiso 版本的 mKP 方程族[46-50]，与 $k=0$ 时候的 KP 方程族之间存在着 Miura 关系[46-47,51-52]. $k=1$ 与 $k=2$ 之间通过互反律相联系[46-47].

1.1.4.2　$(l-l')$次 mKP 方程族

上一节提到的 mKP 方程族是$(l-l')$次 mKP 方程族的特殊情形. 在 20 世纪 80 年代，$(l-l')$次 mKP 方程族由 E. Date、M. Jimbo、M. Kashiwara、T. Miwa 等在文献[24,27]中提出，主要形式是如下的 tau 函数所满足的双线性等式[24,53]

$$\mathrm{Res}_\lambda \lambda^{l-l'}\tau_l(t-[\lambda^{-1}])\tau_{l'}(t'+[\lambda^{-1}])\mathrm{e}^{\xi(t-t',\lambda)}=0,\quad l\geqslant l'. \tag{1.5}$$

注意到 0 次 mKP 方程族正是 KP 方程族. 而 1 次 mKP 方程族作为最简单的 mKP 方程族，满足下面的双线性等式

$$\mathrm{Res}_\lambda \lambda\tau_1(t-[\lambda^{-1}])\tau_0(t'+[\lambda^{-1}])\mathrm{e}^{\xi(t-t',\lambda)}=0.$$

在 τ_0 与 τ_1 均是 KP 方程族 tau 函数的前提下，与下面的双线性等式[53]等价（具体参考后面的命题 4.8）

$$\mathrm{Res}_\lambda \tau_0(t-[\lambda^{-1}])\tau_1(t'+[\lambda^{-1}])\mathrm{e}^{\xi(t-t',\lambda)}=\tau_1(t)\tau_0(t'),$$

而该双线性等式对应于 Kupershmidt-Kiso 版本的 mKP 方程族[46-50]. 一次 mKP 可积方程族可以作为耦合 mKP 可积方程族的特殊情形[54]. 在本书中如果不做特别说明，我们所说的 mKP 方程族就是指 Kupershmidt-Kiso 版本的 mKP 方程族.

更一般的$(l-l')$次 mKP 方程族对应的 Lax 结构有多种方式. 第一种是 B. A. Kuperschmidt[55]，程艺教授[56]以及 F. Gesztezy 与 K. Unterkofler[57]给出. 其基本思想是将 KdV 方程与 mKdV 方程之间的 Miura 关系（利用算子分解来描述[26]），推广到 KP 与 mKP 的情形. 这样做首先需要 KP 方程族的 Lax 算子分解，但是注意到拟微分算子不能够写成一阶微分算子的乘积. 而且这种方式用的算子分解一部分是拟微分算子，一部分是一阶微分算子，缺少对称性，并且无法表达不同 Lax 算子之间的 Bäcklund 变换等. 为此，L. A. Dickey 等在文献[58]中放弃了算子分解的思想，并给出了一个新的解决方式，即通过如下的方式来表达不同 Lax 算子 L_i 之间的关系，

$$L_{i+1}(\partial+v_i)=(\partial+v_i)L_i,\quad i\in\mathbb{Z}.$$

相应的$(l-l')$次 mKP 方程族的 Lax 结构定义如下：

$$\partial_{t_n} L_0=[(L_0^n)_{\geqslant 0}, L_0], \partial_{t_n} v_i=(L_{i+1}^n)_{\geqslant 0}(\partial+v_i)-(\partial+v_i)(L_i^n)_{\geqslant 0}.$$

最后一种表达形式可以借助移动算子 Λ(相应符号的含义见§2.2),也就是 $\Lambda(f(s))=f(s+1)$,相应的 Lax 算子为

$$L=\Lambda+u_0(s)+u_1(s)\Lambda^{-1}+\cdots,$$

以及 Lax 方程如下

$$\partial_{t_n} L=[(L^n)_{\geqslant 0}, L],$$

这正是离散 KP 方程族[59].

1.1.4.3 Toda 方程族

$(l-l')$次 mKP 方程族进一步的推广是二维 Toda 方程族[24,60-62],简称 Toda 方程族

$$\oint_{z=\infty} \frac{dz}{2\pi i} z^{l-l'} e^{\xi(x-x',z)} \tau_l(x-[z^{-1}], y)\tau_{l'}(x'+[z^{-1}], y')$$
$$=\oint_{z=0} \frac{dz}{2\pi i} z^{l-l'} e^{\xi(y-y',z^{-1})} \tau_{l+1}(x, y-[z])\tau_{l'-1}(x', y'+[z]), \quad (1.6)$$

这里 $x=(x_1,x_2,\cdots)$, $y=(y_1,y_2,\cdots)$. 特别地当 $y=y'$ 以及 $l\geqslant l'$ 时,Toda 方程族的双线性等式(1.6)右端变为 0,从而变为$(l-l')$次 mKP 方程族(1.5). 相应的 Lax 结构由 K. Ueno 和 K. Takasaki 在文献[62]中仿照 KP 可积方程族的构造方法给出,具体如下:

$$\partial_{x_n} L_1=[(L_1^n)_{\geqslant 0}, L_1], \partial_{x_n} L_2=[(L_1^n)_{\geqslant 0}, L_2],$$
$$\partial_{y_n} L_1=[(L_2^n)_{<0}, L_1], \partial_{y_n} L_2=[(L_2^n)_{<0}, L_2],$$

其中,

$$L_1=\Lambda+a_0(s)+a_1(s)\Lambda^{-1}+\cdots,$$
$$L_2=b(s)\Lambda^{-1}+b_0(s)+b_1(s)\Lambda+\cdots,$$

相应符号的含义见§2.2. 如果不做特别说明,本书中的 Toda 方程族就是指上述二维 Toda 方程族.

Toda 方程族的子方程族,主要有如下一些类型:

- B 型与 C 型 Toda 方程族[62],分别要求 Toda 方程族的两个 Lax 算子所对应的无穷维矩阵落入无穷维李代数 $o(\infty)$ 与 $sp(\infty)$.
- k-约化[62],也就是 k 周期 Toda 方程族,即要求 $L_1^k=\Lambda^k$, $L_2^k=\Lambda^{-k}$.
- 一维 Toda 方程族[62-64],即要求 $L_1=L_2$.

1.1.4.4 KP 方程族的其他推广

KP 方程族的其他推广还有如下一些类型：

· 超对称推广. 主要有三种类型：Manin-Radul 型，参考文献有[65-66]；Jacobian 型，参考文献有[67-68]；Kac-van de Leur 型，参考文献有[69-70].

· 差分推广. 主要有 q-差分与离散差分两种，并且这两种是等价的，参考文献有[60]. 经典文献主要有[59,71-77].

· 多分量推广. 经典文献有[62,78-82].

· 全离散推广. 例如文献[83-84].

· log 流推广. log 时间流推广非常重要，与 Gromov-Witten 不变量具有重要关系. 这里的经典文献有[85-91].

· 无色散推广. 经典文献有[92-93].

· 非交换推广. 主要文献有[94-97]，Moyal KP 方程族的参考文献有[98-99]，四元数 KP 方程族的参考文献有[100].

· 自相容源推广. 主要文献有[101-105].

1.2 KP 及其相关方程族的对称

对称[106]在可积系统的研究中一直处于很重要的地位. 许多可积系统的重要性质，例如：Noether 守恒律、Hamiltonian 结构、Darboux 变换以及约化问题，都是与对称的研究具有密切关系的. 这里主要讨论两种对称：平方本征函数对称与附加对称.

1.2.1 平方本征函数对称

平方本征函数对称，又称为“ghost”对称，是一类由本征函数和共轭本征函数生成的对称性，起源于非线性化[45]. W. Oevel 在文献[107]中给出了 KP 方程族的平方本征函数对称. 随后，人们广泛参与研究，参考文献有[49,101-103,105,107-118]. 平方本征函数对称的重要性主要有如下几点：

· 定义约束可积系统. 事实上，将平方本征函数对称与某个时间流等同起来就可以定义约束可积系统[41-44,115-116,119-126].

· 作为附加对称的生成函数. 当定义平方本征函数对称的本征函数与

共轭本征函数分别为波函数与共轭波函数时,对应的平方本征函数对称可以看成是附加对称的生成元[49,108,110-114].

· 定义约束可积系统的附加对称.例如在 Virasoro 对称的基础上增加适当的平方本征函数对称,可以得到约束可积系统的附加对称,见文献[49,127-130].

· 平方本征函数对称可以作为二元 Darboux 变换的无穷小生成元[118].

注意到平方本征函数对称与平方本征势(Squared Eigenfunction Potential,简称 SEP)[107]密切相关.KP 方程族的 SEP 定义为本征函数与共轭本征函数乘积的积分,其前身其实是在文献[131]中引入的 Cauchy-Baker-Akhiezer 核,这是研究 Riemann 曲面上的向量作用以及 τ 函数 Virasoro 作用的重要对象.H. Aratyn 等[108]对 KP 方程族的 SEP 以及平方本征函数对称进行了系统的研究,通过将 SEP 作为 KP 方程族定义的基本单元,他们建立了 KP 方程族理论的另一种描述形式,称之为 SEP 方法.其关键点在于 KP 方程族的本征函数存在一个用 SEP 作为谱密度的谱表示.在文献[49,112-115,122,124]中,BKP 与 CKP 方程族,mKP 方程族以及离散 KP 方程族的 SEP 与谱表示均得到研究.

1.2.2 附加对称

本书研究的另一个重要的对称就是附加对称,它与平方本征函数对称之间有着密切的关系[108].事实上,当定义平方本征函数对称的本征函数与共轭本征函数分别是波函数和共轭波函数时,该对称可以看成附加对称的生成函数.附加对称的重要特征在于它是明显依赖时空变量的,具有两种不同的表述形式:

· 一种是由 B. Fuchssteiner, A. S. Fokas 和 W. Oevel[132-134],以及 H. H. Chen 等[135]引入的,后来由 A. Y. Orlov 和 E. I. Shulman[136]从微分算子的观点给出其简洁形式.

· 另一种是 M. Sato[23,26]等通过顶点算子作用在 τ 函数上的 Sato Bäcklund 变换来实现的.

这两种不同的表达形式可以通过 Adler-Shiota-van Moerbeke 公式(简

称 ASvM)[60,137-139]来联系.附加对称在弦方程以及 2 维量子引力中矩阵模型的广义 Virasoro 约束中具有重要的应用(见文献[26,139]以及里面的文献).

到目前为止,各种可积模型的附加对称以及相关问题得到了广泛研究,经典文献有[36,49,59-60,95,108,118,127-129,137-138,140-160]. 例如 BKP 和 CKP 方程族的附加对称. K. Takasaki[154]用算子的形式构造 BKP 方程族的附加对称,J. van de Leur[157-158]用代数的方法对 Virasoro 约束和 ASvM 公式进行研究.最近 M. H. Tu[36]又用 L. A. Dickey 的办法[138]给出了 BKP 方程族 ASvM 公式的另一种证明方式.相应的弦方程也被 M. H. Tu 在文献[152]得到.对于 CKP 方程族,文献[146]给出了系统构造附加对称以及弦方程的方式.在文献[143]中,程纪鹏等构造了 B-Toda 与 C-Toda 方程族的附加对称,并研究其对应的代数结构以及相应附加对称的生成函数.在文献[49]中,程纪鹏等研究了 mKP 可积方程族及其约束情形的附加对称,并给出 mKP 情形下的 ASvM 公式,也就是附加对称在 tau 函数 τ_0 与 τ_1 上的作用.

1.3 KP 及其相关方程族的 Darboux 变换

首先,Darboux 变换[47,107,161-162]是一种求解可积系统的有效方式.文献[107,162]将普通方程的 Darboux 变换[161]推广到 KP 方程族情形. KP 方程族的 Darboux 变换需要保持 Lax 方程,主要有以下两类基本类型:

- 微分型:$T_d(q)=q\partial q^{-1}$;
- 积分型:$T_i(r)=r^{-1}\partial^{-1}r$.

这里 q 与 r 分别为 KP 方程族的本征函数与共轭本征函数,其中关于 KP 方程族的 Darboux 变换的行列式表示可以参阅文献[107,163].

至于约束 KP 方程族的 Darboux 变换,除了保持 Lax 方程之外,还需要保持 Lax 算子的约束条件.为此, W. Oevel 在文献[107]中用波函数生成的 Darboux 变换算子来给出.后来,H. Aratyn[164]发现用来自于 Lax 算子约束本身的本征函数生成的 Darboux 变换算子,也可以作为约束 KP 方程族的 Darboux 变换算子.以上关于约束 KP 方程族的 Darboux 变换算子的讨论都是针对微分型的. L. L. Chau 等在文献[165]中给出了 Aratyn 方法的积分型版本,贺劲松等在文献[166]又给出了约束 KP 方程族的利用共轭波函数生成的积分型 Darboux 变换算子.

BKP 与 CKP 方程族由于本身的 BKP 与 CKP 约束条件,因此对应的 Darboux 变换(参阅文献[37-38,118,167-169])需要同时使用微分型与积分型 Darboux 变换的复合,也就是二元 Darboux 变换.

mKP 方程族的 Darboux 变换(参阅文献[47,51,170])有三个基本初等 Darboux 变换算子为 T_1,T_2 和 T_3. 通过计算发现 T_1,T_2 和 T_3 相互之间不能交换,因此在应用的时候,将非常不方便. 而通过组合 T_1,T_2 和 T_3,构造了两类新的 Darboux 变换 T_D(参阅文献[47])和 T_I(参阅文献[170]),刚好是可以相互交换的. 文献[170]给出了 mKP 方程族 Darboux 变换多次作用的行列式表示. 约束 mKP 方程族的 Darboux 变换在文献[171-172]中得到讨论.

至于 KP 方程族推广方面的 Darboux 变换,主要有如下结果:离散 KP 和离散 mKP 可积方程族[75,173-176],q 形变 KP 和 q 形变 mKP 可积方程族[72,101,103,177-179]等. 至于 Toda 方程族,目前据我们所知,仅见过针对单个 Toda 方程的 Darboux 变换[180],而针对整个 Toda 方程族的 Darboux 变换还尚未发现相关文献.

Darboux 变换还可以利用 Grassmannian[181]或者自由费米子[182-184]的语言来描述.

1.4 可积系统与无限维李代数

利用无限维李代数来构造可积系统,大致可以归为以下两个学派. 第一类主要是借助无限维李代数的最高权表示来构造可积系统(参阅文献[23-25,79,82,185-187]). 具体的做法是:首先,定义无限维李代数的最高权向量在对应群作用下的轨道为 tau 函数;然后,利用 Casimir 算子给出 tau 函数所满足的双线性形式;最后,再利用最高权表示给出相应的显式双线性方程. 这里的代表性人物就是京都学派的 M. Sato 及 E. Date, M. Jimbo, M. Kashiwara 与 T. Miwa[23-25],以及 Kac 学派的 V. G. Kac, D. H. Peterson, M.

Wakimoto, J. van de Leur[79,82,185-187]等. 京都学派在这方面是开创性的工作，他们主要基于自由费米子[23-25]等来构造相应的最高权表示. 因此，当没有自由费米子实现的时候，构造可积系统就很难实现. 后来 Kac 学派在京都学派的基础上，引入了外微分的语言来理解自由费米子[185-186]，并通过引入 Casimir 算子[187]的方式来改进京都学派的做法，提出了 Kac-Wakimoto 的构造[187]方式，使得理论上可以得到任意无限维李代数所对应的可积系统. 这种构造方式得到的可积系统具有如下的一些特点：

- 以 tau 函数所满足的双线性形式出现；
- 很容易求解与写出对称性；
- Lax 结构往往比较困难.

另一类是由 Drinfeld 与 Sokolov[14]从任意 $X_n^{(r)}$ 型仿射李代数 $\mathfrak{g}$ 出发，每选定对应 Dynkin 图上的一个顶点 c_m，即可构造一个可积方程族. 这种构造方式被称为 Drinfeld-Sokolov 构造. 具体如下，考虑 $X_n^{(r)}$ 所对应的仿射李代数 $\mathfrak{g}$ 上的循环元素 Λ 和如下的 Lax 算子

$$\mathfrak{L}=\partial_x+\Lambda+q(x),$$

这里 $q(x)$ 是取值于 $\mathfrak{g}$ 的某个子代数. Drinfeld-Sokolov 方程族就是定义在 $\mathfrak{L}$ 的某种规范等价类上的如下 Lax 方程

$$\partial_{t_j}\mathfrak{L}=[\mathscr{A}(\Lambda_j),\mathfrak{L}],$$

其中，Λ_j 为 $\mathfrak{g}$ 的主 Heisenberg 子代数 $\mathfrak{s}$ 中正则次数大于零的生成元. 目前 Drinfeld-Sokolov 方程族广泛应用于量子场论，矩阵模型，Gromov-Witten 理论等(参考文献[188-190]及其相关文献). Drinfeld-Sokolov 构造具有如下特点：

- 容易得到 Lax 方程和哈密顿结构；
- 不易得到双线性方程和 τ 函数.

其中，T. Hollowood, J. L. Miramontes 与吴朝中等在文献[190-191]中讨论了 Drinfeld-Sokolov 方程族 tau 函数的相关问题. 本书基于第一种方式，也就是借助无限维李代数的最高权表示来讨论可积系统.

在文献[23-24,39,61,192-193]中，经典的无限维李代数 A_∞，B_∞，C_∞，D_∞ 及其 Kac-Moody 子代数所对应的可积系统均得到构造，但是大部分都是以双线性方程形式呈现，缺少对应的 Lax 方程. 不同于 A、B、C、D 类型具有

费米子表示,对于例外型的仿射李代数,尽管理论上是可行的,但是据我们所了解到的文献,目前只有 E 型有部分研究[187,194-195],而对于 F、G 型研究极少. 在上述这些结果有以下的推广方面:

· 最自然的就是超对称推广,经典文献有[69-70,187]. 但目前这方面主要集中在 A 型与 B 型,对于其他的李代数类型文献中还没有出现. 而对于这种方式构造的超对称 KP 方程族,与已知的 Manin-Rudal 型[65]以及 Jacobian 型[67-68]的超 KP 之间的关系,V. G. Kac 等在文献[69]中指出这依然是一个没有得到解决的公开问题.

· 另一个有意义的推广是考虑 2-toroidal 李代数 $\mathfrak{g}^{tor}$(也就是双 loop 代数 $\mathfrak{g}[s^{\pm 1},t^{\pm 1}]$的中心扩张,其中 $\mathfrak{g}$ 为单李代数),Y. Billig 与 M. Wakimoto 在文献[196-197]中给出了 A、D、E 类型的双线性方程. 特别的当 $\mathfrak{g}=sl_n$ 时,该结果正是 KP 方程族 n-约化的一个推广,在文献[198]中被称为 n-Bogoyavlensky 方程族. 对于比 toroidal 李代数更广泛的李代数,即对 E. Frenkel 与朱歆文在文献[199]提出的更广泛的 $gl_{\infty,\infty}$ 所对应的可积系统,目前还没有相关文献.

· 至于多项式李代数方面,P. Casati 等在文献[200]中利用 Kac-Wakimoto 的方法构造了 A 型与 B 型多项式李代数所对应的可积系统,来推广耦合的 KdV 方程,J. van de Leur[201]给出了其中 A 型多项式李代数所对应可积系统的 Lax 结构与 Backlund 变换.

· 其他推广还有:A. Morozov 在文献[202]中借助量子的玻色费米对应文献[203]构造了量子仿射代数相应可积系统的双线性方程;T. Tsuda 在文献[204]中利用玻色费米对应讨论了 universal character 所满足的可积系统;景乃桓等在文献[205]中讨论了自由玻色子定义的 tau 函数.

关于无限维李代数的最高权表示与可积系统方面的经典文献可以参考文献[24-25,61,82,186-187,206-208].

第二章　拟微分算子与无限维矩阵

本章将主要介绍在 KP 与 Toda 方程族中分别起到重要作用的拟微分算子与无限维矩阵，并给出一些基本概念与基本性质. 其中，拟微分算子的内容可以参考文献[26,47,107,170]，而无限维矩阵的内容可以参考文献[60,62].

2.1　拟微分算子

2.1.1　拟微分算子的基本概念

首先考虑如下的拟微分算子环，

$$\mathfrak{D} = \Big\{ \sum_{i \ll \infty} u_i \partial^i \;\Big|\; u_i = u_i(x), \partial = \partial_x \Big\},$$

∂^i 与算子 u 之间的代数乘法定义为

$$\partial^i u = \sum_{j \geqslant 0} C_i^j u^{(j)} \partial^{i-j}, \quad i \in \mathbb{Z}, \tag{2.1}$$

这里 $u^{(j)} = \dfrac{\partial^j u}{\partial x^j}$，并且

$$C_i^j = \frac{i(i-1)\cdots(i-j+1)}{j!}.$$

关于 $\mathfrak{D}$ 中的乘法有以下几点需要说明.

注 2.1　拟微分算子关于 ∂ 的正幂次必须是有限项，只有这样才能保证对于任意的拟微分算子 $A, B \in \mathfrak{D}$ 的乘法有意义. 实际上，不妨假定

$$A = \sum_{i=-\infty}^{M} a_i \partial^i, \quad B = \sum_{j=-\infty}^{N} b_j \partial^j,$$

则 A 与 B 的算子乘积 $AB = \sum\limits_{k=-\infty}^{M+N} c_k \partial^k$，其中

$$c_k=\sum_{l=k}^{M+N}\sum_{i=l-N}^{M}C_i^{l-k}a_i b_{l-i}^{(l-k)},$$

为关于 a_i 与 b_j 及其各阶导数的有限和，因而乘法是有意义的. 并且该乘法满足结合律，即对于拟微分算子 A,B,C，有 $(AB)C=A(BC)$. 为了强调是拟微分算子的乘积，本书也会用 $A\cdot B$ 来代替 AB.

注 2.2　要注意区分算子乘积与算子作用在函数上的区别. 对于普通函数 f 可以作为算子，在函数空间上的作用为普通的乘法作用. 在本书中，对于拟微分算子 A 与普通函数 f，本书将用 Af 或者 $A\cdot f$ 表示 A 与 f 的算子乘积，而用 $A(f)$ 表示算子 A 作用于函数 f 上. 同时在本书中，若没有特别说明，大写字母 A,B,C 等都表示拟微分算子，小写字母 a,b,f,g 等表示函数.

注 2.3　公式(2.1)称为 Leibnitz 公式. 当 $i\geqslant 0$ 时，该公式正是普通的 Leibnitz 求导规则. 而当 $i<0$ 时，这里的 ∂^{-1} 可以理解为对 x 的积分. 在公式(2.1)中，当 $i=-1$ 时，可以理解为分部积分，或者用算子 ∂^{-1} 乘以关系式 $\partial f=f\partial+f_x$ 的两端得到关系式

$$\partial^{-1}f=f\partial^{-1}-\partial^{-1}f_x\partial^{-1},$$

不停迭代使用该公式，即 $\partial^{-1}f_x=f_x\partial^{-1}-\partial^{-1}f_{xx}\partial^{-1},\cdots$，可以得到

$$\partial^{-1}f=f\partial^{-1}-f_x\partial^{-2}+f_{xx}\partial^{-3}+\cdots$$

若对上式取共轭运算 * (具体可参考 §2.1.2) 可以得到 $f\partial^{-1}=\sum_{l=0}^{\infty}\partial^{-1-l}f^{(l)}$. 对于一般的 $i<0$，可以在此基础上使用归纳法给出相应的公式.

总结上述注释，可以得到如下关于拟微分算子的命题.

命题 2.1　假定 f 为函数，则有如下关系式成立

- $\partial^{-1}f=f\partial^{-1}-\partial^{-1}f_x\partial^{-1}\Leftrightarrow\partial^{-1}f\partial^{-1}=\int f\mathrm{d}x\partial^{-1}-\partial^{-1}\int f\mathrm{d}x$,
- $f\partial^{-1}=\sum_{l=0}^{\infty}\partial^{-1-l}f^{(l)}$.

推论 2.1　若令 $X_i=f_i\partial^{-1}g_i$，其中 $i=1,2$，则有如下结论成立：

$$X_1X_2=X_1(f_2)\partial^{-1}g_2+f_1\partial^{-1}X_2^*(g_1).$$

2.1.2　拟微分算子上的运算

对于拟微分算子

$$A=\sum_{i=-\infty}^{M}a_i\partial^i,\quad a_M\neq 0,$$

给出如下定义.

· 投影算子：

$$A_{\geqslant k}=\sum_{i=k}^{M}a_i\partial^i, A_{\leqslant k}=\sum_{i=-\infty}^{k}a_i\partial^i,$$

$$A_{>k}=\sum_{i=k+1}^{M}a_i\partial^i, A_{<k}=\sum_{i=-\infty}^{k-1}a_i\partial^i,$$

$$A_{[k]}=a_k, A_+=A_{\geqslant 0}, A_-=A_{<0}.$$

· 共轭运算 *：$A^*=\sum_{i=-\infty}^{M}(-\partial)^i a_i$，并且满足 $(AB)^*=B^*A^*$.

· A 的阶数：$\mathrm{ord}\,A=M$.

利用公式(2.1)，可以得到如下命题.

命题 2.2 给定拟微分算子 A 与 B，则如下等式成立：

$$\mathrm{ord}(AB)=\mathrm{ord}(A)+\mathrm{ord}(B),\quad \mathrm{ord}([A,B])\leqslant\mathrm{ord}(A)+\mathrm{ord}(B)-1,$$

其中，$[A,B]=AB-BA$.

命题 2.3 给定拟微分算子 A，则对任意 $k\in\mathbb{Z}$，

$$((\partial^k A\partial^{-k})^*)_{\geqslant k}=\partial^{-k}(A_{\geqslant k})^*\partial^k,\quad ((\partial^k A\partial^{-k})^*)_{<k}=\partial^{-k}(A_{<k})^*\partial^k.$$

特别地，

$$(A_+)^*=(A^*)_+,\quad (A_-)^*=(A^*)_-.$$

命题 2.4[47,107] 若令

$$\mathfrak{D}_{\geqslant k}=\Big\{\sum_{i\geqslant k}u_i\partial^i\Big\},\quad \mathfrak{D}_{<k}=\Big\{\sum_{i<k}u_i\partial^i\Big\},$$

则当且仅当 $k=0$、1、2 时，$\mathfrak{D}_{\geqslant k}$ 和 $\mathfrak{D}_{<k}$ 为 $\mathfrak{D}$ 的子代数，即

$$[\mathfrak{D}_{\geqslant k},\mathfrak{D}_{\geqslant k}]\subset\mathfrak{D}_{\geqslant k},\quad [\mathfrak{D}_{<k},\mathfrak{D}_{<k}]\subset\mathfrak{D}_{<k}.$$

2.1.3 Miura 变换与 Darboux 变换中拟微分算子的性质

下面的结论在研究 KP 方程族的 Darboux 变换[107,162]过程中具有重要应用. 利用投影算子与共轭运算的定义可以得到如下的引理.

引理 2.1 对于任意拟微分算子 A 以及任意函数 f 有

· $(Af)_{[0]}=A_+(f)$，$(A_+\partial^{-1})_{<0}=A_{[0]}\partial^{-1}$，

· $((fA)^*)_{[0]}=A_+^*(f)$，$(\partial^{-1}A_+)_{<0}=\partial^{-1}(A^*)_{[0]}$，

其中,$A_{[0]}$表示算子 A 的∂^0 的系数.

命题 2.5 对于任意拟微分算子 A 及任意函数 f,则有以下算子性质成立.

- $(Af\partial^{-1})_{<0}=A_{\geqslant 0}(f)\partial^{-1}+A_{<0}f\partial^{-1}$,
- $(\partial^{-1}fA)_{<0}=\partial^{-1}A^*_{\geqslant 0}(f)+\partial^{-1}fA_{<0}$.

证明:首先$(Af\partial^{-1})_{<0}=(A_{\geqslant 0}f\partial^{-1})_{<0}+A_{<0}f\partial^{-1}$,再利用引理 2.1 来处理$(A_{\geqslant 0}f\partial^{-1})_{<0}$,最终可以得到关于$(Af\partial^{-1})_{<0}$的等式.类似地可以计算$(\partial^{-1}fA)_{<0}$. □

推论 2.2 对于任意拟微分算子 A 及任意函数 f,

- $$(f\partial f^{-1}\cdot A\cdot f\partial^{-1}f^{-1})_{\geqslant 0}=f\partial f^{-1}\cdot A_+\cdot f\partial^{-1}f^{-1}-f\cdot(\partial_x(f^{-1}(A_+(f))))\cdot\partial^{-1}f^{-1},$$
- $$(f^{-1}\partial^{-1}f\cdot A\cdot f^{-1}\partial f)_{\geqslant 0}=f^{-1}\partial^{-1}f\cdot A_+\cdot f^{-1}\partial f+f^{-1}\partial^{-1}f\partial_x(f^{-1}\cdot(A^*_+(f))).$$

证明:首先注意到

$$\begin{aligned}(f\partial f^{-1}Af\partial^{-1}f^{-1})_{\geqslant 0}&=(f\partial f^{-1}A_+f\partial^{-1}f^{-1})_{\geqslant 0}\\&=f\partial f^{-1}A_+f\partial^{-1}f^{-1}-(f\partial f^{-1}A_+f\partial^{-1})_{<0}f^{-1}.\end{aligned}$$

利用命题 2.5 可以得到$(f\partial f^{-1}A_+f\partial^{-1})_{<0}=f\cdot(\partial_x(f^{-1}(A_+(f))))\cdot\partial^{-1}$,从而给出第一个式子的证明.类似可以处理第二个等式. □

下面的命题在讨论 Miura 变换[46-47,51-52]的时候具有重要作用.

命题 2.6 对于任意拟微分算子 A 及任意函数 f,则有以下算子性质:

- $(f^{-1}Af)_{\geqslant 1}=f^{-1}A_{\geqslant 0}f-f^{-1}A_{\geqslant 0}(f)$,
- $(\partial^{-1}fAf^{-1}\partial)_{\geqslant 1}=\partial^{-1}fA_{\geqslant 0}f^{-1}\partial-\partial^{-1}A^*_{\geqslant 0}(f)f^{-1}\partial$.

证明:首先

$$(f^{-1}Af)_{\geqslant 1}=(f^{-1}A_{\geqslant 0}f)_{\geqslant 0}-(f^{-1}A_{\geqslant 0}f)_{[0]},$$

进一步利用引理 2.1 可以证明第一个等式.而对于第二个等式,注意到

$$(\partial^{-1}fAf^{-1}\partial)_{\geqslant 1}=(\partial^{-1}fA_{\geqslant 0}f^{-1})_{\geqslant 0}\partial,$$

再利用命题 2.5 可以得到

$$(\partial^{-1}fA_{\geqslant 0}f^{-1})_{<0}=\partial^{-1}A^*_{\geqslant 0}(f)f^{-1}.$$

从而可以得到第二个等式. □

下面的结论在 mKP 方程族的 Darboux 变换[47,170]中具有重要应用.

命题 2.7 对于任意拟微分算子 A 及任意函数 f，以下算子性质成立.

- $(f^{-1}Af)_{\geqslant 1}=f^{-1}A_{\geqslant 1}f-f^{-1}A_{\geqslant 1}(f)$，
- $(f_x^{-1}\partial A\partial^{-1}f_x)_{\geqslant 1}=f_x^{-1}\partial A_{\geqslant 1}\partial^{-1}f_x-f_x^{-1}(A_{\geqslant 1}(f))_x$，
- $(\partial^{-1}fAf^{-1}\partial)_{\geqslant 1}=\partial^{-1}fA_{\geqslant 1}f^{-1}\partial-\partial^{-1}f^{-1}A^*_{\geqslant 1}(f)\partial$.

证明：$(f^{-1}Af)_{\geqslant 1}$和$(\partial^{-1}fAf^{-1}\partial)_{\geqslant 1}$的计算与命题 2.6 的证明过程类似，只需要将证明中的 $A_{\geqslant 0}$ 替换成 $A_{\geqslant 1}$ 即可. 而对于$(f_x^{-1}\partial A\partial^{-1}f_x)_{\geqslant 1}$，通过计算可以发现

$$(f_x^{-1}\partial A\partial^{-1}f_x)_{\geqslant 1}=(f_x^{-1}\partial A_{\geqslant 1}\partial^{-1}f_x)_{\geqslant 0}-(f_x^{-1}\partial A_{\geqslant 1}\partial^{-1}f_x)_{[0]}.$$

再利用引理 2.1 可得

$$(f_x^{-1}\partial A_{\geqslant 1}\partial^{-1}f_x)_{[0]}=f_x^{-1}(A_{\geqslant 1}(f))_x.$$

从而得证. □

2.2 无限维矩阵

2.2.1 $\mathbb{Z}\times\mathbb{Z}$无限维矩阵

首先引入形式李代数 $gl((\infty))$，即 $\mathbb{Z}\times\mathbb{Z}$无限维矩阵全体[62]，也就是

$$gl((\infty))=\left\{\sum_{i,j\in\mathbb{Z}}a_{ij}E_{ij}\ \middle|\ a_{ij}\in\mathbb{C}\right\},$$

这里 E_{ij} 或者 $E_{i,j}$ 表示(i,j)位置为 1，其余位置为 0 的$\mathbb{Z}\times\mathbb{Z}$矩阵. 若引入矩阵

$$\Lambda=(\delta_{\mu+1,\nu})_{\mu,\nu\in\mathbb{Z}},$$

则 $\Lambda^j=(\delta_{\mu+j,\nu})_{\mu,\nu\in\mathbb{Z}}$，这里当 $\mu=\nu$ 时，$\delta_{\mu,\nu}=1$，而当 $\mu\neq\nu$ 时，$\delta_{\mu,\nu}=0$. 后面有时候也用 $\delta_{\mu\nu}$ 来表示 $\delta_{\mu,\nu}$. 于是对任意的$\mathbb{Z}\times\mathbb{Z}$矩阵 $A\in gl((\infty))$可以借助矩阵 Λ 写成如下形式：

$$A=\sum_{j\in\mathbb{Z}}\operatorname{diag}[a_j(s)]\Lambda^j.$$

这里$(\operatorname{diag}[a_j(s)])_{\mu\nu}=a_j(\mu)\delta_{\mu\nu}$，即 $\operatorname{diag}[a_j(s)]$表示对角矩阵. 对于上面的矩阵 A，本书引入如下定义.

- 投影算子：

$$A_{\geqslant k}=\sum_{j\geqslant k}\mathrm{diag}[a_j(s)]\Lambda^j, A_{\leqslant k}=\sum_{j\leqslant k}\mathrm{diag}[a_j(s)]\Lambda^j,$$

$$A_{>k}=\sum_{j>k}\mathrm{diag}[a_j(s)]\Lambda^j, A_{<k}=\sum_{j<k}\mathrm{diag}[a_j(s)]\Lambda^j,$$

$$A_{[k]}=\mathrm{diag}[a_k(s)]\Lambda^k, A_+=A_{\geqslant 0}, A_-=A_{<0},$$

注意到 A_+ 表示矩阵的上三角部分，而 A_- 表示矩阵的严格下三角部分.

• 共轭运算 $^\#$：定义矩阵的共轭运算为

$$A^\#=\sum_{j\in\mathbb{Z}}\Lambda^{-j}\mathrm{diag}[a_j(s)].$$

实际上可以发现 $A^\#$ 正是矩阵 A 的转置 A^{T}，这是因为 $(\Lambda^j)^{\mathrm{T}}=\Lambda^{-j}$.

下面讨论 $gl((\infty))$ 中的矩阵乘法. 注意到利用矩阵乘法可以得到

$$(\mathrm{diag}[a(s)]\Lambda^i)(\mathrm{diag}[b(s)]\Lambda^j)=\mathrm{diag}[a(s)b(s+i)]\Lambda^{i+j}.$$

于是，对任意 $A=\sum_{i\in\mathbb{Z}}\mathrm{diag}[a_i(s)]\Lambda^i, B=\sum_{j\in\mathbb{Z}}\mathrm{diag}[b_j(s)]\Lambda^j\in gl((\infty))$，相应的矩阵乘法为

$$AB=\sum_{k\in\mathbb{Z}}\Big(\sum_{i\in\mathbb{Z}}\mathrm{diag}[a(s)b(s+i)]\Big)\Lambda^k.$$

可以发现相应 Λ^k 的系数为无穷求和，从而乘积没有意义. 为此，本书引入如下 $gl((\infty))$ 的两个子空间：

$$D_1=\Big\{A=\sum_{i,j\in\mathbb{Z}}a_{ij}E_{ij}\in gl((\infty))\ \Big|\ \text{对于 } j-i\gg 0, a_{ij}=0\Big\},$$

$$D_2=\Big\{A=\sum_{i,j\in\mathbb{Z}}a_{ij}E_{ij}\in gl((\infty))\ \Big|\ \text{对于 } i-j\gg 0, a_{ij}=0\Big\}.$$

可以发现 D_1（或 D_2）中的矩阵乘法有意义.

关于 Toda 方程族，本书将主要采用 Adler-van Moerbeke 的方式[60]进行叙述. 若引入

$$D=D_1\times D_2,$$

则有如下的命题.

命题 2.8　D 具有如下分解形式：

$$D=D_+\oplus D_-,$$

其中，

$D_+=\{(P,P)\in D\ |\ (P)_{ij}=0 \text{ 对于} |i-j|\gg 0\}=\{(P_1,P_2)\in D\ |\ P_1=P_2\}$,

$D_-=\{(P_1,P_2)\in D\ |\ (P_1)_{ij}=0 \text{ 对于 } j\geqslant i, (P_2)_{ij}=0 \text{ 对于 } i>j\}$.

证明：只要利用如下事实即可得证. 对于任意的 $(P_1,P_2)\in D$，其在 D_+

和 D_- 投影分别为

$$(P_1,P_2)_+=(P_{1+}+P_{2-},P_{1+}+P_{2-}),(P_1,P_2)_-=(P_{1-}-P_{2-},P_{2+}-P_{1+}).$$

□

D 上乘法以及求逆的运算规则定义如下. 对于任意 (P_1,P_2), $(Q_1,Q_2)\in D$,

$$(P_1,P_2)(Q_1,Q_2)=(P_1Q_1,P_2Q_2),(P_1,P_2)^{-1}=(P_1^{-1},P_2^{-1}).$$

2.2.2 无限维矩阵与差分算子

$\mathbb{Z}\times\mathbb{Z}$无限维矩阵等价于差分算子来表示. 两种表示之间的对应关系如下,对于任意的无限维矩阵

$$A=\sum_{j\in\mathbb{Z}}\mathrm{diag}[a_j(s)]\Lambda^j,$$

相应的差分算子表示为

$$\mathscr{A}(s;\mathrm{e}^{\partial s})=\sum_{j\in\mathbb{Z}}a_j(s)\mathrm{e}^{j\partial s},$$

这里 $e^{j\partial s}f(s)=f(s+j)$. 在相关文献中,经常用符号 Λ 来表示 $\mathrm{e}^{\partial s}$. 对于上面定义的差分算子表示,其投影算子与共轭运算和矩阵情形完全类似. 引理 2.2 对于这两种不同表示之间的转换起着很重要的作用.

引理 2.2 若 $A=(A_{\mu,\nu})_{\mu,\nu\in\mathbb{Z}}$,则有

$$A=\sum_{j\in\mathbb{Z}}\mathrm{diag}[A_{s,s+j}]\Lambda^j.$$

第三章　KP方程族

在这一章中，首先，简单介绍 KP 方程族的基本概念；然后，讨论 KP 方程族的谱表示与各种对称；接着，讨论 KP 方程族的对称约束；最后，介绍 KP 方程族及其约束的 Darboux 变换.

3.1　KP 方程族简介

本节主要介绍 KP 方程族的基本概念，包括 Lax 方程、Zakharov-Shabat 方程、Sato 方程、双线性等式与 tau 函数等.

3.1.1　KP 方程族的 Lax 方程

KP 方程族[17,23,26,139]定义为如下的 Lax 方程

$$L_{t_n}=[B_n,L],\quad n=1,2,3,\cdots. \tag{3.1}$$

这里拟微分算子

$$L=\partial+u_2\partial^{-1}+u_3\partial^{-2}+u_4\partial^{-3}+\cdots, \tag{3.2}$$

被称为 KP 方程族的 Lax 算子，其中，$u_i=u_i(t_1=x,t_2,t_3,\cdots)$. B_n 用来表示算子 L^n 的微分部分，即 $B_n=(L^n)_+$. 此外 L_{t_n} 的含义是指 L 的系数关于变量 t_n 求导，也就是

$$L_{t_n}=u_2(t)_{t_n}\partial^{-1}+u_3(t)_{t_n}\partial^{-2}+u_4(t)_{t_n}\partial^{-3}+\cdots.$$

L_{t_n} 有时也记为 $\partial_{t_n}L$. 此外 $[A,B]=AB-BA$.

注 3.1　Lax 算子 L 中没有次高项. 事实上，注意 $[B_n,L]=-[(L^n)_{<0},L]$，从而根据命题 2.2 可知 $[B_n,L]$ 中最高次项为含有 ∂^{-1} 的项. 所以假若 L 中含有次高项，其系数也只能为常函数，不妨记为 c. 可以做变换 $\widetilde{L}=e^{cx}Le^{-cx}$，使得 $\widetilde{L}$ 中次高项的系数为零，但是 $\widetilde{L}$ 依然满足方程(3.1)

形式.

Lax 算子 L 中函数 $u_i(t)(i=2,3,\cdots)$关于时间 t 变化的方程称为流方程.流方程可以通过比较 Lax 方程(3.1)两端∂^{-i}的系数而得到.

为了方便以后的计算,下面罗列一些具体的 B_n 和流方程:

$$B_1=\partial,$$

$$\begin{aligned}B_2&=((\partial+u_2\partial^{-1}+u_3\partial^{-2}+\cdots)(\partial+u_2\partial^{-1}+u_3\partial^{-2}+\cdots))_+\\&=(\partial^2+2u_2+(u_{2,x}+2u_3)\partial^{-1}+\text{低阶项})_+=\partial^2+2u_2,\end{aligned}$$

类似可得

$$B_3=\partial^3+3u_2\partial+3u_3+3u_{2,x},$$

$$B_4=\partial^4+4u_2\partial^2+(4u_3+6u_{2,x})\partial+4u_4+6u_{3,x}+4u_{2,xx}+6u_2^2,$$

$$\begin{aligned}B_5=&\partial^5+5u_2\partial^3+(5u_3+10u_{2,x})\partial^2+(5u_4+10u_2^2+10u_{3,x}+10u_{2,xx})\partial+\\&5u_5+20u_2u_3+10u_{4,x}+10u_{3,xx}+20u_2u_{2,x}+5u_{2,xxx}.\end{aligned}$$

接着,通过计算

$$\begin{aligned}B_1L&=\partial(\partial+u_2\partial^{-1}+u_3\partial^{-2}\cdots)\\&=\partial^2+u_2+(u_{2,x}+u_3)\partial^{-1}+(u_{3,x}+u_4)\partial^{-2}+\text{低阶项},\end{aligned}$$

$$\begin{aligned}LB_1&=(\partial+u_2\partial^{-1}+u_3\partial^{-2}\cdots)\partial\\&=\partial^2+u_2+u_3\partial^{-1}+u_4\partial^{-2}+\text{低阶项}.\end{aligned}$$

可得$[B_1,L]=B_1L-LB_1=u_{2,x}\partial^{-1}+u_{3,x}\partial^{-2}+$ 低阶项,即 t_1 流为:

$$u_{i,t_1}=u_{i,x},\tag{3.3}$$

同理,可以计算$[B_2,L]=B_2L-LB_2$,而

$$\begin{aligned}B_2L&=(\partial^2+2u_2)(\partial+u_2\partial^{-1}+u_3\partial^{-2}\cdots)\\&=\partial^3+3u_2\partial+(2u_{2,x}+u_3)+(u_{2,xx}+2u_{3,x}+u_4+2u_2^2)\partial^{-1}+\\&\quad(u_{3,xx}+2u_{4,x}+u_5+2u_2u_3)\partial^{-2}+\text{低阶项},\end{aligned}$$

$$\begin{aligned}LB_2&=(\partial+u_2\partial^{-1}+u_3\partial^{-2}\cdots)(\partial^2+2u_2)\\&=\partial^3+3u_2\partial+(2u_{2,x}+u_3)+(u_4+2u_2^2)\partial^{-1}+\\&\quad(-2u_2u_{2,x}+u_5+2u_2u_3)\partial^{-2}+\text{低阶项}.\end{aligned}$$

从而可得 t_2 流:

$$u_{2,t_2}=2u_{3,x}+u_{2,xx},\tag{3.4}$$

$$u_{3,t_2}=u_{3,xx}+2u_{4,x}+2u_2u_{2,x},\tag{3.5}$$

$$\cdots$$

类似地，t_3 流：

$$u_{2,t_3}=3u_{3,xx}+u_{2,xxx}+3u_{4,x}+6u_2u_{2,x}, \tag{3.6}$$

$$u_{3,t_3}=3u_{4,xx}+u_{3,xxx}+3u_{5,x}+6u_2u_{3,x}+6u_3u_{2,x},$$

$$\cdots$$

注 3.2 通过方程(3.3)，可以把 t_1 等同于 x 或者把 t_1 等同于 t_1+x，本书采用 t_1 等同于 x.

下面联立方程(3.5)和方程(3.6)，消去 $u_{4,x}$ 可得，

$$2u_{2,t_3}=3u_{3,xx}+2u_{2,xxx}+3u_{3,t_2}+6u_2u_{2,x},$$

接着，对方程(3.4)两端关于 x 求导，把结果代入上式，于是

$$4u_{2,t_3}-u_{2,xxx}-12u_2u_{2,x}=3u_{2,t_2x}+6u_{3,t_2},$$

然后，对此方程两端关于 x 求导，即

$$(4u_{2,t_3}-u_{2,xxx}-12u_2u_{2,x})_x=3u_{2,t_2xx}+6u_{3,t_2x}. \tag{3.7}$$

下一步，再对方程(3.4)两端关于 t_2 求导，并将结果代入式(3.7)，得到

$$(4u_{2,t_3}-u_{2,xxx}-12u_2u_{2,x})_x=3u_{2,t_2t_2}.$$

最后，令 $u_2\to u, t_2\to y, t_3\to t$，可得

$$3u_{yy}=(4u_t-u_{xxx}-12uu_x)_x, \tag{3.8}$$

这个方程被称为KP方程. 若进一步要求KP方程中 u 与 y 无关，并令 $t\to 4t, u\to u/2$，则得到Korteweg-de Vries(KdV)方程：

$$u_t=6uu_x+u_{xxx}.$$

3.1.2 KP方程族的Zakharov-Shabat方程

本节将给出KP方程族的Zakharov-Shabat(简称ZS)形式，并用来验证KP方程族流的交换性. 在进一步研究Lax方程之前，本书先列出以下几个常用的结论.

通过直接计算可以得到引理3.1.

引理 3.1 若 A 和 B 为拟微分算子，则关系式 $(AB)_{t_n}=A_{t_n}B+AB_{t_n}$ 成立.

在此基础上可以得到引理3.2.

引理 3.2 对于KP方程族的Lax算子 L，有 $(L^k)_{t_n}=[B_n, L^k], k\in\mathbb{N}$.

证明：由 $L_{t_n}=[B_n, L]$，可得

$$\begin{aligned}(L^k)_{t_n} &= \sum_{l=1}^{k} L^{l-1} L_{t_n} L^{k-l} = \sum_{l=1}^{k} L^{l-1}[B_n, L] L^{k-l} \\ &= \sum_{l=1}^{k} L^{l-1} B_n L^{k-l+1} - \sum_{l=1}^{k} L^l B_n L^{k-l} \\ &= \sum_{l=0}^{k-1} L^l B_n L^{k-l} - \sum_{l=1}^{k} L^l B_n L^{k-l} \\ &= B_n L^k - L^k B_n = [B_n, L^k].\end{aligned}$$

□

命题 3.1 若 L 为 KP 方程族的 Lax 算子，则有 $\partial_{t_n} B_m - \partial_{t_m} B_n + [B_m, B_n] = 0$.

证明：利用引理 3.2 可知

$$\begin{aligned}&\partial_{t_n} B_m - \partial_{t_m} B_n + [B_m, B_n] \\ &= [B_n, L^m]_+ - [B_m, L^n]_+ + [B_m, B_n] \\ &= [B_n, B_m]_+ + [B_n, (L^m)_-]_+ - [B_m, L^n]_+ + [B_m, B_n] \\ &= [B_n, (L^m)_-]_+ - [B_m, L^n]_+ \\ &= [L^n - (L^n)_-, (L^m)_-]_+ - [B_m, L^n]_+ \\ &= [L^n, (L^m)_- + B_m]_+ = [L^n, L^m]_+ = 0.\end{aligned}$$

□

注 3.3 命题 3.1 得到的方程

$$\partial_{t_n} B_m - \partial_{t_m} B_n + [B_m, B_n] = 0,$$

是 KP 方程族的第二种等价描述形式 ZS 方程，也被称为零曲率方程. 其等价性将通过命题 3.2 给出.

命题 3.2 KP 方程族的 ZS 方程等价于 Lax 方程.

证明：由 Lax 方程推出 ZS 方程，已通过命题 3.1 给出. 本书将根据 ZS 方程推出 Lax 方程. 首先，把 $\partial_{t_n} B_m - \partial_{t_m} B_n + [B_m, B_n] = 0$ 改写为

$$(L^m)_{t_n} - [B_n, L^m] = (L^m_{t_n})_{<0} + B_{n,t_m} - [B_n, (L^m)_{<0}].$$

可以发现，等式右边的 $\mathrm{ord} \leqslant n-1$，从而 $\mathrm{ord}((L^m)_{t_n} - [B_n, L^m]) \leqslant n-1$.

若 $L_{t_n} - [B_n, L] \neq 0$，则可以假定 $L_{t_n} - [B_n, L] = a_p \partial^p +$ 低阶项 $(p \leqslant -1)$，于是有

$$(L^m)_{t_n} - [B_n, L^m] = \sum_{l=1}^{m} L^{l-1}(L_{t_n} - [B_n, L]) L^{m-l} = m a_p \partial^{m+p-1} + \cdots.$$

因此，$\lim_{m\to\infty}\operatorname{ord}((L^m)_{t_n}-[B_n,L^m])=+\infty$与 $\operatorname{ord}((L^m)_{t_n}-[B_n,L^m])\leqslant n-1$ 矛盾，从而 $L_{t_n}=[B_n,L]$. □

在此基础上，本书继续讨论 KP 方程族时间流的交换性.

命题 3.3　KP 方程族的时间流可交换，也就是$[\partial_{t_m},\partial_{t_n}]L=0$.

证明：首先，

$$
\begin{aligned}
&\partial_{t_n}(\partial_{t_m}L)-\partial_{t_m}(\partial_{t_n}L)\\
=&\partial_{t_n}([B_m,L])-\partial_{t_m}([B_n,L])\\
=&[\partial_{t_n}B_m,L]+[B_m,\partial_{t_n}L]-[\partial_{t_m}B_n,L]-[B_n,\partial_{t_m}L]\\
=&[\partial_{t_n}B_m,L]+[B_m,[B_n,L]]-[\partial_{t_m}B_n,L]-[B_n,[B_m,L]]\\
=&[\partial_{t_n}B_m-\partial_{t_m}B_n,L]+[B_m,[B_n,L]]-[B_n,[B_m,L]],
\end{aligned}
$$

接着，利用 Jacobi 等式 $[A,[B,C]]=[[A,B],C]+[B,[A,C]]$，上式可变为

$$\partial_{t_n}(\partial_{t_m}L)-\partial_{t_m}(\partial_{t_n}L)=[\partial_{t_n}B_m-\partial_{t_m}B_n+[B_m,B_n],L],$$

最后，借助于命题 3.1，可得$\partial_{t_n}(\partial_{t_m}L)-\partial_{t_m}(\partial_{t_n}L)=0$.

3.1.3　KP 方程族的 Sato 方程

KP 方程族的 Lax 算子 L 可以利用穿衣算子

$$W=1+w_1\partial^{-1}+w_2\partial^{-2}+\cdots,$$

按照如下的方式进行表达

$$L=W\partial W^{-1}.\tag{3.9}$$

进一步地，式(3.9)可以变为 $LW=W\partial$，即

$$
\begin{aligned}
&\partial+w_1+(w_{1,x}+w_2+u_2)\partial^{-1}+(w_{2,x}+u_3+w_3+u_2w_1)\partial^{-2}+\text{低阶项}\\
=&\partial+w_1+w_2\partial^{-1}+w_3\partial^{-2}+\text{低阶项}.
\end{aligned}
$$

比较式(3.9)两端关于∂ 同次幂的系数，得到

$$u_2=-w_{1,x},\quad u_3=-w_{2,x}+w_1w_{1,x},$$

同理可得，$u_4=-w_{3,x}+w_1w_{2,x}+w_{1,x}w_2-w_1^2w_{1,x}-w_{1,x}^2,\cdots$.

注 3.4　通过以上分析可知，w_i 可唯一决定 u_i，但是因为会有积分常数的出现，所以 u_i 不能唯一确定 w_i. 事实上，W 在相差右乘一个 $C=1+c_1\partial^{-1}+c_2\partial^{-2}+\cdots$(其中 $c_1,c_2,\cdots$不依赖于 x)时，可看成是唯一的. 也就是说，若 $L=W\partial W^{-1}$并令 $\widetilde{W}=WC$，则 $L=\widetilde{W}\partial\widetilde{W}^{-1}$.

于是 KP 方程族的 Lax 方程可以写成式(3.10)形式的 Sato 方程

$$\partial_{t_n} W = -(L^n)_{<0} W \tag{3.10}$$

这正是 KP 方程族的第三种等价描述形式. 下面将证明 KP 方程族的 Lax 方程与 Sato 方程是等价的. 为此需要下面的引理和命题.

引理 3.3 $(W^{-1})_{t_n} = -W^{-1} W_{t_n} W^{-1}$.

证明:对 $W^{-1}W=1$ 两边关于 t_n 求导,可得

$$(W^{-1})_{t_n} W + W^{-1} W_{t_n} = 0,$$

即

$$(W^{-1})_{t_n} = -W^{-1} W_{t_n} W^{-1},$$

命题 3.4[209] 给定偏微分方程组的初值问题,

$$\begin{aligned} &\partial_{x^\alpha} y^i = f_\alpha^i (x^1, x^2, \cdots, x^m, y^1, y^2, \cdots, y^n), \quad 1 \leqslant \alpha \leqslant m, 1 \leqslant i \leqslant n, \\ &y^i (x_0^1, x_0^2, \cdots, x_0^m) = y_0^i, \end{aligned} \tag{3.11}$$

其中,$\widetilde{D} \subset \mathbb{R}^m$,$f_\alpha^i$ 为定义在 $D = \widetilde{D} \times \mathbb{R}^n$ 上的连续可微函数,则式(3.11)在点 $(x_0^1, x_0^2, \cdots, x_0^m) \in \widetilde{D}$ 的邻域 $U \subset \widetilde{D}$ 内存在唯一解 $y^i = y^i(x^1, x^2, \cdots, x^m)$ 的充分必要条件为

$$\partial_{x^\beta} f_\alpha^i - \partial_{x^\alpha} f_\beta^i + \sum_j (\partial_{y^j} f_\alpha^i f_\beta^j - \partial_{y^j} f_\beta^i f_\alpha^j) = 0,$$

也就是将式(3.11)代入

$$\partial_{x^\alpha} \partial_{x^\beta} y^i = \partial_{x^\beta} \partial_{x^\alpha} y^i$$

后,等式仍然成立.

命题 3.5 KP 方程族的 Sato 方程(3.10)等价于 Lax 方程(3.1).

证明:先由 Sato 方程推 Lax 方程. 根据式(3.9)以及引理 3.3 可知,

$$\begin{aligned} \partial_{t_n} L &= \partial_{t_n} (W \partial W^{-1}) = \partial_{t_n} W \cdot \partial W^{-1} - W \partial W^{-1} \partial_{t_n} W \cdot W^{-1} \\ &= \partial_{t_n} W \cdot W^{-1} W \partial W^{-1} - W \partial W^{-1} \partial_{t_n} W \cdot W^{-1} \\ &= [\partial_{t_n} W \cdot W^{-1}, L] \\ &= [-(L^n)_{<0}, L] \\ &= [B_n - L^n, L] \\ &= [B_n, L]. \end{aligned}$$

再证由 Lax 方程推 Sato 方程. 首先,对于给定的 Lax 算子

$$L = \partial + u_2 \partial^{-1} + u_3 \partial^{-2} + \cdots,$$

存在一个(不唯一)$\widetilde{W} = 1 + w_1 \partial^{-1} + w_2 \partial^{-2} + \cdots$,使得 $L = \widetilde{W} \partial \widetilde{W}^{-1}$;接着,考虑

如下偏微分方程组的初值问题，

$$\begin{cases} W_{t_n} = -(L^n)_{<0} W, \\ W|_{t=0} = \widetilde{W}(0). \end{cases} \tag{3.12}$$

根据KP方程族的ZS形式(见命题3.1)可知，

$$((L^m)_{t_n})_{<0} - ((L^n)_{t_m})_{<0} + ((L^n)_{<0}, (L^m)_{<0}) = 0, \tag{3.13}$$

从而根据命题3.4可知,偏微分方程组(3.12)存在唯一解 $\hat{W}$. 因此,仅需验证 $L = \hat{W}\partial\hat{W}^{-1}$ 即可.

由于 $\hat{W}$ 满足偏微分方程组(3.12)以及L为KP方程族的Lax算子,因此，

$$\begin{aligned}(L\hat{W} - \hat{W}\partial)_{t_n} &= ((L^n)_{\geqslant 0}, L)\hat{W} - L(L^n)_{<0}\hat{W} + (L^n)_{<0}\hat{W}\partial \\ &= -(L^n)_{<0}(L\hat{W} - \hat{W}\partial),\end{aligned}$$

并且，

$$\begin{aligned}(L\hat{W} - \hat{W}\partial)|_{t=0} &= L(0)\hat{W}(0) - \hat{W}(0)\partial \\ &= L(0)\widetilde{W}(0) - \widetilde{W}(0)\partial = 0.\end{aligned}$$

从而,$L\hat{W} - \hat{W}\partial$满足偏微分方程组(3.14)的初值问题，

$$\begin{cases} W_{t_n} = -(L^n)_{<0} W, \\ W|_{t=0} = 0. \end{cases} \tag{3.14}$$

显然,$W=0$ 为满足式(3.14)的解,并且根据式(3.13)可知式(3.14)的解是唯一的. 因此,$L\hat{W} - \hat{W}\partial = 0$,即 $L = \hat{W}\partial\hat{W}^{-1}$. □

3.1.4 KP方程族的双线性方程

本节介绍KP方程族的第四种等价描述形式双线性等式(见命题3.10). 首先,介绍波函数和共轭波函数的概念. KP方程族的波函数定义为：

$$\psi(t,\lambda) = W(e^{\xi(t,\lambda)}) = (1 + w_1\lambda^{-1} + w_2\lambda^{-2} + \cdots)e^{\xi(t,\lambda)},$$

其中,$\xi(t,\lambda) = x\lambda + t_2\lambda^2 + t_3\lambda^3 + \cdots$. 若令

$$\hat{\psi}(t,\lambda) = 1 + w_1\lambda^{-1} + w_2\lambda^{-2} + \cdots, \tag{3.15}$$

由此可得,$\psi(t,\lambda) = \hat{\psi}(t,\lambda)e^{\xi(t,\lambda)}$,该级数一般认为在 $\lambda = \infty$ 附近展开.

注 3.5 假设 $A = \sum_{i \leqslant N} a_i \partial^i$,规定 A 在波函数上的作用如下

$$A(\psi(t,\lambda)) = (AW)(e^{\xi(t,\lambda)}), \quad \partial^k(e^{\xi(t,\lambda)}) = \lambda^k e^{\xi(t,\lambda)}, \quad (k \in \mathbb{Z})$$

命题 3.6 KP方程族的波函数 $\psi(t,\lambda)$ 满足方程：

$$L^n(\psi)=\lambda^n\psi,\quad \partial_{t_n}\psi=B_n(\psi).$$

证明:一方面,

$$\begin{aligned}L^n(\psi)&=(W\partial^n W^{-1})(\psi)=(W\partial^n W^{-1}W)(e^{\xi(t,\lambda)})\\&=(W\partial^n)(e^{\xi(t,\lambda)})=\lambda^n W(e^{\xi(t,\lambda)})=\lambda^n\psi.\end{aligned}$$

另一方面,

$$\begin{aligned}\partial_{t_n}\psi&=\partial_{t_n}(W(e^{\xi(t,\lambda)}))=(\partial_{t_n}W)(e^{\xi(t,\lambda)})+W(\partial_{t_n}e^{\xi(t,\lambda)})\\&=-((L^n)_{<0}W)(e^{\xi(t,\lambda)})+\lambda^n W(e^{\xi(t,\lambda)})\\&=(-(L^n)_{<0}+L^n)(\psi)=B_n(\psi).\end{aligned}$$

□

除了波函数,还可以考虑共轭波函数. 为此注意到 KP 方程族在共轭运算下具有以下性质.

命题 3.7 设 L 为 KP 方程族的 Lax 算子,W 为 KP 方程族的穿衣算子,t_n 为 KP 方程族的时间流,作变换 $\sigma:(L,W,t_n)\to(L',W',t'_n)$,其中,

$$(L',W',t'_n)=(-L^*,(W^{-1})^*,(-1)^{n-1}t_n).$$

则 (L',W',t'_n) 仍满足 KP 方程族,也就是

$$L'_{t'_n}=((L'^n)_{\geqslant 0},L').$$

证明:首先对 $L_{t_n}=[(L^n)_{\geqslant 0},L]$ 两边同时取共轭运算可得

$$(L^*)_{t_n}=(L^*,((L^n)_{\geqslant 0})^*).$$

将 $L'=-L^*$ 代入上式,可得 $L'_{t_n}=(L,((-L')^n)_{\geqslant 0})$. 最后变量代换 $t'_n=(-1)^{n-1}t_n$,得到 $L'_{t'_n}=((L'^n)_{\geqslant 0},L')$. □

记命题 3.7 中 (L',W',t'_n) 对应的波函数 $\psi'(t',\lambda')=W'(e^{\xi(t',\lambda')})$ 为 $\psi^*(t,\lambda)$,其中 $\lambda'=-\lambda$,也就是

$$\psi^*(t,\lambda)=(W^{-1})^*(e^{-\xi(t,\lambda)})=\varphi^*(t,\lambda)e^{-\xi(t,\lambda)},\tag{3.16}$$

称为 KP 方程族的共轭波函数. 进一步,利用命题 3.6 与命题 3.7 或者利用定义直接计算可以得到如下的结论.

命题 3.8 KP 方程族的共轭波函数 $\psi^*(t,\lambda)$ 满足方程:

$$(L^n)^*(\psi^*)=\lambda^n\psi^*,\quad \partial_{t_n}\psi^*=-B_n^*(\psi^*).$$

KP 方程族的 Lax 方程可以利用命题 3.6 中的线性问题的相容性条件得出. 在讨论之前,需要如下的引理.

引理 3.4 设 $A=\sum\limits_{i\leqslant N}a_i\partial^i$,若 $A(\psi(t,\lambda))=0$,则 $A=0$.

证明：由于 $A(\psi(t,\lambda))=(AW)(e^{\xi(t,\lambda)})=(a_N\lambda^N+\mathcal{O}(\lambda^{N-1}))e^{\xi(t,\lambda)}=0$，从而 A 的最高次系数 $a_N=0$，类似可得 $a_i=0, i\leqslant N-1$. □

命题 3.9　KP方程族的Lax方程式(3.1)可以由线性方程 $L(\psi)=\lambda\psi$ 和 $\psi_{t_n}=B_n(\psi)$ 的相容性条件得到，即通过 $\partial_{t_n}(\lambda\psi)=\lambda\partial_{t_n}\psi$ 得到.

证明：一方面，

$$\begin{aligned}\partial_{t_n}(L\psi)&=\partial_{t_n}L(\psi)+L(\partial_{t_n}\psi)\\&=\partial_{t_n}L(\psi)+(LB_n)(\psi).\end{aligned}$$

另一方面，

$$\begin{aligned}\partial_{t_n}(\lambda\psi)&=\lambda\partial_{t_n}\psi=\lambda B_n(\psi)\\&=B_n(\lambda\psi)=(B_nL)(\psi).\end{aligned}$$

利用引理 3.4，可得 $\partial_{t_n}L+LB_n=B_nL$. 故 $\partial_{t_n}L=B_nL-LB_n=[B_n,L]$. 证毕. □

下面为了介绍双线性等式，本书引入两种分别关于 ∂ 和 λ 的形式留数：

$$\mathrm{Res}_\partial\sum_i a_i\partial^i=a_{-1},\quad \mathrm{Res}_\lambda\sum_i a_i\lambda^i=a_{-1}.$$

并且给出关于拟微分算子著名且富有技巧的引理，这些引理在研究 KP 方程族的双线性恒等式以及 τ 函数时起着重要的作用.

引理 3.5[26]　对任意两个拟微分算子 P 和 Q，成立等式

$$\mathrm{Res}_\lambda(P(e^{x\lambda})\cdot Q(e^{-x\lambda}))=\mathrm{Res}_\partial(PQ^*).\tag{3.17}$$

证明：一方面，

设 $P=\sum a_i\partial^i, Q^*=\sum\partial^j b_j$，则

$$\mathrm{Res}_\partial PQ^*=\mathrm{Res}_\partial\sum_{i,j}a_i\partial^{i+j}b_j=\sum_{i+j=-1}a_ib_j.$$

另一方面，

$$\mathrm{Res}_\lambda(P(e^{x\lambda})\cdot Q(e^{-x\lambda}))=\mathrm{Res}_\lambda\sum_i a_i\lambda^i\sum_j b_j\lambda^j=\sum_{i+j=-1}a_ib_j.$$

通过比较可以得到相应的结论. □

引理 3.6[23,89]　设 $A(x)=\sum_i a_i(x)\partial_x^i, B(x')=\sum_j b_j(x')\partial_{x'}^j$，则

$$(A(x)B^*(x)\partial_x)(\Delta^0)=\mathrm{Res}_\lambda A(x)(e^{x\lambda})B(x')(e^{-x'\lambda}),$$

其中，$\Delta^0=(x-x')^0$，并且有

$$\begin{cases}\partial_x^{-a}(\Delta^0)=0, & a<0;\\ \partial_x^{-a}(\Delta^0)=\dfrac{(x-x')^a}{a!}, & a\geqslant 0.\end{cases}$$

证明:把 $B(x')=(\mathrm{e}^{-x'\lambda})$ 在 $x'=x$ 处泰勒展开

$$
\begin{aligned}
&\mathrm{Res}_\lambda A(x)(\mathrm{e}^{x\lambda})B(x')(\mathrm{e}^{-x'\lambda})\\
&=\sum_{n=0}^{\infty}\frac{(x'-x)^n}{n!}\mathrm{Res}_\lambda A(x)(\mathrm{e}^{x\lambda})(\partial_x^n B(x))(\mathrm{e}^{-x\lambda})\\
&=\sum_{n=0}^{\infty}\frac{(x'-x)^n}{n!}\mathrm{Res}_{\partial_x}A(x)B^*(x)(-\partial_x)^n\\
&=\sum_{n=0}^{\infty}\partial_x^{-n}(\Delta^0)\mathrm{Res}_{\partial_x}A(x)B^*(x)\partial_x^n\\
&=\sum_{n=0}^{\infty}(C_{-n-1}\partial_x^{-n})(\Delta^0)\\
&=\sum_{n=-\infty}^{\infty}(C_{-n-1}\partial_x^{-n-1}\partial_x)(\Delta^0)=A(x)B^*(x)\partial_x(\Delta^0),
\end{aligned}
$$

上式第二个等号的成立是利用了式(3.17).第四个等号的成立是由于下面结论,设 $A(x)B^*(x)=\sum C_i\partial^i$,则 $\mathrm{Res}_\partial A(x)B^*(x)\partial_x^n=C_{-n-1}$. □

命题 3.10 KP 方程族的波函数与共轭波函数满足以下双线性等式:

$$\mathrm{Res}_\lambda\psi(t',\lambda)\psi^*(t,\lambda)=0, \tag{3.18}$$

其中,t 与 t' 是任意且相互独立的.

证明:将 $\psi(t',\lambda)$ 中的 t' 在 $(x',\hat{t})$ 处泰勒展开,其中,$\hat{t}=(t_2,t_3,\cdots)$,

$$\mathrm{Res}_\lambda\psi(t',\lambda)\psi^*(t,\lambda)=\sum_{\alpha=0}^{\infty}\frac{(\hat{t}'-\hat{t})^\alpha}{\alpha!}\mathrm{Res}_\lambda\partial_{\hat{t}}^\alpha\psi(x',\hat{t},\lambda)\psi^*(x,\hat{t},\lambda), \tag{3.19}$$

式(3.19)中,$\alpha=(\alpha_2,\alpha_3,\cdots)$,$\alpha!=\alpha_2!\ \alpha_3!\ \cdots$,$(\hat{t}'-\hat{t})^\alpha=(\hat{t}'_2-\hat{t}_2)^{\alpha_2}\cdots$.注意命题 3.6 的第二个公式,可设

$$\partial_{\hat{t}}^\alpha\psi(x',\hat{t},\lambda)=\sum_{i=0}^{N}b_i(x',\hat{t})\partial_{x'}^i(\psi(x',\hat{t},\lambda)).$$

于是,可以将式(3.19)写成

$$\mathrm{Res}_\lambda\psi(t',\lambda)\psi^*(t,\lambda)=\sum_{\alpha=0}^{\infty}\sum_{i=0}^{N}\frac{(\hat{t}'-\hat{t})^\alpha}{\alpha!}b_i(x',\hat{t})\mathrm{Res}_\lambda\partial_{x'}^i(\psi(x',\hat{t},\lambda)\psi^*(x,\hat{t},\lambda)),$$

而根据引理 3.6,

$$
\begin{aligned}
&\mathrm{Res}_\lambda\partial_x^i(\psi(x,\hat{t},\lambda)\psi^*(x',\hat{t},\lambda))\\
&=\mathrm{Res}_\lambda(\partial_x^iW(x,\hat{t})(\mathrm{e}^{x\lambda})(W(x',\hat{t})^{-1})^*(\mathrm{e}^{-x'\lambda}))\\
&=(\partial_x^iW(t)W(t)^{-1}\partial_x)(\Delta^0)=\partial_x^{i+1}(\Delta^0)=0.
\end{aligned}
$$

因此，最终可知式(3.18)成立. □

以上讨论了 KP 方程族的波函数 ψ 和共轭波函数 ψ^* 满足的一些性质。现在考虑问题的另一个方面，即给定形如 ψ 与 ψ^* 的函数，如何探讨其与 KP 方程族的关系. 本书给出下面的结论.

命题 3.11　已知 $\mathrm{Res}_\lambda\psi(t,\lambda)\psi^*(t',\lambda)=0$，且

$$\psi(t,\lambda)=(1+w_1\lambda^{-1}+w_2\lambda^{-2}+\cdots)e^{\xi(t,\lambda)},$$

$$\psi^*(t,\lambda)=(1+v_1\lambda^{-1}+v_2\lambda^{-2}+\cdots)e^{-\xi(t,\lambda)}.$$

令 $W=1+w_1\partial^{-1}+w_2\partial^{-2}+\cdots$，则有以下结论成立.

(1) $\psi^*(t,\lambda)=(W^{-1})^*(e^{-\xi(t,\lambda)})$，(2) $\partial_{t_n}W=-(W\partial^nW^{-1})_{<0}W$.

(1) 证明：设 $V=1+v_1(-\partial)^{-1}+v_2(-\partial)^{-2}+\cdots$，则 $\psi^*(t,\lambda)=V(e^{-\xi(t,\lambda)})$.

在 $\mathrm{Res}_\lambda\psi(t,\lambda)\psi^*(t',\lambda)=0$ 中，令 $\hat{t}'=\hat{t}$，则有

$$0=\mathrm{Res}_\lambda W(x,\hat{t})(e^{x\lambda+t_2\lambda^2+\cdots})V(x',\hat{t})(e^{-x'\lambda-t_2\lambda^2-\cdots}).$$

利用引理 3.6 可以得到

$$(W(t)V(t)^*\partial_x)(\Delta^0)=0,$$

从而，

$$(W(t)V(t)^*)_{<0}=0.$$

另一方面，$(W(t)V(t)^*)_{\geqslant 0}=1$. 于是，$W\cdot V^*=1$，即 $V=(W^{-1})^*$.

(2) 用 ∂_{t_n} 作用在双线性等式，$\mathrm{Res}_\lambda\psi(t,\lambda)\psi^*(t',\lambda)=0$，并令 $\hat{t}'=\hat{t}$，同时利用引理 3.6 可得

$$0=((\partial_{t_n}W+W\partial^n)\cdot W^{-1}\partial)(\Delta^0).$$

于是，

$$((\partial_{t_n}W+W\partial^n)\cdot W^{-1})_{<0}=0.$$

因为，$\partial_{t_n}W\cdot W^{-1}$ 关于 ∂ 最高阶是 -1，所以，

$$\partial_{t_n}W=-(W\partial^nW^{-1})_{<0}W.$$

3.1.5　KP 方程族的 tau 函数

本书给出 KP 方程族的第五种等价描述方式：tau 函数. 首先，直接给出关于 KP 方程族的 tau 函数存在性定理，可以将波函数用 tau 函数来表达；然后，在此基础上讨论如何用 tau 函数来表达 KP 方程族的 Lax 算子与穿衣

算子;接着,利用 tau 函数与波函数的关系将双线性等式由关于波函数的(见命题 3.10)形式转换为关于 tau 函数的形式;最后,给出了 tau 函数存在性的证明.由于存在性的证明相对比较复杂,如果想快速了解 KP 方程族的知识,可以先跳过该证明.

3.1.5.1 KP 方程族的 tau 函数描述

定理 3.1[23,26] KP 方程族存在一个 tau 函数 $\tau(t)$,使得波函数与共轭波函数可以表达为如下的形式,

$$\psi(t,\lambda)=\frac{\tau(t-[\lambda^{-1}])}{\tau(t)}e^{\xi(t,\lambda)},\quad \psi^*(t,\lambda)=\frac{\tau(t+[\lambda^{-1}])}{\tau(t)}e^{-\xi(t,\lambda)},$$

其中,$[\lambda^{-1}]=\left(\lambda^{-1},\frac{\lambda^{-2}}{2},\frac{\lambda^{-3}}{3},\cdots\right)$.

在证明这个定理之前,先讨论如何利用 τ 函数表示 Lax 算子 L.为此,需要进行如下的一些准备,首先需要了解 Schur 多项式的概念.Schur 多项式 $p_n(t)$ 的定义如下:

$$e^{\xi(t,\lambda)}=\sum_{n=0}^{\infty}p_n(t)\lambda^n. \tag{3.20}$$

根据式(3.20)可以发现 $p_n(t)$ 的具体表达式如下:

$$p_n(t)=\sum_{\|\alpha\|=n}\frac{t^\alpha}{\alpha!}. \tag{3.21}$$

式(3.21)中,$\alpha=(\alpha_1,\alpha_2,\alpha_3,\cdots)$(其中,$\alpha_i\geqslant 0$),$t^\alpha=\prod_{j=1}^{\infty}t_j^{\alpha_j}$ 以及 $\|\alpha\|=\sum_{j=0}^{\infty}j\alpha_j$.并且,Schur 多项式 $p_n(t)$ 满足如下的递推关系式.

引理 3.7 Schur 多项式 $p_n(t)$ 满足

$$np_n(t)=\sum_{j=0}^{n-1}(n-j)p_j(t)t_{n-j}. \tag{3.22}$$

证明:对式(3.20)两边同时关于 λ 求导,则有

$$e^{\xi(t,\lambda)}\partial_\lambda\xi(t,\lambda)=\sum_{n=1}^{\infty}np_n(t)\lambda^{n-1}, \tag{3.23}$$

再将式(3.20)代入式(3.23),其左边变为

$$\begin{aligned}e^{\xi(t,\lambda)}\partial_\lambda\xi(t,\lambda)&=\sum_{j=0}^{\infty}\sum_{l=1}^{\infty}p_j(t)lt_l\lambda^{j+l-1}\\&=\sum_{n=1}^{\infty}\sum_{j=0}^{n-1}p_j(t)(n-j)t_{n-j}\lambda^{n-1}.\end{aligned} \tag{3.24}$$

注意,式(3.24)第二个等号成立是因为令 $j+l=n$,则 $n=j+l\geqslant 1$. j 要同时满足 $0\leqslant j\leqslant +\infty$,$1\leqslant l=n-j$,因此 $0\leqslant j\leqslant n-1$. 比较式(3.23)与式(3.24)的右边 λ 的同次幂的系数,可得递推关系式(3.22). □

作为参考,本书列出 Schur 多项式的前 5 项:

$$p_0(t)=1,$$

$$p_1(t)=t_1,$$

$$p_2(t)=\frac{1}{2}t_1^2+t_2,$$

$$p_3(t)=\frac{1}{6}t_1^3+t_1t_2+t_3,$$

$$p_4(t)=\frac{1}{24}t_1^4+\frac{1}{2}t_1^2t_2+t_1t_3+\frac{1}{2}t_2^2+t_4.$$

借助 Schur 多项式,可以得到如下推论.

推论 3.1　KP 方程族的穿衣算子 W 可以表示为

$$W=\sum_{n=0}^{+\infty}\frac{p_n(-\tilde{\partial})\tau(t)}{\tau(t)}\partial^{-n}$$

其中,$\tilde{\partial}=\left(\partial_x,\frac{1}{2}\partial_{t_2},\cdots\right)$.

证明:首先,利用 $e^{a\partial x}(f(x))=f(x+a)$ 可知,

$$\tau(t-[\lambda^{-1}])=e^{-\xi(\tilde{\partial},\lambda^{-1})}\tau(t).$$

然后,利用式(3.20),有

$$\frac{\tau(t-[\lambda^{-1}])}{\tau(t)}=\frac{e^{-\xi(\tilde{\partial},\lambda^{-1})}\tau(t)}{\tau(t)}=\sum_{n=0}^{+\infty}\frac{p_n(-\tilde{\partial})\tau(t)\cdot\lambda^{-n}}{\tau(t)},$$

最后,根据式(3.15)以及定理 3.1 可知结论成立. □

注 3.6　根据推论 3.1,可以将 KP 方程族 Lax 算子 $L=\partial+\sum_{j=1}^{\infty}u_{j+1}\partial^{-j}=W\partial W^{-1}$ 用 tau 函数表达出来. 例如,$u_2=\partial_x^2(\log\tau(t))$. 事实上,所有的 u_i 都可以表达为 $\log\tau(t)$的各阶导数,具体可以参考命题 3.12.

命题 3.12　给定 KP 方程族 Lax 算子 $L=\partial+\sum_{j=1}^{\infty}u_{j+1}\partial^{-j}$,则

$$\mathrm{Res}_\partial L^n=\partial_x\partial_{t_n}(\log\tau(t)),\quad n\geqslant 1.$$

证明:对 Sato 方程(3.10)两端关于∂取留数可得,

$$\mathrm{Res}_{\partial} L^n = -\partial_{t_n} w_1, \tag{3.25}$$

其中，w_1 为穿衣算子 W 中 ∂^{-1} 的系数. 接着，根据推论 3.1 可知，

$$w_1 = -\partial_x(\log \tau(t)).$$

综上可以给出该命题的证明. □

注 3.7 给定 KP 方程族的 Lax 算子，其对应的 tau 函数 $\tau(t)$ 可以相差一个形如 $c\exp\left(\sum_i a_i t_i\right)$ 的乘积因子. 这里，c 与 a_i 均为不依赖 t 的常数.

应用定理 3.1，可以将 KP 方程族的双线性等式由波函数形式写成 tau 函数形式，具体见下面的推论.

推论 3.2 KP 方程族的 tau 函数满足如下的关系式

$$\mathrm{Res}_z \tau(t-[z^{-1}])\tau(t'+[z^{-1}])\mathrm{e}^{\xi(t-t',z)} = 0. \tag{3.26}$$

3.1.5.2 KP 方程族的 tau 函数存在性

本节将给出定理 3.1 的证明，从而得到 KP 方程族的 tau 函数存在性.

引理 3.8[26] 设 $f(\zeta,\lambda) = \sum_{i=-\infty}^{+\infty} a_i(\zeta)\lambda^{-i}$，则

$$\mathrm{Res}_\lambda f(\zeta,\lambda)(1-\lambda/\zeta)^{-1} = \zeta f_-(\zeta,\lambda)\big|_{\lambda=\zeta},$$

其中，$f_-(\zeta,\lambda) = \sum_{i=1}^{+\infty} a_i\lambda^{-i}$.

证明：由于，

$$\begin{aligned} f(\zeta,\lambda)(1-\lambda/\zeta)^{-1} &= \sum_{i=\infty}^{+\infty} a_i(\zeta)\lambda^{-i}\sum_{j=0}^{+\infty}\lambda^j\zeta^{-j} \\ &= \sum_{i=-\infty}^{+\infty}\sum_{j=0}^{+\infty} a_i(\zeta)\zeta^{-j}\lambda^{-i+j}. \end{aligned}$$

从而，

$$\mathrm{Res}_\lambda f(\zeta,\lambda)(1-\lambda/\zeta)^{-1} = \sum_{j=0}^{+\infty} a_{j+1}(\zeta)\zeta^{-j} = \zeta f_-(\zeta,\lambda)\big|_{\lambda=\zeta}.$$

□

最后，引入一个移动算子 $G(\lambda)$，定义其在函数 $f(t,z)$ 上的作用为：

$$G(\lambda)f(t,z) = f\left(t_1-\frac{1}{\lambda}, t_2-\frac{1}{2\lambda^2}, t_3-\frac{1}{3\lambda^3}, \cdots, z\right) = f(t-[\lambda^{-1}],z). \tag{3.27}$$

引理 3.9 假定 $\hat{\psi}(t,z)$ 为 KP 方程族的波函数中非 exp 部分（见

式(3.15)),则有

$$\hat{\psi}(t,z)^{-1}=G(z)\hat{\psi}^*(t,z),\tag{3.28}$$

$$\partial(\log\hat{\psi}(t,z))=(-G(z)+1)w_1,\tag{3.29}$$

其中,w_1 为 KP 方程族穿衣算子 W 中∂^{-1}的系数.

证明:首先证明式(3.28).在双线性等式 $\mathrm{Res}_z\psi(t,z)\psi^*(t',z)=0$ 中,令 $t'=t-[\lambda^{-1}]$,并利用 $\xi([\lambda^{-1}],z)=\sum_{j=1}^{+\infty}\frac{z^j}{j\lambda^j}=-\log\left(1-\frac{z}{\lambda}\right)$可以得到

$$0=\mathrm{Res}_z\hat{\psi}(t,z)\hat{\psi}^*(t-[\lambda^{-1}],z)\frac{1}{1-z/\lambda}.$$

又由于,

$$\hat{\psi}(t,z)\hat{\psi}^*(t-[\lambda^{-1}],z)=1+\mathcal{O}(z^{-1}),$$

所以,利用引理 3.8 可得

$$0=\lambda(\hat{\psi}(t,\lambda)\hat{\psi}^*(t-[\lambda^{-1}],\lambda)-1),$$

也就是式(3.28).

接着证明式(3.29).首先,用∂_x 作用于 $\mathrm{Res}_z\psi(t,z)\psi^*(t',z)=0$,并令 $t'=t-[\lambda^{-1}]$,则有

$$0=\mathrm{Res}_z(\hat{\psi}(t,z)_x+z\hat{\psi}(t,z))\hat{\psi}^*(t-[\lambda^{-1}],z)\frac{1}{1-z/\lambda}.$$

另一方面,注意到

$$(\hat{\psi}(t,z)_x+z\hat{\psi}(t,z))\hat{\psi}^*(t-[\lambda^{-1}],z)=z+w_1(t)+w_1^*(t-[\lambda^{-1}])+\mathcal{O}(z^{-1}),$$

于是,利用引理 3.8 最终可得式(3.29).　□

引理 3.10　设 $N(z)=-\sum_{j=1}^{+\infty}z^{-j-1}\partial_j+\partial_z$,其中 $\partial_j=\partial_{t_j}$,则有如下结论:

(1) $N(z)G(z)f(t)=0$;

(2) 如果 $f(t,z)=\sum_{l=0}^{+\infty}f_l(t)z^{-l-1}$,且 $N(z)f(t,z)=0$,可得 $f(t,z)=0$.

证明:(1) 利用链式求导法可以直接得证,证明过程略.

(2) 首先,通过计算可得

$$N(z)f(t,z)=-\sum_{l=1}^{+\infty}\left(\sum_{j=1}^{l}\partial_j(f_{l-j})+(l+1)f_l\right)z^{-l-2}-f_0z^{-2}=0.$$

通过比较 z^{-l-2} 系数可以得到,$f_0=0$ 和$(l+1)f_l+\sum_{j=1}^{l}\partial_j(f_{l-j})=0$ 对任意

$l \geqslant 1$ 成立. 接着,对 l 做数学归纳,可以得到 $f_l = 0, l \geqslant 0$,从而得到相应结论.

引理 3.11 假定 $\hat{\psi}(t,z)$ 为 KP 方程族的波函数中非 exp 部分(见式(3.15)),并令 $b_i = \mathrm{Res}_z z^i N(z) \log \hat{\psi} (i \geqslant 1)$,则

(1) $\partial(b_j) = \mathrm{Res}L^j = -\partial_j w_1$;(2) $\partial(\partial_k b_i - \partial_i b_k) = 0$,这里$\partial_j = \partial_{t_j}$.

证明:(1) 首先根据式(3.25)、式(3.29)以及引理 3.10 可知

$$\partial(b_i) = \mathrm{Res}_z z^i N(z)(-G(z)+1)w_1 = \mathrm{Res}_z z^i N(z) w_1$$

$$= -\mathrm{Res}_z z^i \sum_{j=1}^{+\infty} z^{-j-1} \partial_j(w_1) = -\partial_i(w_1) = \mathrm{Res}L^i.$$

(2) 利用结论(1)可以直接验证$\partial(\partial_k b_i - \partial_i b_k) = 0$ 成立. □

下面为了说明$\partial_k b_i - \partial_i b_k = 0$,本书引入如下的 deg 的概念,即

$$\deg(w_i) = i, \quad \deg(w_i^{(j)}) = i + j, \quad \deg(AB) = \deg(A) + \deg(B).$$

这里,w_i 为 KP 方程族穿衣算子 W 中∂^{-i}的系数,$w_i^{(j)} = \partial_x^j(w_i)$,$A$ 与 B 为关于 w_i 的 deg 齐次微分多项式.

引理 3.12 在与引理 3.11 相同的条件下,

$$\deg(b_i) = i, \quad \deg(\partial_k b_i) = i + k.$$

证明:首先,注意到

$$\log \hat{\psi} = \log(1 + w_1 z^{-1} + w_2 z^{-2} + \cdots)$$

$$= \sum_{l=1}^{+\infty} \frac{(-1)^{l-1}}{l} (w_1 z^{-1} + w_2 z^{-2} + \cdots)^l$$

$$= w_1 z^{-1} + \left(w_2 - \frac{1}{2} w_1^2\right) z^{-2} + \cdots.$$

因此,若令 $\log \hat{\psi} = \sum_{j=1}^{\infty} A_j z^{-j}$,则 A_j 为关于 w_l 的多项式并且

$$\deg(A_j) = j.$$

另一方面,根据 Sato 方程(3.10)可知,$\deg(\partial_k w_j) = j + k$,从而

$$\deg(\partial_k A_j) = j + k.$$

所以,将 $\log \hat{\psi} = \sum_{j=1}^{\infty} A_j z^{-j}$ 代入 b_i 的表达式可以发现,b_i 为关于 w_l 的微分多项式并且 $\deg(b_i) = i$. 最后,根据 $\deg(\partial_k w_j) = j + k$ 可以得到 $\deg(\partial_k b_i) = i + k$. □

命题 3.13 在与引理 3.11 相同的条件下,$\partial_k b_i - \partial_i b_k = 0$.

证明：由于$\partial(\partial_k b_i-\partial_i b_k)=0$（见引理3.11），以及$\partial_k b_i-\partial_i b_k$为deg在$i+k$的齐次微分多项式（见引理3.12），所以结论成立. □

注3.8 下面对命题3.13的证明做一些补充. 这里说明若f为关于$w_l(l\in\mathbb{Z}_{\geqslant 1})$的deg为$k$的齐次微分多项式并且$f_x=0$，则$f=0$. 事实上对于固定的$i\geqslant 1$，假定$f$中每一项出现的$w_i$最高阶导数为$w_i^{(j)}$，并且所有含有$w_i^{(j)}$项中最高幂次为$n\geqslant 1$. 于是可以将$f$写成如下形式，

$$f=c(w_i^{(j)})^n g+h,$$

其中$g\neq 0$不再含有$w_i^{(j)}$，而h所含有的$w_i^{(j)}$幂次均小于n，并且在h中不会出现$w_i^{(l)}(l>j)$. 然后通过计算可以发现

$$0=f_x=c(w_i^{(j)})^n g_x+cn(w_i^{(j)})^{n-1}w_i^{(j+1)}g+h_x.$$

注意到g_x不会出现$w_i^{(j+1)}$，而h_x中出现的$(w_i^{(j)})^m w_i^{(j+1)}$均满足$m<n-1$. 所以$c(w_i^{(j)})^{n-1}w_i^{(j+1)}g$与其他两项的和线性无关，于是$c=0$. 因此可以发现$f$不依赖$w_l(l\geqslant 1)$及其导数. 又由于deg $f=k\geqslant 1$，则f不能为常数，从而只能为0.

定理3.2 由于，$\partial_k b_i-\partial_i b_k=0$（见命题3.13），所以，存在函数$\tau$使得

$$b_i=\partial_i(\log\tau),$$

也就是

$$\partial_i(\log\tau)=\mathrm{Res}_z z^i\Big(-\sum_{j=1}^{+\infty}z^{-j-1}\partial_j+\partial_z\Big)\log\hat{\psi}.$$

由上式可得

$$\sum_{j=1}^{+\infty}z^{-j-1}\partial_j\log\tau=\Big(-\sum_{j=1}^{+\infty}z^{-j-1}\partial_j+\partial_z\Big)\log\hat{\psi},$$

即

$$N(z)(\log\tau+\log\hat{\psi})=0.$$

再根据引理3.10可得

$$N(z)(\log\tau-G(z)\log\tau+\log\hat{\psi})=0.$$

如果令$f(t,z)=\log\tau-G(z)\log\tau+\log\hat{\psi}(t,z)$，则由引理3.12的证明过程可以发现

$$f(t,z)=(\partial_x\log\tau+w_1)z^{-1}+\mathcal{O}(z^{-2}).$$

于是根据引理3.10，可以得到$f(t,z)=0$，从而有

$$\log\tau-G(z)\log\tau+\log\hat{\psi}=0,$$

即 $\log\hat{\psi}=(G(z)-1)\log\tau$. 所以

$$\psi(t,\lambda)=\frac{\tau(t-[\lambda^{-1}])}{\tau(t)}e^{\xi(t,\lambda)}.$$

至于 $\psi^*(t,\lambda)$，可以结合式(3.28)来进行证明. □

注 3.9 这里$\partial_k b_i-\partial_i b_k=0$ 推出存在函数 τ 使得 $b_i=\partial_i(\log\tau)$，用到 Poincare 引理[210]，也就是在对应于原点的星形区域中任意闭形式必然是恰当的. 这里对应于原点的星形区域是指满足下面条件的区域：原点到区域内任意点的直线段均落在该区域内. 例如，若 1－形式 $\omega=P(x,y)\mathrm{d}x+Q(x,y)\mathrm{d}y$ 是闭形式，也就是

$$\mathrm{d}\omega=\mathrm{d}P\wedge\mathrm{d}x+\mathrm{d}Q\wedge\mathrm{d}y=(Q_x-P_y)\mathrm{d}x\wedge\mathrm{d}y=0,$$

从而，$Q_x=P_y$. 于是，若曲线 L 在原点的星形区域内，则第二类曲线积 $\int_L P\mathrm{d}x+Q\mathrm{d}y$ 与积分路径无关，只与起点和终点有关. 因此，可以取

$$f(x,y)=\int_{(0,0)}^{(x,y)}P(u,v)\mathrm{d}u+Q(u,v)\mathrm{d}v,$$

则 $\mathrm{d}f=\omega$，从而 1－形式 ω 是恰当形式.

3.1.6 KP 方程族的 Fay 等式

本节将给出 KP 方程族 tau 函数所满足的 Fay 等式[26,139].

命题 3.14 (Fay 等式)假定 $\tau(t)$为 KP 方程族的 tau 函数，也就是满足式(3.26)，则 τ 函数满足，

$$\begin{aligned}&(s_0-s_1)(s_2-s_3)\tau(t+[s_2]+[s_3])\tau(t+[s_0]+[s_1])+\\&(s_0-s_2)(s_3-s_1)\tau(t+[s_1]+[s_3])\tau(t+[s_0]+[s_2])+\\&(s_0-s_3)(s_1-s_2)\tau(t+[s_1]+[s_2])\tau(t+[s_0]+[s_3])=0.\end{aligned}\tag{3.30}$$

证明：首先在式(3.26)中，令 $t\to t-y$ 与 $t'\to t+y$ 则有

$$\mathrm{Res}_z\tau(t-y-[z^{-1}])\tau(t+y+[z^{-1}])e^{-2\sum_{k=1}^{\infty}y_kz^k}=0.$$

再进一步，令

$$y=\frac{1}{2}([s_0]-[s_1]-[s_2]-[s_3]),\quad t\to\frac{1}{2}([s_0]+[s_1]+[s_2]+[s_3])+t,$$

以及利用公式 $\log(1-x)=-\sum_{k=1}^{\infty}\frac{x^k}{k}(|x|<1)$ 可得

$$\mathrm{Res}_z \frac{1-zs_0}{(1-zs_1)(1-zs_2)(1-zs_3)}\tau(t+[s_1]+[s_2]+[s_3]-[z^{-1}])\times$$
$$\tau(t+[s_0]+[z^{-1}])=0. \tag{3.31}$$

接着,利用

$$\frac{1}{(1-zs_1)(1-zs_2)}=\left(\frac{1}{(1-zs_2)}-\frac{1}{(1-zs_1)}\right)\frac{1}{z(s_2-s_1)}, \tag{3.32}$$

可以得到

$$\mathrm{Res}_z \frac{zs_0-1}{z^2}\left(\frac{s_2-s_3}{1-zs_1}+\frac{s_3-s_1}{1-zs_2}+\frac{s_1-s_2}{1-zs_3}\right)\times$$
$$\tau(t+[s_1]+[s_2]+[s_3]-[z^{-1}])\tau(t+[s_0]+[z^{-1}])=0.$$

于是,利用引理 3.8 可以得到结论. □

注 3.10 式(3.31)中的 Res_z 可以理解为 $\oint_{|z|=R}\frac{\mathrm{d}z}{2\pi i}$,其中 $R<|s_i^{-1}|(i=0,1,2,3)$. 因此 $\mathrm{Res}_z=-\sum_{i=1}^{3}\mathrm{Res}_{z=s_i^{-1}}-\mathrm{Res}_{z=\infty}$,于是提供了另一种计算留数的方法.

命题 3.15 (微分 Fay 等式)给定 KP 方程族的 tau 函数 $\tau(t)$ 满足式(3.26),则如下等式成立

$$\tau(t-[s_1])_x\tau(t-[s_2])-\tau(t-[s_1])\tau(t-[s_2])_x+$$
$$(s_1^{-1}-s_2^{-1})(\tau(t-[s_1])\tau(t-[s_2])-\tau(t)\tau(t-[s_1]-[s_2]))=0.$$

证明:对式(3.30)中的 s_0 求导,可得

$$\begin{aligned}0=&(s_2-s_3)\tau(t+[s_2]+[s_3])\tau(t+[s_0]+[s_1])+\\&(s_0-s_1)(s_2-s_3)\sum_{j=1}^{+\infty}s_0^{j-1}\tau(t+[s_2]+[s_3])\partial_j\tau(t+[s_0]+[s_1])+\\&(s_3-s_1)\tau(t+[s_1]+[s_3])\tau(t+[s_0]+[s_2])+\\&(s_0-s_2)(s_3-s_1)\sum_{j=1}^{+\infty}s_0^{j-1}\tau(t+[s_1]+[s_3])\partial_j\tau(t+[s_0]+[s_2])+\\&(s_1-s_2)\tau(t+[s_1]+[s_2])\tau(t+[s_0]+[s_3])+\\&(s_0-s_3)(s_1-s_2)\sum_{j=1}^{+\infty}s_0^{j-1}\tau(t+[s_1]+[s_2])\partial_j\tau(t+[s_0]+[s_3]).\end{aligned}$$

若令 $s_0=s_3=0$,上式可变为

$$
\begin{aligned}
0= & s_2\tau(t+[s_2])\tau(t+[s_1])-s_1s_2\partial_x\tau(t+[s_2])\tau(t+[s_1])- \\
& s_1\tau(t+[s_1])\tau(t+[s_2])+s_2s_1\partial_x\tau(t+[s_1])\tau(t+[s_2])+ \\
& (s_1-s_2)\tau(t+[s_1]+[s_2])\tau(t).
\end{aligned}
$$

最后，令 $t\to t-[s_1]-[s_2]$，再同除 s_1s_2，则定理得证. □

3.1.7 KP 方程族的 Hirota 双线性等式

本节将研究 KP 方程族的 Hirota 双线性等式. 首先，给出 Hirota 双线性算子的定义. 对于一个多项式 $P(t)$，可以定义 Hirota 双线性算子[22]如下：

$$
\begin{aligned}
& P(D)f(t)\cdot g(t) \\
& =P((\partial_{t_1}-\partial_{t'_1}),(\partial_{t_2}-\partial_{t'_2}),\cdots)(f(t)g(t'))\big|_{t'=t} \\
& =P(\partial_y)(f(t+y)g(t-y))\big|_{y=0}.
\end{aligned}
$$

其中，$P(D)=P(D_1,D_2,\cdots)$，$\partial_y=(\partial_{y_1},\partial_{y_2},\cdots)$. 注意，

$$P(D)f(t)\cdot g(t)=P(-D)g(t)\cdot f(t).$$

因此，若 $P(-t)=-P(t)$，则

$$P(D)f(t)\cdot f(t)=0. \tag{3.33}$$

然后，考虑 KP 方程族的 Hirota 双线性方程. 在式(3.26)中，令 $t\to t-y$，$t'\to t+y$，得

$$
\begin{aligned}
0 &= \mathrm{Res}_\lambda(\tau(t-y-[\lambda^{-1}])\tau(t+y+[\lambda^{-1}])\mathrm{e}^{-2\xi(y,\lambda)}) \\
&= \mathrm{Res}_\lambda(\mathrm{e}^{-2\xi(y,\lambda)}\mathrm{e}^{\xi(\tilde{\partial}_y,\lambda^{-1})})(\tau(t-y)\tau(t+y)) \\
&= \mathrm{Res}_\lambda\Big(\Big(\sum_{j=0}^{\infty}\lambda^j p_j(-2y)\Big)\cdot\Big(\sum_{l=0}^{\infty}\lambda^{-l}p_l(\tilde{\partial}_y)(\tau(t-y)\tau(t+y))\Big)\Big) \\
&= \sum_{j=0}^{\infty}p_j(-2y)\cdot p_{j+1}(\tilde{\partial}_y)(\tau(t-y)\tau(t+y)),
\end{aligned}
$$

其中，$\tilde{\partial}_y=\left(\partial_{y_1},\frac{1}{2}\partial_{y_2},\frac{1}{3}\partial_{y_3},\cdots\right)$. 注意，将 $f(y)=f(y_1,y_2,\cdots)$ 在 $y=0$ 处按照下面的公式展开.

$$f(y)=\exp\Big(\sum_{i=1}^{\infty}y_i\partial_{z_i}\Big)f(z)\Big|_{z=0},$$

于是可以得到

$$0=\exp\Big(\sum_{i=1}^{\infty}y_i\partial_{z_i}\Big)\sum_{j=0}^{\infty}p_j(-2y)\cdot p_{j+1}(\tilde{\partial}_z)(\tau(t-z)\tau(t+z))\Big|_{z=0}.$$

利用 Hirota 算子，进一步

$$\exp\Big(\sum_{i=1}^{\infty} y_i D_i\Big) \sum_{j=0}^{\infty} p_j(-2y) \cdot p_{j+1}(\widetilde{D})\tau(t)\cdot\tau(t)=0, \tag{3.34}$$

其中 $\widetilde{D}=\left(D_1,\frac{1}{2}D_2,\frac{1}{3}D_3,\cdots\right)$. 接下来，利用式(3.21) 以及如下公式，

$$\exp\Big(\sum_{j=1}^{\infty} y_j\Big)=\sum_{|\alpha|=0}^{\infty}\frac{y^\alpha}{\alpha!},$$

其中 $y=(y_1,y_2,\cdots)$，$\alpha=(\alpha_1,\alpha_2,\cdots)$，$\alpha_j\geqslant 0$，$y^\alpha=\prod_{k=1}^{\infty} y_k^{\alpha_k}$ 和 $|\alpha|=\sum_{k=1}^{\infty}\alpha_k$. 可以将式(3.34) 左边改写为下面更具体的形式

$$\begin{aligned}
&\exp\Big(\sum_{i=0}^{\infty} y_i D_i\Big)\sum_{j=0}^{\infty} p_j(-2y)\cdot p_{j+1}(\widetilde{D})\\
&=\sum_{|\beta|=0}^{\infty}\frac{y^\beta}{\beta!}D^\beta\sum_{j=0}^{\infty}\sum_{\|\alpha\|=j}\frac{(-2y)^\alpha}{\alpha!}p_{j+1}(\widetilde{D})\\
&=\sum_{\|\alpha\|=0,|\beta|=0}^{\infty}\frac{(-2y)^\alpha}{\alpha!}p_{\|\alpha\|+1}(\widetilde{D})\frac{y^\beta}{\beta!}D^\beta\\
&=\sum_{\gamma}\Big(\sum_{\alpha+\beta=\gamma}\frac{(-2)^{|\alpha|}}{\alpha!\beta!}p_{\|\alpha\|+1}(\widetilde{D})D^\beta\Big)y^\gamma.
\end{aligned}$$

因此，对于 KP 方程族的 tau 函数，可以得到如下命题.

命题 3.16　对任意多重指标 $\gamma=(\gamma_1,\gamma_2,\cdots)$，tau 函数 τ 满足下面双线性方程.

$$\Big(\sum_{\alpha+\beta=\gamma}\frac{(-2)^{|\alpha|}}{\alpha!\beta!}p_{\|\alpha\|+1}(\widetilde{D})D^\beta\Big)\tau\cdot\tau=0. \tag{3.35}$$

作为式(3.35)的特例，取 $\gamma=(3,0,0,\cdots)$，则 α 与 β 的取值有以下可能：

$$(\alpha_1,\beta_1)=(0,3),(1,2),(2,1),(3,0)，\text{其余 } \alpha_j \text{ 和 } \beta_j \text{ 为零}.$$

与此相应的双线性算子为

$$\begin{aligned}
P&=\frac{(-2)^0}{3!}p_1(\widetilde{D})D_1^3+\frac{(-2)^1}{2!}p_2(\widetilde{D})D_1^2+\frac{(-2)^2}{2!}p_3(\widetilde{D})D_1+\frac{(-2)^3}{3!}p_4(\widetilde{D})\\
&=-\frac{1}{18}(D_1^4-3D_1^2D_2-4D_1D_3+3D_2^2+6D_4).
\end{aligned}$$

去掉上式中 $|\alpha|$ 为奇数的 D^α 项(利用式(3.33))，从而，方程 $P\tau\cdot\tau=0$ 变为

$$(D_1^4-4D_1D_3+3D_2^2)\tau\cdot\tau=0.$$

此即为 KP 方程的 Hirota 双线性形式. 通过变换 $u=(\log\tau)_{xx}$，上述双线性方程可以改写为

$$(4u_{t_3}-u_{xxx}-12uu_x)_x=3u_{t_2t_2}.$$

再令 $t_2\to y, t_3\to t$，这正是 KP 方程式(3.8).

3.2 KP 方程族的对称

本节将重点讨论 KP 方程族的对称. KP 方程族的谱表示与对称性具有密切关系. 因此，首先给出 KP 方程族的谱表示；接着给出了 KP 方程族对称的定义；最后，讨论了 KP 方程族的两种对称性，即平方本征函数对称与附加对称.

3.2.1 KP 方程族的谱表示

定义 KP 方程族的平方本征函数势(Squared Eigenfunction Potentials，简称 SEP)[107]如下：

$$\Omega(q,r)=\int qrdx,$$

其中，q 与 r 分别为 KP 方程族的本征函数和共轭本征函数，即满足

$$q_{t_n}=(L^n)_{\geqslant 0}(q),\quad r_{t_n}=-(L^n)^*_{\geqslant 0}(r). \tag{3.36}$$

下面考虑 KP 方程族的谱表示. 在此之前，先介绍引理 3.13.

引理 3.13

$$\Omega(q,r)_{t_n}=\mathrm{Res}_\partial(\partial^{-1}rB_nq\partial^{-1}). \tag{3.37}$$

特别地，当 $n=1$ 时，$\Omega(q,r)_x=\mathrm{Res}_\partial(\partial^{-1}r\partial q\partial^{-1})=qr$.

证明：

$$\begin{aligned}\Omega(q,r)_{t_n}&=\int(q_{t_n}r+qr_{t_n})\mathrm{d}x\\&=\int(B_n(q)\cdot r-qB_n^*(r))\mathrm{d}x\\&=\int\mathrm{Res}_\partial(rB_nq\partial^{-1}-\partial^{-1}rB_nq)\mathrm{d}x.\end{aligned} \tag{3.38}$$

式(3.38)中最后一个等号利用了命题 2.5. 再由命题 2.1 可知

$$\int rB_nq\,\mathrm{d}x\cdot\partial^{-1}-\partial^{-1}\int rB_nq\,\mathrm{d}x=\partial^{-1}rB_nq\partial^{-1}.$$

把此结果代入式(3.38)，可知式(3.37)成立. □

命题 3.17[108,182]　KP 方程族的本征函数 q 与共轭本征函数 r 有以下形式的谱表示：

$$q(t')=-\mathrm{Res}_{\lambda}\psi(t',\lambda)\Omega(q(t),\psi^{*}(t,\lambda)),\tag{3.39}$$

$$r(t')=\mathrm{Res}_{\lambda}\psi^{*}(t',\lambda)\Omega(\psi(t,\lambda),r(t)).\tag{3.40}$$

证明：只需证明式(3.39)成立，同理可证式(3.40)成立．首先将 $\psi(t',\lambda)$ 在 $t'=t$ 处泰勒展开，则

$$\begin{aligned}&\mathrm{Res}_{\lambda}\psi(t',\lambda)\Omega(q(t),\psi^{*}(t,\lambda))\\&=\sum_{\alpha=0}^{\infty}\frac{(t'-t)^{\alpha}}{\alpha!}\mathrm{Res}_{\lambda}\partial_t^{\alpha}\psi(t,\lambda)\Omega(q(t),\psi^{*}(t,\lambda)),\end{aligned}\tag{3.41}$$

由于，$\partial_{t_n}\psi(t,\lambda)=B_n(\psi(t,\lambda))$，从而，$\partial_t^{\alpha}\psi(t,\lambda)=A_{\alpha}(\psi(t,\lambda))$．在这里 $A_{\alpha}=\sum_{i\geqslant 0}a_{\alpha,i}\partial^{i}$．类似可以发现，$\partial_t^{\alpha}q(t)=A_{\alpha}(q(t))$．接着再利用引理 3.5 可知，式(3.41) 可写成

$$\begin{aligned}&\sum_{\alpha}\mathrm{Res}_{\lambda}A_{\alpha}(\psi(t,\lambda))\Omega(q(t),\psi^{*}(t,\lambda))(t'-t)^{\alpha}/\alpha!\\&=\sum_{\alpha}\mathrm{Res}_{\lambda}A_{\alpha}W(e^{x\lambda})\partial^{-1}q(t)(W^{-1})^{*}(e^{-x\lambda})(t'-t)/\alpha!\\&=-\sum_{\alpha}\mathrm{Res}_{\partial}A_{\alpha}WW^{-1}q(t)\partial^{-1}(t'-t)^{\alpha}/\alpha!\\&=-\sum_{\alpha}\frac{1}{\alpha!}\partial_t^{\alpha}q(t)(t'-t)^{\alpha}=-q(t').\end{aligned}$$

证毕．□

引理 3.14　$\Omega(q(t),\psi^{*}(t,\lambda))$ 和 $\Omega(\psi(t,\lambda),r(t))$ 具有如下的展开式：

$$\Omega(q(t),\psi^{*}(t,\lambda))=(-q\lambda^{-1}+\mathcal{O}(\lambda^{-2}))\mathrm{e}^{-\xi(t,\lambda)},$$

$$\Omega(\psi(t,\lambda),r(t))=(r\lambda^{-1}+\mathcal{O}(\lambda^{-2}))\mathrm{e}^{\xi(t,\lambda)}.$$

证明：设 $(W^{-1})^{*}=\sum_{i=0}^{\infty}a_i\partial^{-i}$，其中，$a_0=1$，则

$$\begin{aligned}\partial^{-1}qW^{-1*}&=\sum_{i=0}^{\infty}\partial^{-1}qa_i\partial^{-i}\\&=\sum_{i=0}^{\infty}\sum_{j=0}^{\infty}(-1)^{j}(qa_i)^{(j)}\partial^{-1-i-j}=q\partial^{-1}+\mathcal{O}(\partial^{-2}),\end{aligned}$$

故，$\Omega(q(t),\psi^{*}(t,\lambda))=\partial^{-1}q(W^{-1})^{*}(\mathrm{e}^{-\xi(t,\lambda)})=(-q\lambda^{-1}+\mathcal{O}(\lambda^{-2}))\mathrm{e}^{-\xi(t,\lambda)}$．同理可证第二个等式．

命题 3.18[108,182]　对于本征函数 q 与共轭本征函数 r，以下结论成立．

$$\Omega(q(t),\psi^*(t,\lambda))=-\frac{1}{\lambda}q(t+[\lambda^{-1}])\psi^*(t,\lambda),\tag{3.42}$$

$$\Omega(\psi(t,\lambda),r(t))=\frac{1}{\lambda}\psi(t,\lambda)r(t-[\lambda^{-1}]).\tag{3.43}$$

证明:这里仅需证明式(3.42)成立.类似方法可以证明式(3.43)成立.首先,记 $\hat{\varphi}(t',\lambda)$满足

$$\Omega(q(t'),\psi^*(t',\lambda))=-\hat{\varphi}(t',\lambda)\mathrm{e}^{-\xi(t',\lambda)},\tag{3.44}$$

其中,$\hat{\varphi}(t',\lambda)=q(t')\lambda^{-1}+\mathcal{O}(\lambda^{-2})$.根据命题 3.17,有

$$\begin{aligned}q(t)&=-\mathrm{Res}_\lambda\psi(t,\lambda)\Omega(q(t'),\psi^*(t',\lambda))\\&=\mathrm{Res}_\lambda\psi(t,\lambda)\hat{\varphi}(t',\lambda)\mathrm{e}^{-\xi(t',\lambda)}\\&=\mathrm{Res}_\lambda\frac{\tau(t-[\lambda^{-1}])}{\tau(t)}\hat{\varphi}(t',\lambda)\mathrm{e}^{\xi(t,\lambda)-\xi(t',\lambda)},\end{aligned}$$

令 $t'=y,t=y+[p^{-1}]$,上式可转化为

$$\begin{aligned}q(y+[p^{-1}])&=\mathrm{Res}_\lambda\frac{\tau(y+[p^{-1}]-[\lambda^{-1}])}{\tau(y+[p^{-1}])}\hat{\varphi}(y,\lambda)\mathrm{e}^{\xi(([p^{-1}]),\lambda)}\\&=\mathrm{Res}_\lambda\frac{\hat{\varphi}(y,\lambda)}{1-\lambda/p}\frac{\tau(y+[p^{-1}]-[\lambda^{-1}])}{\tau(y+[p^{-1}])}\\&=p\hat{\varphi}(y,p)\frac{\tau(y)}{\tau(y+[p^{-1}])},\end{aligned}$$

其中,最后一个等号成立是利用了引理 3.14 与引理 3.8.因此,

$$\hat{\varphi}(y,p)=\frac{1}{p}q(y+[p^{-1}])\frac{\tau(y+[p^{-1}])}{\tau(y)},\tag{3.45}$$

将式(3.45)代入式(3.44),可知式(3.42)成立. □

若定义 KP 方程族的顶点算子[23,26] $X(t,\lambda,\mu)$如下,

$$X(t,\lambda,\mu)=\frac{1}{\lambda}:\mathrm{e}^{\hat{\theta}(\lambda)}::\mathrm{e}^{-\hat{\theta}(\mu)}:,$$

其中,$\hat{\theta}(\lambda)=-\sum\limits_{l=1}^{\infty}\lambda^l t_l+\sum\limits_{l=1}^{\infty}\frac{1}{l}\lambda^{-l}\partial_{t_l}$,::为正规积表示将求导算子放右边,例如,$\partial_{t_3}t_2:=t_2\partial_{t_3}$.于是,$X(t,\lambda,\mu)$可以进一步写成

$$\begin{aligned}X(t,\lambda,\mu)&=\frac{1}{\lambda}\mathrm{e}^{\xi(t+[\lambda^{-1}],\mu)-\xi(t,\lambda)}\mathrm{e}^{\sum\limits_{l=1}^{\infty}\frac{1}{l}(\lambda^{-l}-\mu^{-l})\frac{\partial}{\partial t_l}}\\&=-\frac{1}{\mu}\mathrm{e}^{\xi(t,\mu)-\xi(t-[\mu^{-1}],\lambda)}\mathrm{e}^{\sum\limits_{l=1}^{\infty}\frac{1}{l}(\lambda^{-l}-\mu^{-l})\frac{\partial}{\partial t_l}}+\delta(\lambda,\mu).\end{aligned}\tag{3.46}$$

这里 $\delta(\lambda,\mu)$为形式δ 函数[186] 定义如下，

$$\delta(\lambda,\mu)=\mu^{-1}\sum_{j\in\mathbb{Z}}\left(\frac{\lambda}{\mu}\right)^{j}=i_{\lambda,\mu}\frac{1}{\lambda-\mu}+i_{\mu,\lambda}\frac{1}{\mu-\lambda},$$

其中 $i_{\lambda,\mu}$表示在$|\lambda|>|\mu|$内展开. 通过直接计算可以发现 $\delta(\lambda,\mu)$具有如下性质.

引理 3.15　假定 $f(\lambda)$为关于λ 的形式分布，即 $f(\lambda)=\sum_{k\in\mathbb{Z}}a_k\lambda^k$，则有如下结论：

$$f(\lambda)\delta(\lambda,\mu)=f(\mu)\delta(\lambda,\mu),\quad \mathrm{Res}_{\lambda}f(\lambda)\delta(\lambda,\mu)=f(\mu).$$

利用定理 3.1 可得

$$\begin{aligned}\frac{X(t,\lambda,\mu)\tau(t)}{\tau(t)}&=\frac{1}{\lambda}\psi^*(t,\lambda)\psi(t+[\lambda^{-1}],\mu)\\&=-\frac{1}{\mu}\psi(t,\mu)\psi^*(t-[\mu^{-1}],\lambda)+\delta(\lambda,\mu).\end{aligned}$$

因此，根据命题 3.18 可得如下的推论.

推论 3.3　在相差常数的情况下，关于波函数 $\psi(t,\mu)$与共轭波函数 $\psi^*(t,\lambda)$的平方本征函数势为

$$\Omega(\psi(t,\mu),\psi^*(t,\lambda))=-\frac{X(t,\lambda,\mu)\tau(t)}{\tau(t)}.$$

命题 3.19　KP 方程族的本征函数 $q(t)$与共轭本征函数 $r(t)$可以写成以下形式，

$$q(t)=\mathrm{Res}_{\lambda}\frac{1}{\lambda}\psi(t,\lambda)\psi^*(t',\lambda)q(t'+[\lambda^{-1}]),$$

$$r(t)=\mathrm{Res}_{\lambda}\frac{1}{\lambda}\psi^*(t,\lambda)\psi(t',\lambda)r(t'-[\lambda^{-1}]).$$

证明：利用命题 3.17 与命题 3.18 可知结论显然成立.　□

引理 3.16[182]　KP 方程族的本征函数 $q(t)$与共轭本征函数 $r(t)$满足以下性质，

$$\lambda q(t-[\lambda^{-1}])\psi(t,\lambda)=\mu(\psi(t,\lambda)q(t-[\mu^{-1}])-\psi(t-[\mu^{-1}],\lambda)q(t)),\tag{3.47}$$

$$\lambda r(t+[\lambda^{-1}])\psi^*(t,\lambda)=\mu(\psi^*(t,\lambda)r(t+[\mu^{-1}])-\psi^*(t+[\mu^{-1}],\lambda)r(t)).\tag{3.48}$$

证明：由命题 3.19 可知，

$$q(t)=\mathrm{Res}_z\ \frac{1}{z}\psi(t,z)\psi^*(t',z)q(t'+[z^{-1}]),$$

令 $t'=t-[\lambda^{-1}]-[\mu^{-1}]$,则上式可化为

$$q(t)=\mathrm{Res}_z\ \frac{1}{z(1-z/\lambda)(1-z/\mu)}\frac{\tau(t-[\lambda^{-1}]-[\mu^{-1}]+[z^{-1}])}{\tau(t)\tau(t-[\lambda^{-1}]-[\mu^{-1}])}\cdot$$
$$\tau(t-[z^{-1}])q(t-[\lambda^{-1}]-[\mu^{-1}]+[z^{-1}]).$$

由引理 3.8 可知

$$q(t)=-\frac{\mu}{\lambda-\mu}\frac{\tau(t-[\lambda^{-1}])\tau(t-[\mu^{-1}]}{\tau(t)\tau(t-[\lambda^{-1}]-[\mu^{-1}])}q(t-[\mu^{-1}])-$$
$$\frac{\lambda}{\mu-\lambda}\frac{\tau(t-[\mu^{-1}])\tau(t-[\lambda^{-1}]}{\tau(t)\tau(t-[\lambda^{-1}]-[\mu^{-1}])}q(t-[\lambda^{-1}]).$$

在上式两边同乘$\dfrac{\tau(t-[\lambda^{-1}]-[\mu^{-1}])}{\tau(t)}\mathrm{e}^{\xi(t,\lambda)+\xi(t,\mu)}$,则可写成

$$q(t)\frac{\tau(t-[\lambda^{-1}]-[\mu^{-1}])}{\tau(t)}\mathrm{e}^{\xi(t,\lambda)+\xi(t,\mu)}$$
$$=-\frac{\lambda}{\mu-\lambda}\psi(t,\lambda)\psi(t,\mu)q(t-[\lambda^{-1}])-$$
$$\frac{\mu}{\lambda-\mu}\psi(t,\lambda)\psi(t,\mu)q(t-[\mu^{-1}]). \tag{3.49}$$

由波函数与共轭波函数的定义可知,

$$\frac{\tau(t-[\lambda^{-1}]-[\mu^{-1}])}{\tau(t)}\mathrm{e}^{\xi(t,\lambda)+\xi(t,\mu)}=\frac{\mu}{\mu-\lambda}\psi(t-[\mu^{-1}],\lambda)\psi(t,\mu).$$

将上式代入式(3.49)中即为式(3.47).可用类似的方法进行证明式(3.48).

□

命题 3.20 假定 $\tau(t)$为 KP 方程族的 tau 函数,$q(t)$与$r(t)$分别为本征函数与共轭本征函数,则下面关系式成立.

$$\mathrm{Res}_\lambda q(t-[\lambda^{-1}])q(t'+[\lambda^{-1}])\tau(t-[\lambda^{-1}])\tau(t'+[\lambda^{-1}])\mathrm{e}^{\xi(t-t',\lambda)}=0, \tag{3.50}$$

$$\mathrm{Res}_\lambda r(t-[\lambda^{-1}])r(t'+[\lambda^{-1}])\tau(t-[\lambda^{-1}])\tau(t'+[\lambda^{-1}])\mathrm{e}^{\xi(t-t',\lambda)}=0. \tag{3.51}$$

证明:根据命题 3.18、引理 3.16 和命题 3.17,可得

$$\mathrm{Res}_\lambda q(t-[\lambda^{-1}])q(t'+[\lambda^{-1}])\psi(t,\lambda)\psi^*(t',\lambda)$$
$$=-\mathrm{Res}_\lambda \lambda q(t-[\lambda^{-1}])\psi(t,\lambda)\Omega(q(t'),\psi^*(t',\lambda))$$

$=-\mathrm{Res}_{\lambda}\mu(\psi(t,\lambda)q(t-[\mu^{-1}])-\psi(t-[\mu^{-1}],\lambda)q(t))\Omega(q(t'),\psi^{*}(t',\lambda))$

$=\mu(q(t-[\mu^{-1}])q(t)-q(t)q(t-[\mu^{-1}]))=0.$

故式(3.50)成立.类似方法也可以证明式(3.51)成立. □

注 3.11 根据命题 3.20 可知,$q\tau$ 与 $r\tau$ 均为 KP 方程族的 tau 函数.

3.2.2 KP 方程族的对称

假定 L 为 KP 方程族的 Lax 算子,也就是满足 KP 方程族的 Lax 方程 $\partial_{t_n}L=[(L^n)_{\geqslant 0},L]$,若 $\widetilde{L}=L+\epsilon\partial^{*}L$ 仍满足 KP 方程族的 Lax 方程,也就是满足

$$\partial_{t_n}\widetilde{L}=[(\widetilde{L}^n)_{\geqslant 0},\widetilde{L}],$$

则,称$\partial^{*}L$ 为 KP 方程族的对称.注意在讨论对称时,∂^{*} 不是算子∂的共轭,这里仅是表示对称的符号.

由 $\widetilde{L}$ 定义可知,

$$(\widetilde{L})^n=(L+\epsilon\partial^{*}L)^n=L^n+\epsilon\sum_{i=1}^{n}L^{i-1}\partial^{*}LL^{n-i}.$$

由于只关心 ϵ 的 1 阶项的系数,所以这里的计算只保留到 ϵ 的 1 阶项就够用了,后面的计算类似.进一步有

$$((\widetilde{L})^n)_{\geqslant 0}=(L^n)_{\geqslant 0}+\epsilon\sum_{i=1}^{n}(L^{i-1}\partial^{*}LL^{n-i})_{\geqslant 0}.$$

若定义 $\partial^{*}B_n=\sum\limits_{i=1}^{n}(L^{i-1}\partial^{*}LL^{n-i})_{\geqslant 0}$,则有

$$\widetilde{B}_n=B_n+\epsilon\partial^{*}B_n,\tag{3.52}$$

其中,$\widetilde{B}_n=(\widetilde{L}^n)_{\geqslant 0}$,$B_n=(L^n)_{\geqslant 0}$.有了前面的准备后,本书利用对称的定义可以得到如下的命题.

命题 3.21 假定 L 为 KP 方程族的 Lax 算子,则$\partial^{*}L$ 为 KP 方程族的对称,当且仅当下面等式成立

$$\partial_{t_n}(\partial^{*}L)=[\partial^{*}B_n,L]+[B_n,\partial^{*}L].\tag{3.53}$$

此外,根据式(3.52)可知,

$$[\widetilde{B}_n,\widetilde{L}]=[B_n,L]+\epsilon([\partial^{*}B_n,L]+[B_n,\partial^{*}L]).$$

因此,可以定义

$$\partial^{*}[B_n,L]=[\partial^{*}B_n,L]+[B_n,\partial^{*}L].$$

从而，$[\partial^* B_n, L]+[B_n, \partial^* L]=\partial^* \partial_{t_n} L$，所以，可以得到如下的命题.

命题 3.22 假定 L 为 KP 方程族的 Lax 算子，则 $[\partial^*, \partial_{t_n}]L=0$ 与式(3.53)等价. 从而，当 $[\partial_{t_n}, \partial^*]=0$ 时，$\partial^* L$ 为 KP 方程族的对称. 利用命题 3.3 可以得到如下的推论.

推论 3.4 $\partial_{t_n} L$ 为 KP 方程族的对称.

假定 KP 方程族的 Lax 算子 $L=W\partial W^{-1}$，其中，W 为对应的穿衣算子. 再令 $\widetilde{W}=W+\epsilon\partial^* W$ 为对应于 $\widetilde{L}=L+\epsilon\partial^* L$ 的穿衣算子，也就是

$$\widetilde{L}=\widetilde{W}\partial\widetilde{W}^{-1}.$$

注意到

$$\widetilde{W}^{-1}=(1+\epsilon W^{-1}\partial^* W)^{-1}W^{-1}=W^{-1}-\epsilon W^{-1}\cdot\partial^* W\cdot W^{-1},$$

则利用直接计算可以得到引理 3.17.

引理 3.17 若假定 KP 方程族的 Lax 算子 $L=W\partial W^{-1}$，其中，W 为对应的穿衣算子，若令 $K=\partial^* W\cdot W^{-1}$，则有

$$\partial^* L=[K, L], \tag{3.54}$$

进一步地，

$$\partial^* B_n=[K, B_n]_{\geqslant 0}. \tag{3.55}$$

命题 3.23 假定 L 为 KP 方程族的 Lax 算子，若 ∂^* 满足如下条件，

$$\partial_{t_n} K=[B_n, K]_{<0}, \partial^* W=K\cdot W, \tag{3.56}$$

则式(3.53)成立. 从而，$\partial^* L$ 为 KP 方程族的对称.

证明：首先根据式(3.54)和式(3.56)可知，

$$\begin{aligned}\partial_{t_n}(\partial^* L)&=[[B_n, K]_{<0}, L]+[K, [B_n, L]]\\&=-[[B_n, K]_{\geqslant 0}, L]+[B_n, \partial^* L]=[\partial^* B_n, L]+[B_n, \partial^* L],\end{aligned}$$

这里，最后一个等号用到了式(3.55). 因此根据命题 3.21 可知，$\partial^* L$ 为 KP 方程族的对称.

3.2.3 KP 方程族的平方本征函数对称

给定 KP 方程族的本征函数 q 以及共轭本征函数 r，本书定义 KP 方程族的平方本征函数对称[107-108,116]如下，

$$\partial_\alpha^* L=[q\partial^{-1}r, L], \partial_\alpha^* W=q\partial^{-1}rW. \tag{3.57}$$

下面的引理说明，$\partial_\alpha^* L$ 确实为 KP 方程族的对称(见命题 3.23).

引理 3.18　给定 KP 方程族的平方本征函数对称式(3.57)，则有

$$\partial_{t_n}(q\partial^{-1}r)=[B_n,q\partial^{-1}r]_{<0}.$$

证明：根据命题 2.5 可知，

$$[B_n,q\partial^{-1}r]_{<0}=B_n(q)\partial^{-1}r-q\partial^{-1}B_n^*(r),$$

因此根据式(3.36)可知结论成立. □

进一步利用命题 3.22 与命题 3.23 可以得到如下推论.

推论 3.5　KP 方程族的平方本征函数对称 ∂_α^* 与 ∂_{t_n} 可交换，即 $[\partial_\alpha^*,\partial_{t_n}]=0$.

下面本书给出平方本征函数对称流 ∂_α^*，在本征函数、共轭本征函数、波函数以及共轭波函数上的作用.

命题 3.24[116]　假定 $\psi(t,\lambda)$ 和 $\psi^*(t,\lambda)$ 为 KP 方程族的波函数和共轭波函数，而 q',r' 分别为不同于 q,r 的本征函数和共轭本征函数，则平方本征函数对称流 ∂_α^* 对其上的作用如下：

$$\partial_\alpha^*\psi(t,\lambda)=q\Omega(\psi(t,\lambda),r),\partial_\alpha^*\psi^*(t,\lambda)=r\Omega(q,\psi^*(t,\lambda)),$$

进一步有，

$$\partial_\alpha^*q'=q\Omega(q',r),\partial_\alpha^*r'=\Omega(q,r')r. \tag{3.58}$$

证明：首先，利用式(3.57)可知，

$$\partial_\alpha^*\psi(t,\lambda)=(\partial_\alpha^*W)(e^{\xi(t,\lambda)})=(q\partial^{-1}rW)(e^{\xi(t,\lambda)})=q\Omega(\psi(t,\lambda),r).$$

其次，注意到，

$$\partial_\alpha^*(W^{*-1})=r\partial^{-1}qW^{*-1},$$

则利用共轭波函数的定义式(3.16)可知，$\partial_\alpha^*\psi^*(t,\lambda)=r\Omega(q,\psi^*(t,\lambda))$. 最后，利用 KP 方程族的谱表示(命题 3.19)，可以给出式(3.58). □

根据命题 3.24，下面给出平方本征函数对称流对于 SEP 上的作用.

推论 3.6[116]　对于 KP 方程族的本征函数 q' 以及共轭本征函数 r'，平方本征函数对称流 ∂_α^*(见式(3.57))在 SEP 上的作用如下：

$$\partial_\alpha^*\Omega(q',r')=\Omega(q,r')\Omega(q',r).$$

命题 3.25　假设 $\tau(t)$ 为 KP 方程族的 tau 函数，平方本征函数对称流 ∂_α^*(见式(3.57))在 $\tau(t)$ 上的作用如下：

$$\partial_\alpha^*\tau=-\Omega(q,r)\tau.$$

证明：对等式 $\partial_\alpha^*W=q\partial^{-1}rW$ 两边关于 ∂ 取留数可得，

$$\partial_\alpha^* w_1 = qr,$$

将 $w_1 = -(\log \tau)_x$ 代入上式可得，$(\partial_\alpha^* \log \tau)_x = -qr$，即

$$\partial_\alpha^* \log \tau = -\int qrdx = -\Omega(q,r),$$

从而得证. □

3.2.4 KP 方程族的附加对称

KP 方程族的附加对称[26,60,138-139]需要 Orlov-Shulman（简称 OS）算子[136] M，可以通过如下的条件来确定：

$$\partial_\lambda \psi(t,\lambda) = M(\psi(t,\lambda)).$$

通过计算并利用引理 3.4 可以发现，

$$M = W\Gamma W^{-1}, \Gamma = \sum_{i=1}^{\infty} it_i \partial^{i-1}.$$

下面讨论 M 算子的性质.

引理 3.19 $[L,M] = 1, \partial_{t_n} M = [(L^n)_{\geqslant 0}, M]$.

证明：首先，

$$[L,M] = [W\partial W^{-1}, W\Gamma W^{-1}] = W[\partial, \Gamma]W^{-1} = 1.$$

于是，

$$[L^n, M] = \sum_{l=1}^{n} L^{l-1}[L,M]L^{n-l} = nL^{n-1}.$$

再结合，$\Gamma_{t_n} = n\partial^{n-1}$，$W_{t_n} = -(L^n)_{<0}W$ 及 $L = W\partial W^{-1}$，由此可得，

$$\begin{aligned}
M_{t_n} &= W_{t_n} W^{-1} W\Gamma W^{-1} + W\Gamma_{t_n} W^{-1} - W\Gamma W^{-1} W_{t_n} W^{-1} \\
&= [W_{t_n} W^{-1}, M] + W\Gamma_{t_n} W^{-1} \\
&= -[(L^n)_{<0}, M] + nL^{n-1} \\
&= [(L^n)_{\geqslant 0}, M] - [L^n, M] + nL^{n-1} \\
&= [(L^n)_{\geqslant 0}, M].
\end{aligned}$$

□

KP 方程族的附加对称 ∂_{ml}^* [26,60,138-139]可以定义为：

$$\partial_{ml}^* L = -[(M^m L^l)_{<0}, L], \partial_{ml}^* W = -(M^m L^l)_{<0} W, m \in \mathbb{Z}_{\geqslant 0}, l \in \mathbb{Z}.$$

从附加对称的定义很容易得到如下命题.

命题 3.26 $\partial_{ml}^* M^n L^k = -[(M^m L^l)_{<0}, M^n L^k]$.

根据引理 3.19 可以得到,

$$\partial_{t_n}(M^mL^l)_{<0}=[B_n,M^mL^l]_{<0}.$$

于是,利用命题 3.22 与命题 3.23 可以得到命题 3.27. 从而,说明∂_{ml}^*的确为 KP 方程族的对称.

命题 3.27　$[\partial_{ml}^*,\partial_{t_n}]=0.$

下面考虑附加对称的生成函数[26,138]:

$$Y(\lambda,\mu)=\sum_{m=0}^{\infty}\frac{(\mu-\lambda)^m}{m!}\sum_{l=-\infty}^{+\infty}\lambda^{-l-m-1}(M^mL^{m+l})_{<0}. \tag{3.59}$$

为了进一步改写 $Y(\lambda,\mu)$,本书需要如下的一些引理.

引理 3.20　对于拟微分算子 A,则 $A_{<0}=\sum_{i=1}^{\infty}\partial^{-i}\mathrm{Res}_\partial(\partial^{i-1}A_{<0})$.

证明:设 $A_{<0}=\sum_{l=1}^{\infty}\partial^{-l}a_l$,则

$$\mathrm{Res}_\partial(\partial^{i-1}A_{<0})=\mathrm{Res}_\partial\left(\partial^{i-1}\sum_{l=1}^{\infty}\partial^{-l}a_l\right)=\mathrm{Res}_\partial\sum_{l=1}^{\infty}\partial^{i-l-1}a_l=a_i.$$

因此 $A_{<0}=\sum_{i=1}^{\infty}\partial^{-i}\mathrm{Res}_\partial(\partial^{i-1}A_{<0})$. □

命题 3.28[26,138]　$Y(\lambda,\mu)=\psi(t,\mu)\partial^{-1}\psi^*(t,\lambda)$.

证明:根据引理 3.20,有

$$\begin{aligned}(M^mL^{m+l})_{<0}&=\sum_{i=1}^{\infty}\partial^{-i}\mathrm{Res}_\partial(\partial^{i-1}(M^mL^{m+l})_{<0})\\&=\sum_{i=1}^{\infty}\partial^{-i}\mathrm{Res}_\partial(\partial^{i-1}M^mW\partial^{m+l}W^{-1}).\end{aligned}$$

再结合引理 3.5 和命题 2.1,上式可以变为

$$\begin{aligned}&\sum_{i=1}^{\infty}\partial^{-i}\mathrm{Res}_z(\partial^{i-1}M^mW\partial^{m+l})(\mathrm{e}^{\xi(t,z)})(W^{-1})^*(\mathrm{e}^{-\xi(t,z)})\\&=\mathrm{Res}_z z^{m+l}\sum_{i=1}^{\infty}\partial^{-i}(M^m(\psi(t,z)))^{(i-1)}\psi^*(t,z)\\&=\mathrm{Res}_z z^{m+l}\sum_{i=1}^{\infty}\partial^{-i}(\partial_z^m\psi(t,z))^{(i-1)}\psi^*(t,z)\\&=\mathrm{Res}_z z^{m+l}\partial_z^m(\psi(t,z))\partial^{-1}\psi^*(t,z).\end{aligned}$$

于是,

$$Y(\lambda,\mu)=\mathrm{Res}_z\sum_{m=0}^{\infty}\sum_{l=-\infty}^{+\infty}\frac{z^{m+l}}{\lambda^{l+m+1}}\frac{1}{m!}(\mu-\lambda)^m\partial_z^m(\psi(t,z))\partial^{-1}\psi^*(t,z).$$

若令 $m+l\to l$,则利用引理 3.15 可知,

$$
\begin{aligned}
Y(\lambda,\mu)&=\mathrm{Res}_z\delta(\lambda,z)\exp((\mu-\lambda)\partial_z)\psi(t,z)\partial^{-1}\psi^*(t,z)\\
&=\mathrm{Res}_z\delta(\lambda,z)\psi(t,z+\mu-\lambda)\partial^{-1}\psi^*(t,z)=\psi(t,\mu)\partial^{-1}\psi^*(t,\lambda),
\end{aligned}
$$

从而得证. □

注 3.12 当 $\lambda=\mu$ 时,利用式(3.59)可得,

$$
\psi(t,\lambda)\partial^{-1}\psi^*(t,\lambda)=\sum_{n=-\infty}^{+\infty}\lambda^{-n-1}(L^n)_{<0}.
$$

根据命题 3.27,附加对称的生成函数实际上就是平方本征函数对称[108,138],于是有如下的结论.

推论 3.7 若记 $\partial^*_{\lambda,\mu}$ 为 $\psi(t,\mu)\partial^{-1}\psi^*(t,\lambda)$ 生成的 KP 方程族的平方本征函数对称,则 $\partial^*_{\lambda,\mu}$ 为 KP 方程族附加对称的生成元.

$$
\partial^*_{\lambda,\mu}=-\sum_{m=0}^{\infty}\frac{(\mu-\lambda)^m}{m!}\sum_{l=-\infty}^{+\infty}\lambda^{-l-m-1}\partial^*_{m,m+l}.
$$

于是,根据推论 3.3 以及命题 3.25,可以得到如下的结论.

命题 3.27 $\partial^*_{\lambda,\mu}$ 在 KP 方程族 tau 函数上的作用如下,

$$
\partial^*_{\lambda,\mu}\tau(t)=X(t,\lambda,\mu)\tau(t).
$$

注意到,

$$
\partial^*_{\lambda,\mu}\log\psi(t,z)=(G(z)-1)\partial^*_{\lambda,\mu}\log\tau(t),
$$

这里 $G(z)$ 的定义见式(3.27).因此可以得到如下的推论.

推论 3.8 Adler-Shiota-van Moerbeke 公式[26,60,138-139]如下:

$$
\partial^*_{\lambda,\mu}\psi(t,z)=\psi(t,z)(G(z)-1)\frac{X(t,\lambda,\mu)\tau(t)}{\tau(t)}.\tag{3.60}
$$

注 3.13 式(3.60)的左端为附加对称在波函数 $\psi(t,z)$ 上的作用,而右端为 tau 函数上的 Sato-Bäcklund 变换[23,26],

$$
\tau(t)\to\tilde{\tau}(t)=\tau(t)+\epsilon X(t,\lambda,\mu)\tau(t),
$$

生成的在波函数 $\psi(t,z)$ 上的作用,也就是

$$
\psi(t,z)\to\tilde{\psi}(t,z),
$$

其中,

$$
\begin{aligned}
\tilde{\psi}(t,z)&=\frac{\tilde{\tau}(t-[z^{-1}])}{\tilde{\tau}(t)}\mathrm{e}^{\xi(t,z)}=\frac{G(z)(\tau(t)+\epsilon X(t,\lambda,\mu)\tau(t))}{\tau(t)+\epsilon X(t,\lambda,\mu)\tau(t)}\mathrm{e}^{\xi(t,z)}\\
&=\frac{G(z)(\tau(t)+\epsilon X(t,\lambda,\mu)\tau(t))}{\tau(t)}\cdot\left(1-\epsilon\frac{X(t,\lambda,\mu)\tau(t)}{\tau(t)}\right)\mathrm{e}^{\xi(t,z)}
\end{aligned}
$$

$$=\psi(t,z)+\epsilon\psi(t,z)(G(z)-1)\frac{X(t,\lambda,\mu)\tau(t)}{\tau(t)}.$$

由于，本书关心的是无穷小生成元，所以，这里只保留到 ϵ 的一阶项即可.

3.3　约束 KP 方程族

约束 KP(简称 cKP)方程族是 KP 方程族最重要的约化方式，是 k-GD 方程族的推广. 本书将给出约束 KP 方程族的基本概念，双线性描述与对称性等问题.

3.3.1　k-约束 KP 方程族

k-约束 KP 方程族的 Lax 算子定义[41,43-44]为

$$L^k=(L^k)_{\geqslant 0}+q\partial^{-1}r,\tag{3.61}$$

其中，q 和 r 分别是 k-约束 KP 方程族的本征函数和共轭本征函数(见式(3.36)).

所谓的 k-约束 KP 方程族是指由式(3.61)，式(3.36)与式(3.1)构成的系统. 下面验证定义的合理性，即下面的命题成立.

命题 3.30　k-约束 KP 方程族(3.61)满足

$$\partial_{t_n}((L^k)_{<0}-q\partial^{-1}r)=0.$$

证明：首先，利用式(3.61)可得，

$$(L^k)_{<0}=q\partial^{-1}r.$$

于是，根据式(3.1)以及命题 2.5 可知，

$$\begin{aligned}(\partial_{t_n}L^k)_{<0}&=[B_n,(L^k)_{<0}]_{<0}=[B_n,q\partial^{-1}r]_{<0}\\&=B_n(q)\partial^{-1}r-q\partial^{-1}B_n^*(r)=\partial_{t_n}(q\partial^{-1}r).\end{aligned}$$

证毕. □

例 3.1　AKNS 系统. 当 $k=1$ 时，$L=\partial+q\partial^{-1}r$. 通过对比 KP 方程族的 Lax 算子 L(见式(3.2))，可得

$$u_2=qr,u_3=-qr_x,u_4=qr_{xx},\cdots.$$

并且 q 和 r 满足

$$\partial_{t_n}q=(\partial+q\partial^{-1}r)^n_{\geqslant 0}(q),$$

$$\partial_{t_n}r=-((\partial+q\partial^{-1}r)^n_{\geqslant 0})^*(r),$$

这个关于 q 与 r 的系统被称为 AKNS 系统.

注 3.14 更一般的 k-约束 KP 方程族的 Lax 算子如下:

$$L^k = (L^k)_{\geqslant 0} + \sum_{i=1}^{m} q_i \partial^{-1} r_i. \tag{3.62}$$

注 3.15 k-约束 KP 方程族(3.61)可以看成是 KP 方程族 k-约化,

$$L^k = (L^k)_{\geqslant 0}$$

的推广. KP 方程族 k-约化也被称为 k-Gelfand-Dickey(GD)方程族[26]. 根据 KP 方程族的 Lax 方程(3.1)可知,k-GD 方程族不依赖于时间流 t_{kl},$l=1,2,3,\cdots$. 例如,$k=2$ 的情形被称为 KdV 方程族[25],即

$$L^2 = (L^2)_{\geqslant 0} \Leftrightarrow (L^2)_{<0} = 0,$$

从而,

$$\partial_{t_{2n}} L = [(L^{2n})_{\geqslant 0}, L] = [L^{2n}, L] = 0,$$

即 L 不依赖于偶数时间流. 并且通过约化 $(L^2)_{<0}=0$,可得 $u_3, u_4, \cdots$ 均可以用 u_2 的微分多项式来表达,也就是

$$u_3 = -\frac{1}{2}u_{2,x}, u_4 = -\frac{1}{2}(u_2^2 + u_{3,x}) = -\frac{1}{2}u_2^2 + \frac{1}{4}u_{2,xx}, \cdots.$$

3.3.2 约束 KP 方程族的双线性等式

关于约束 KP 议程族的双线性等式的内容可以参考文献[43,108].

命题 3.31 给定式(3.61)、式(3.36)与式(3.1)构成的 k-约束 KP 方程族,以及对应的波函数 $\psi(t,\lambda)$ 与共轭波函数 $\psi^*(t',\lambda)$,则有如下的双线性等式成立:

$$q(t)r(t') = \mathrm{Res}_\lambda \lambda^k \psi(t,\lambda)\psi^*(t',\lambda), \tag{3.63}$$

$$q(t) = -\mathrm{Res}_\lambda \psi(t,\lambda)\Omega(q(t'), \psi^*(t',\lambda)), \tag{3.64}$$

$$r(t) = \mathrm{Res}_\lambda \psi^*(t,\lambda)\Omega(\psi(t',\lambda), r(t')), \tag{3.65}$$

其中,t 与 t' 是任意的并且相互独立.

证明:首先,式(3.64)与式(3.65)为 KP 方程族的谱表示(见命题 3.17),因而显然成立. 所以,仅需讨论式(3.63)成立即可. 注意到,

$$\lambda^k \psi(t,\lambda) = L^k(\psi(t,\lambda)) = \psi(t,\lambda)_{t_k} + q(t)\Omega(\psi(t,\lambda), r(t)),$$

从而,

$$\psi(t,\lambda)_{t_k} = \lambda^k \psi(t,\lambda) - q(t)\Omega(\psi(t,\lambda), r(t)).$$

此外，通过对 KP 方程族的双线性等式 $0=\mathrm{Res}_\lambda\psi(t,\lambda)\psi^*(t',\lambda)$ 关于 t_k 求导可得，

$$0=\mathrm{Res}_\lambda\psi(t,\lambda)_{t_k}\psi^*(t',\lambda).$$

于是，代入上面关于 $\psi(t,\lambda)_{t_k}$ 的结果，并结合式(3.65)可知式(3.63)成立. □

命题 3.32　假定函数 $q(t)$、$r(t)$、$\psi(t,\lambda)$ 与 $\psi^*(t,\lambda)$ 满足式(3.63)至式(3.65)，其中，$\psi(t,\lambda)=\left(1+\sum\limits_{i=1}^{\infty}w_i\lambda^{-i}\right)e^{\xi(t,\lambda)}$，$\psi^*(t,\lambda)=\left(1+\sum\limits_{i=1}^{\infty}v_i\lambda^{-i}\right)e^{-\xi(t,\lambda)}$. 若令

$$W=1+\sum_{i=1}^{\infty}w_i\partial^{-i},L=W\partial W^{-1}$$

则式(3.61)、式(3.36)与式(3.1)成立，从而，式(3.63)至式(3.65)可以确定 k-约束 KP 方程族.

证明：首先，对式(3.64)两边关于 x' 求导，可得 KP 方程族的双线性等式 $0=\mathrm{Res}_\lambda\psi(t,\lambda)\psi^*(t',\lambda)$. 从而，根据命题 3.11 可以得到 KP 方程族的 Lax 方程(3.1)，以及 $\psi(t,\lambda)$ 与 $\psi^*(t,\lambda)$ 可以作为对应的波函数与共轭波函数. 因此，式(3.36)成立.

所以，剩下的关键是验证 Lax 算子约束式(3.61)成立. 为此，在式(3.63)中，令 $t'_i=t_i(i\geqslant 2)$ 并利用引理 3.6 可知，

$$(W(t)\partial^kW(t)^{-1}\partial)((x-x')^0)=\left(q(t)\sum_{j\geqslant 0}(-1)^jr(t)^{(j)}\partial^{-j}\right)((x-x')^0).$$

因此，

$$(W(t)\partial^kW(t)^{-1}\partial)_{\leqslant 0}=q(t)\sum_{j\geqslant 0}(-1)^jr(t)^{(j)}\partial^{-j},$$

利用 $\partial^{-1}f=\sum\limits_{j\geqslant 0}(-1)^jf^{(j)}\partial^{-j-1}$ 可知，这正是 Lax 算子约束式(3.61). □

下面引入函数 $\rho(t)$ 与 $\sigma(t)$[43]，满足

$$q(t)=\frac{\rho(t)}{\tau(t)},r(t)=\frac{\sigma(t)}{\tau(t)}.$$

则根据命题 3.18，可以将式(3.63)至式(3.65)进行改写. 同时，利用类似于式(3.35)的方法，可以得到推论 3.9.

推论 3.9　假定 $\tau(t)$ 为式(3.61)、式(3.36)与式(3.1)定义的 k-约束 KP 方程族的 tau 函数，并令 $\rho(t)=q(t)\tau(t)$ 与 $\sigma(t)=r(t)\tau(t)$，则有如下关系式成立，

$$\rho(t)\sigma(t')=\mathrm{Res}_\lambda\lambda^k\tau(t-[\lambda^{-1}])\tau(t'+[\lambda^{-1}])e^{\xi(t-t',\lambda)},$$
$$\rho(t)\tau(t')=\mathrm{Res}_\lambda\lambda^{-1}\tau(t-[\lambda^{-1}])\rho(t'+[\lambda^{-1}])e^{\xi(t-t',\lambda)},$$
$$\sigma(t')\tau(t)=\mathrm{Res}_\lambda\lambda^{-1}\sigma(t-[\lambda^{-1}])\tau(t'+[\lambda^{-1}])e^{\xi(t-t',\lambda)}.$$

同时,借助 Hirota 双线性算子改写为如下形式,

$$\Big(\sum_{\alpha+\beta=\gamma}\frac{2^{|\alpha|}}{\alpha!\beta!}p_{\|\alpha\|+k+1}(-\widetilde{D})D^\beta\Big)\tau\cdot\tau=\frac{(-1)^\gamma}{\gamma!}D^\gamma\rho\cdot\sigma$$

$$\Big(\sum_{\alpha+\beta=\gamma}\frac{(-2)^{|\alpha|}}{\alpha!\beta!}p_{\|\alpha\|}(\widetilde{D})D^\beta-\frac{(-1)^\gamma}{\gamma!}D^\gamma\Big)\rho\cdot\tau=0,$$

$$\Big(\sum_{\alpha+\beta=\gamma}\frac{2^{|\alpha|}}{\alpha!\beta!}p_{\|\alpha\|}(-\widetilde{D})D^\beta-\frac{(-1)^\gamma}{\gamma!}D^\gamma\Big)\sigma\cdot\tau=0.$$

其中,$\gamma=(\gamma_1,\gamma_2,\cdots)$ 为任意多重指标.

例 3.2 本书还列出了 k-约束 KP 方程族的 Hirota 双线性方程的几个特例.

- 当 $k=1$ 时,

$$D_1^2\tau\cdot\tau=2\rho\sigma, D_1D_2\tau\cdot\tau=-2D_1\rho\cdot\sigma$$
$$(D_2-D_1^2)\rho\cdot\tau=0,(D_2+D_1^2)\sigma\cdot\tau=0$$

- 当 $k=2$ 时,

$$D_1D_2\tau\cdot\tau=2\rho\sigma,(D_1^4-4D_1D_3)\tau\cdot\tau=6D_1\sigma\cdot\rho$$
$$(D_2-D_1^2)\rho\cdot\tau=0,(D_2+D_1^2)\sigma\cdot\tau=0,$$
$$(4D_3-D_1^3-3D_1D_2)\rho\cdot\tau=0,$$
$$(4D_3-D_1^3+3D_1D_2)\sigma\cdot\tau=0.$$

由于 k-GD 方程族可以看成是 k-约束 KP 方程族的特例,所以有如下结论.

推论 3.10 k-GD 方程族等价于如下的双线性等式,

$$\mathrm{Res}_\lambda\lambda^{kl}\psi(t,\lambda)\psi^*(t',\lambda)=0, l\in\mathbb{Z}_{\geqslant 0}.$$

其中,t 与 t' 是任意的且相互独立.

3.3.3 约束 KP 方程族的对称

本节将讨论 k-约束 KP 方程族的对称. 由于 Lax 算子约束式(3.61)的存在,所以,k-约束 KP 方程族的对称∂^*L 除了需要满足式(3.53)外,还需要满足下面的额外条件,具体为如下的引理.

引理 3.21 假定∂^*L 为式(3.61)、式(3.36)与式(3.1)定义的 k-约束

KP 方程族的对称，则存在算子 B 与 C 使得如下关系式成立，

$$[K,L^k]_{<0}=B\partial^{-1}r+q\partial^{-1}C, \tag{3.66}$$

这里，$K=\partial^* W\cdot W^{-1}$. 其中，$W$ 为相应的穿衣算子.

证明：由于 Lax 算子约束式(3.61)，也就是$(L^k)_{<0}=q\partial^{-1}r$，所以 k-约束 KP 方程族的对称需要满足

$$\partial^*(L^k)_{<0}=\partial^*(q)\partial^{-1}r+q\partial^{-1}\partial^*(r).$$

于是，根据$\partial^* L=[K,L]$即可得到结论. □

下面以 k-约束 KP 方程族(3.61)的附加对称为例进行说明. 仅考虑 $k=1$ 时的情形，即 $L=\partial+q\partial^{-1}r$，其余情形类似. 利用$[L,M]=1$，可得

$$\partial_{1l}^*L=[(ML^l)_+,L]+L^l. \tag{3.67}$$

在进一步讨论前，本书引入引理 3.22.

引理 3.22　对于约束 KP 方程族 $L=\partial+q\partial^{-1}r$，有如下的关系式成立，

$$(L^l)_{<0}=\sum_{j=0}^{l-1}L^{l-j-1}(q)\cdot\partial^{-1}\cdot(L^*)^j(r),l\in\mathbb{Z}_{\geqslant 1}.$$

证明：对 l 进行数学归纳. 假定 l 时成立，则 $l+1$ 时仍然成立，具体如下：

$$\begin{aligned}(L^{l+1})_{<0}&=(L^lq\partial^{-1}r)_{<0}+\sum_{j=0}^{l-1}(L^{l-j-1}(q)\cdot\partial^{-1}\cdot(L^*)^j(r)\cdot\partial)_{<0}\\&=L^l(q)\partial^{-1}r+\sum_{j=0}^{l-1}L^{l-j-1}(q)\cdot\partial^{-1}\cdot(\partial^*+(q\partial^{-1}r)^*)((L^*)^j(r)),\end{aligned}$$

这里用到了推论 2.1 以及命题 2.5.

当 $l=3$ 时候，式(3.67)右端负部为：

$$((ML^3)_++L^2)(q)\partial^{-1}r+q\partial^{-1}(-(ML^3)_++L^2)^*(r)+L(q)\partial^{-1}L^*(r).$$

可以发现上式最后一项与表达式(3.66)形式上不一致，从而需要对附加对称进行适当修正. 构造与约束 KP 方程族的 Lax 约束相容的附加对称，到目前为止主要有三种方法.

· 增加适当的平方本征函数对称来消掉多余的项[127-128]. 但目前只能修正 Virasoro 对称部分，也就是∂_{1l}^*. 具体做法是引入算子

$$X_l=\sum_{j=0}^{l-1}\left(j-\frac{1}{2}(l-1)\right)L^{l-1-j}(q)\cdot\partial^{-1}\cdot(L^*)^j(r),k\in\mathbb{Z}_{\geqslant 1},$$

并修改∂_{1l}^*的定义如下，

$$\partial_{1l}^*L=-[(ML^l)_{<0}+X_{l-1},L],$$

则刚好符合式(3.66)的条件,从而可以作为 k-约束 KP 方程族(3.61)的对称($k=1$). 关于该类方法的详细讨论,可以参考约束 mKP 方程族的 Virasoro 对称(见§4.3).

· 从多分量 KP 方程族的角度来研究约束 KP 方程族[81,151,211],例如文献[151]利用 2-分量 KP 方程族的附加对称也得到了约束 KP 方程族的 Virasoro 对称.

· 以上关于约束 KP 方程族的附加对称的讨论都集中在 Virasoro 对称. 本书在文献[212]中利用附加对称与平方本征函数对称的关系,从约束 KP 方程族的平方本征函数对称[116,212]出发给出了非 Virasoro 对称.

3.4 KP 方程族的 Darboux 变换

Darboux 变换是孤子方程的一种重要求解方式. 首先,给出 KP 方程族的 Darboux 变换的定义,并讨论两类基本的 Darboux 变换. 接着,给出多次 Darboux 变换的结果. 最后,讨论约束 KP 方程族的 Darboux 变换.

3.4.1 KP 方程族的基本 Darboux 变换

首先介绍 KP 方程族的 Darboux 变换[107,162]的定义.

定义 3.1 (Darboux 变换)假定 L 为 KP 方程族的 Lax 算子,如果存在一个拟微分算子 T,使得 $L^{[1]}=TLT^{-1}$满足

$$L^{[1]}_{t_n}=[(L^{[1]})^n_{\geqslant 0},L^{[1]}],$$

则称 T 为 KP 方程族的 Darboux 变换算子.

从 KP 方程族的 Darboux 变换定义可知,

一方面,

$$\begin{aligned}\frac{\partial L^{[1]}}{\partial t_n}&=T_{t_n}LT^{-1}+TL_{t_n}T^{-1}-TLT^{-1}T_{t_n}T^{-1}\\&=T_{t_n}T^{-1}TLT^{-1}+TL_{t_n}T^{-1}-TLT^{-1}T_{t_n}T^{-1}\\&=[T_{t_n}T^{-1},L^{[1]}]+T[(L^n)_{\geqslant 0},L]T^{-1}\\&=[T_{t_n}T^{-1}+T(L^n)_{\geqslant 0}T^{-1},L^{[1]}].\end{aligned}$$

另一方面,

$$[((L^{[1]})^n)_{\geqslant 0},L^{[1]}]=[(TL^nT^{-1})_{\geqslant 0},L^{[1]}].$$

从而可得下面的结论.

命题 3.33　假定 L 为 KP 方程族的 Lax 算子,如果拟微分算子 T 满足

$$T_{t_n}T^{-1}+T(L^n)_{\geqslant 0}T^{-1}=(TL^nT^{-1})_{\geqslant 0},\tag{3.68}$$

则 T 一定是 KP 方程族的 Darboux 变换算子.

于是利用推论 2.2 可知,KP 方程族存在两类基本 Darboux 变换算子[107,162],具体见下面的命题.

命题 3.34　给定 KP 方程族的本征函数 q 与共轭本征函数 r,则

- 微分型 $T_d(q)=q\partial q^{-1}$,
- 积分型 $T_i(r)=r^{-1}\partial^{-1}r$,

为 KP 方程族的 Darboux 变换算子.

注 3.16　利用命题 3.7,可以解释 $T_d(q)$与 $T_i(r)$的关系.若 r 为 KP 方程族对应于 Lax 算子 L 的共轭本征函数,则 r 可以看成是对应于 $L'=-L^*$ 的本征函数,即 $r_{t'_n}=(L'^n)_{\geqslant 0}(r)$,其中,$t'_n=(-1)^{n-1}t_n$. 于是,在$(L',t'_n)$对应的 KP 方程族中,

$$L'\xrightarrow{T_d(r)}L'^{[1]}=T_d(r)\cdot L'\cdot T_d^{-1}(r).$$

从而

$$L^{[1]}=T_d^{-1}(r)^*\cdot L\cdot T_d(r)^*.$$

可以发现$-T_d^{-1}(r)^*$刚好为 $T_i(r)=r^{-1}\partial^{-1}r$.

定理 3.3　在 KP 方程族基本 Darboux 变换 $T_d(q)$与 $T_i(r)$作用下,相应的穿衣算子 W,本征函数 q_1 与共轭本征函数 r_1 的变化见表 3.1.

表 3.1　基本 Darboux 变换 $T_d(q)$与 $T_i(r)$

$L\to L^{[1]}$	$W^{[1]}=$	$q_1^{[1]}=$	$r_1^{[1]}=$
$T_d(q)=q\partial q^{-1}$	$q\partial q^{-1}W\partial^{-1}$	$q(q_1/q)_x$	$-\int qr_1\mathrm{d}x/q$
$T_i(r)=r^{-1}\partial^{-1}r$	$r^{-1}\partial^{-1}rW\partial$	$\int rq_1\mathrm{d}x/r$	$-r(r_1/r)_x$

证明:以 $T_d(q)$为例进行说明,$T_i(r)$可以类似可得. 首先,利用关系式(3.68)可知,$W^{[1]}=T_d(q)W\partial^{-1}$满足

$$W_{t_n}^{[1]}=-(W^{[1]}\partial^n(W^{[1]})^{-1})_{<0}W^{[1]}.$$

此外，$L^{[1]}=T_d(q)LT_d(q)^{-1}$可以用$W^{[1]}$表达为如下的关系式

$$L^{[1]}=W^{[1]}\cdot\partial\cdot(W^{[1]})^{-1}.$$

基于以上事实，可以将$W^{[1]}=T_d(q)W\partial^{-1}$作为对应于 Lax 算子$L^{[1]}$的 KP 方程族的穿衣算子. 在此基础上可以发现，对应的波函数与共轭波函数分别为：

$$\psi(t,\lambda)^{[1]}=\frac{1}{\lambda}(T_d(q))(\psi(t,\lambda)),\psi^*(t,\lambda)^{[1]}=\lambda(T_d^{-1}(q)^*)(\psi^*(t,\lambda)).$$

因此，可以定义

$$q_1^{[1]}=(T_d(q))(q_1),r_1^{[1]}=-(T_d^{-1}(q)^*)(r_1).$$

利用关系式(3.68)可以验证$q_1^{[1]}$与$r_1^{[1]}$分别满足

$$q_{1,t_n}^{[1]}=(L^{[1]})_{\geqslant 0}^n(q_1^{[1]}),r_{1,t_n}^{[1]}=-(L^{[1]})_{\geqslant 0}^{*n}(r_1^{[1]}),$$

也就是说，$q_1^{[1]}$与$r_1^{[1]}$分别为对应于 Lax 算子$L^{[1]}$的 KP 方程族的本征函数与共轭本征函数.

下面我们来讨论 KP 方程族的 tau 函数在基本 Darboux 变换作用后的结果.

命题 3.35 KP 方程族的 tau 函数$\tau(t)$在基本 Darboux 变换$T_d(q)$与$T_i(r)$作用后的结果如下，

$$\tau(t)\xrightarrow{T_d(q)}\tau(t)^{[1]}=q(t)\tau(t),\tau(t)\xrightarrow{T_i(r)}\tau(t)^{[1]}=r(t)\tau(t).$$

并且，$\tau(t)^{[1]}$满足 KP 方程族的双线性等式

$$\mathrm{Res}_\lambda\tau^{[1]}(t-[\lambda^{-1}])\tau^{[1]}(t'+[\lambda^{-1}])e^{\xi(t-t',\lambda)}=0.$$

从而，可以作为 KP 方程族的 tau 函数.

证明：这里只证明在 Darboux 变换$T_d(q)$的情形，对于 Darboux 变换$T_i(r)$可以类似证明. 假设

$$L^{[1]}=\partial+u_2^{[1]}\partial^{-1}+u_3^{[1]}\partial^{-2}+u_4^{[1]}\partial^{-3}+\cdots,$$

于是，

$$\begin{aligned}u_2^{[1]}&=\mathrm{Res}_\partial L^{[1]}=\mathrm{Res}_\partial q\partial q^{-1}(\partial+u_2\partial^{-1})q\partial^{-1}q^{-1}\\&=u_2+\mathrm{Res}_\partial(q\partial q^{-1}\partial q\partial^{-1}q^{-1})_{<0}\\&=(q\partial q^{-1}\partial)(q)\cdot q^{-1}+u_2=\partial_x^2(\log q)+u_2.\end{aligned}\tag{3.69}$$

同时，

$$u_2^{[1]}=\partial_x^2(\log\tau^{[1]}),\tag{3.70}$$

从而，比较式(3.69)和式(3.70)可知，

$$\tau^{[1]}=q\tau.$$

根据式(3.50)可知，$\tau(t)^{[1]}$满足 KP 方程族的双线性等式，即

$$\mathrm{Res}_{\lambda}\tau^{[1]}(t-[\lambda^{-1}])\tau^{[1]}(t'+[\lambda^{-1}])\mathrm{e}^{\xi(t-t',\lambda)}=0.$$

从而得证. □

命题 3.36　KP 方程族的基本 Darboux 变换 T_α 与 T_β 可以相互交换，其中，$\alpha,\beta\in\{d,i\}$，也就是图 3.1 所示的交换.

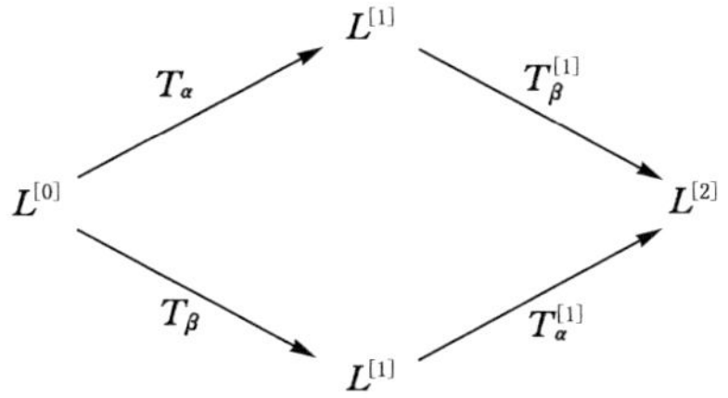

图 3.1

这里 $T_\beta^{[1]}$表示对应于$L^{[1]}$的本征函数或共轭本征函数生成的 Darboux 变换. 从而，有下面的关系式成立：

$$T_i(r^{[1]})T_d(q)=T_d(q^{[1]})T_i(r),$$
$$T_d(q_1^{[1]})T_d(q_2)=T_d(q_2^{[1]})T_d(q_1),$$
$$T_i(r_1^{[1]})T_i(r_2)=T_i(r_2^{[1]})T_i(r_1).$$

其中，$A^{[1]}$表示 A 在第二个 T 作用下的结果. 例如，$T_i(r^{[1]})T_d(q)$中的 $r^{[1]}=(T_d^{-1}(q))^*(r)$.

证明：这里仅说明 T_d 与 T_i 的交换性，其余的类似可得. 首先，根据命题 3.33 可知，

$$\begin{aligned}T_i(r^{[1]})T_d(q)&=(r^{[1]})^{-1}\partial^{-1}r^{[1]}q\partial q^{-1}=-(r^{[1]})^{-1}\partial^{-1}\int qr\,\mathrm{d}x\cdot\partial q^{-1}\\&=1+(r^{[1]})^{-1}\partial^{-1}r=1-\left(\int qr\,\mathrm{d}x\right)^{-1}q\partial^{-1}r.\end{aligned}$$

此外，

$$\begin{aligned}T_d(q^{[1]})T_i(r)&=q^{[1]}\partial(q^{[1]})^{-1}r^{-1}\partial^{-1}r=q^{[1]}\partial\left(\int qr\,\mathrm{d}x\right)^{-1}\cdot\partial^{-1}r\\&=1-q^{[1]}\left(\int qr\,\mathrm{d}x\right)^{-2}\cdot qr\partial^{-1}r=1-\left(\int qr\,\mathrm{d}x\right)^{-1}q\partial^{-1}r.\end{aligned}$$

□

3.4.2 KP 方程族 Darboux 变换的多次作用

下面考虑 KP 方程族的多次 Darboux 变换作用. 由命题 3.35 可知，T_d 和 T_i 之间具有可交换性，从而可以只考虑如下情形：

$$L \xrightarrow{T_d(q_1)} L^{[1]} \xrightarrow{T_d(q_2^{[1]})} L^{[2]} \to \cdots \to L^{[n-1]} \xrightarrow{T_d(q_n^{[n-1]})} L^{[n]}$$

$$\xrightarrow{T_i(r_1^{[n]})} L^{[n+1]} \xrightarrow{T_i(r_2^{[n+1]})} \cdots \to L^{[n+k-1]} \xrightarrow{T_i(r_k^{[n+k-1]})} L^{[n+k]}.$$

其中，$q_i(i=1,\cdots,n)$ 与 $r_j(j=1,\cdots,k)$ 分别是相互独立的本征函数与共轭本征函数，并记

$$T^{[n,k]}=T_i(r_k^{[n+k-1]})\cdots T_i(r_1^{[n]})T_d(q_n^{[n-1]})\cdots T_d(q_1). \qquad (3.71)$$

下面主要目标是给出 $T^{[n,k]}$ 以及 $(T^{[n,k]})^{-1}$ 的具体形式. 在此之前，需要引入引理 3.23.

引理 3.23 $T^{[0,k]}$ 和 $T^{[n,0]}$（见式(3.71)）满足

$$T^{[0,k]} = \sum_{j=1}^{k}\alpha_j\partial^{-1}r_j, (T^{[n,0]})^{-1} = \sum_{j=1}^{n}q_j\partial^{-1}\beta_j.$$

其中，α_j 与 β_j 为函数.

证明：首先，通过对 k 做归纳来计算 $T^{[0,k]}$. 当 $k=1$ 时，$T^{[0,1]}=r_1^{-1}\partial^{-1}r_1$，结论显然成立. 设 $k-1$ 时结论成立，即

$$T_i(r_k^{[k-1]})\cdots T_i(r_2^{[1]})= \sum_{j=2}^{k}\alpha_j\partial^{-1}r_j^{[1]},$$

其中，$r_j^{[1]}=(T_i^{-1}(r_1)^*)(r_j)$，$j=2,3,\cdots k$. 于是

$$\begin{aligned}T^{[0,k]} &= T_i(r_k^{[k-1]})\cdots T_i(r_2^{[1]})T_i(r_1)\\ &= \sum_{j=2}^{k}\alpha_j\partial^{-1}r_j^{[1]}r_1^{-1}\partial^{-1}r_1\\ &=-\sum_{j=2}^{k}\alpha_j\partial^{-1}\left(\frac{r_j}{r_1}\right)_x\partial^{-1}r_1.\end{aligned}$$

注意，$\left(\frac{r_i}{r_1}\right)_x=\partial\frac{r_i}{r_1}-\frac{r_i}{r_1}\partial$. 进而，上式可写成

$$\begin{aligned}T^{[0,k]} &=-\sum_{i=2}^{k}\alpha_j\left(\frac{r_j}{r_1}\partial^{-1}r_1-\partial^{-1}r_j\right)\\ &=-\left(\sum_{j=2}^{k}\alpha_j\frac{r_j}{r_1}\right)\partial^{-1}r_1+\sum_{j=2}^{k}\alpha_j\partial^{-1}r_j.\end{aligned}$$

从而，当 $i=k$ 时，结果成立.

至于 $(T^{[n,0]})^{-1}$，根据 $T_d^{-1}(q_j)^*=-T_i(q_j)$ 以及 $T^{[0,k]}$ 的结果可知，存在函数 γ_j 使得

$$((T^{[n,0]})^{-1})^* = (-1)^n \sum_{j=1}^{n} \gamma_j \partial^{-1} q_j,$$

令 $\beta_j = (-1)^{n+1}\gamma_j$ 可知，$(T^{[n,0]})^{-1} = \sum_{j=1}^{n} q_j \partial^{-1} \beta_j$. □

下面引入广义 Wronskian 行列式的定义[163]

$$IW_{k,n}(r_k,r_{k-1},\cdots r_1;q_1,\cdots q_n) = \begin{vmatrix} \int q_1 r_k \mathrm{d}x & \cdots & \int q_n r_k \mathrm{d}x \\ \vdots & \vdots & \vdots \\ \int q_1 r_1 \mathrm{d}x & \cdots & \int q_n r_1 \mathrm{d}x \\ q_1 & \cdots & q_n \\ \vdots & \vdots & \vdots \\ q_1^{(n-k-1)} & \cdots & q_n^{(n-k-1)} \end{vmatrix}.$$

下面用 $IW_{k,n}$ 来简记 $IW_{k,n}(r_k,r_{k-1},\cdots r_1;q_1,\cdots q_n)$. 当 $k=0$ 时，可以发现 $IW_{0,n}$ 为普通的 Wronskian 行列式，记为 $W_n(q_1,\cdots,q_n)$. 同时，引入如下一些符号，方便表达 $T^{[n,k]}$ 与 $(T^{[n,k]})^{-1}$ 的具体形式.

$$\Omega_{k,n} = \begin{pmatrix} \int q_1 r_k \mathrm{d}x & \cdots & \int q_n r_k \mathrm{d}x \\ \vdots & \vdots & \vdots \\ \int q_1 r_1 \mathrm{d}x & \cdots & \int q_n r_1 \mathrm{d}x \end{pmatrix}, W_{k,n} = \begin{pmatrix} q_1 & \cdots & q_n \\ \vdots & \vdots & \vdots \\ q_1^{(n-k)} & \cdots & q_n^{(n-k)} \end{pmatrix},$$

$$\overrightarrow{q_n} = (q_1,\cdots,q_n)^{\mathrm{T}}, \overleftarrow{r_k} = (r_k,\cdots,r_1)^{\mathrm{T}}, \overrightarrow{\partial^n} = (1,\partial,\cdots,\partial^n)^{\mathrm{T}}.$$

这里 T 表示矩阵的转置.

命题 3.37　当 $n>k$ 时，

$$T^{[n,k]} = \frac{1}{IW_{k,n}} \begin{vmatrix} \Omega_{k,n} & \partial^{-1}\cdot \overleftarrow{r_k} \\ W_{k,n} & \overrightarrow{\partial^{n-k}} \end{vmatrix},$$

$$(T^{[n,k]})^{-1} = |\overrightarrow{q_n}\cdot \partial^{-1} \Omega_{k,n}^T W_{k+2,n}^T| \frac{(-1)^{n-1}}{IW_{k,n}},$$

这里 $T^{[n,k]}$ 的行列式要按照最后一列展开，并且最后一列元素始终放在右

侧. 同时,$(T^{[n,k]})^{-1}$的行列式是按照第一列展开,并把第一列元素始终放在左侧.

证明:当 $n>k$ 时,$T^{[n,k]}$的最高次为∂^{n-k},因此可以假定

$$T^{[n,k]}=\sum_{p=0}^{n-k}a_p\partial^p+(T^{[n,k]})_{<0},$$

其中,$a_{n-k}=1$. 接着,假定 $T^{[n,k]}=A\cdot T^{[0,k]}$,其中,$A$ 为微分算子. 所以,根据命题 2.5 和引理 3.23 可知,

$$(T^{[n,k]})_{<0}=\Big(A\sum_{j=1}^{k}\alpha_j\partial^{-1}r_j\Big)_{<0}=\sum_{j=1}^{k}A(\alpha_j)\partial^{-1}r_j.$$

从而,$T^{[n,k]}$具有如下形式:

$$T^{[n,k]}=\sum_{p=0}^{n-k}a_p\partial^p+\sum_{p=-k}^{-1}a_p\partial^{-1}r_{-p}. \tag{3.72}$$

此外,$(T^{[n,k]})^{-1}$的最高次为∂^{-n+k},因而只有负次项. 此时,假定 $T^{[n,k]}=BT^{[n,0]}$,则$(T^{[n,k]})^{-1}=(T^{[n,0]})^{-1}B^{-1}$,并且 B^{-1}为微分算子. 于是,

$$(T^{[n,k]})^{-1}=((T^{[n,k]})^{-1})_{<0}=((T^{[n,0]})^{-1}B^{-1})_{<0}.$$

进一步根据命题 2.5 和引理 3.24,则式$(T^{[n,k]})^{-1}$具有如下形式:

$$(T^{[n,k]})^{-1}=\sum_{j=1}^{n}q_j\partial^{-1}b_j. \tag{3.73}$$

下面确定式(3.72)与式(3.73)中的系数 a_p 和 b_j. 注意到在 Darboux 变换算子 $T_d(q)$和 $T_i(r)$作用下,

$$T_d(q)(q)=(T_i(r)^{-1})^*(r)=0,$$

因此,对于 $1\leqslant i\leqslant n$ 与 $1\leqslant j\leqslant k$,有

$$T^{[n,k]}(q_i)=0,((T^{[n,k]})^{-1})^*(r_j)=0.$$

从而,对于 $T^{[n,k]}$有

$$\sum_{p=-k}^{-1}a_p\int q_ir_{-p}dx+\sum_{p=0}^{n-k-1}a_pq_i^{(p)}=-q_i^{(n-k)},1\leqslant i\leqslant n. \tag{3.74}$$

式(3.74)为 n 元非齐次线性方程组,且方程个数为 n. 从而,利用线性方程组的 Cramer 法则,计算可得 $T^{[n,k]}$的行列式表示. 而对于$(T^{[n,k]})^{-1}$,根据式(3.73)确定$(T^{[n,k]})^{-1}$需要 n 个条件,但$((T^{[n,k]})^{-1})^*(r_j)=0$ 仅能提供 k 个. 为此注意到

$$((T^{[n,k]})^{-1})^*=-\sum_{l=0}^{\infty}(-1)^l\sum_{j=1}^{n}(q_j^{(l)}b_j)\partial^{-1-l}.$$

结合$((T^{[n,k]})^{-1})^{*}=(-1)^{n-k}\partial^{-n+k}+$低阶项可知，$\partial^{-1},\partial^{-2},\cdots\partial^{-n+k+1}$的系数均为0，$\partial^{-n+k}$系数为1，可得

$$\sum_{j=1}^{n}b_j q_j^{(l)}=\delta_{n,k+l+1},l=0,1,\cdots,n-k-1,$$

刚好为缺失的$n-k$个条件．因此利用线性方程族的Cramer法则求解上述关于b_j的线性方程组，并代入式(3.73)可以得到$(T^{[n,k]})^{-1}$的行列式表示．

□

命题 3.38　当$n=k$时，

$$T^{[n,k]}=\frac{1}{IW_{k,n}}\begin{vmatrix}\Omega_{k,n} & \partial^{-1}\cdot\overleftarrow{r_k}\\ W_{k,n} & \overrightarrow{\partial^{n-k}}\end{vmatrix},(T^{[n,k]})^{-1}=\begin{vmatrix}-1 & \overleftarrow{r_k}^{T}\\ \overrightarrow{q_n}\cdot\partial^{-1} & \Omega_{k,n}^{T}\end{vmatrix}\frac{-1}{IW_{k,n}},$$

这里，$T^{[n,k]}$的行列式要按照最后一列展开，并且把函数部分放在∂^{i}的左侧．同时，$(T^{[n,k]})^{-1}$的行列式按照第一列展开，并把函数部分放在右侧．

证明：在$n=k$时，$T^{[n,k]}$与$(T^{[n,k]})^{-1}$具有如下的形式．

$$T^{[n,k]}=1+\sum_{p=1}^{k}a_p\partial^{-1}r_p,(T^{[n,k]})^{-1}=1+\sum_{j=1}^{n}q_j\partial^{-1}b_j.$$

因此，可以利用与解命题3.36类似的方法可以得到上述结论．　□

注 3.17　当$n<k$时，根据$T_d^{-1}(q)^{*}=-T_i(q)$与$T_i^{-1}(r)^{*}=-T_i(r)$，以及命题3.35可知，

$$((T^{[n,k]})^{-1})^{*}=(-1)^{n+k}T_d(r_k^{[n+k-1]})\cdots T_d(r_1^{[n]})T_i(q_n^{[n-1]})\cdots T_i(q_1),$$

刚好为命题3.36的情形．或者利用解命题3.36类似方法，可以假定

$$T^{[n,k]}=\sum_{i=1}^{k}a_i\partial^{-1}r_i,(T^{[n,k]})^{-1}=\sum_{j=0}^{k-n}\partial^{j}b_j+\sum_{j=1}^{n}q_j\partial^{-1}b_{-j}.$$

前面得到的$T^{[n,k]}$与$(T^{[n,k]})^{-1}$的行列式表示具有重要应用．例如，可以用来讨论KP方程族的各种对象在$T^{[n,k]}$下的变换．下面以$n>k$为例进行说明，具体见下面的命题．其余情形类似可得．

命题 3.39　当$n>k$时，KP方程族的本征函数q，共轭本征函数r以及tau函数τ在经过n次Darboux变换T_d和k次Darboux变换T_i作用后变为

$$q^{[n+k]}=\frac{IW_{k,n+1}(r_k,r_{k-1},\cdots r_1;q_1,\cdots q_n,q)}{IW_{k,n}(r_k,r_{k-1},\cdots r_1;q_1,\cdots q_n)},$$

$$r^{[n+k]}=\frac{IW_{k+1,n}(r_k,r_{k-1},\cdots r_1,r;q_1,\cdots q_n)}{IW_{k,n}(r_k,r_{k-1},\cdots r_1;q_1,\cdots q_n)},$$

$$\tau^{[n+k]}=IW_{k,n}(r_k,r_{k-1},\cdots r_1;q_1,\cdots q_n)\tau.$$

证明：根据命题 3.33 可知

$$q^{[n+k]}=T^{[n,k]}(q),r^{[n+k]}=((T^{[n,k]})^{-1})^*(r).$$

将上式代入 $T^{[n,k]}$ 与 $(T^{[n,k]})^{-1}$ 的行列式表示（见命题 3.36），可得 $q^{[n+k]}$ 与 $r^{[n+k]}$ 的结果. 再根据命题 3.34 可知

$$\tau^{[n+k]}=r_k^{[n+k-1]}r_{k-1}^{[n+k-2]}\cdots r_1^{[n]}q_n^{[n-1])}\cdots q_1^{[0]}\tau,$$

从而，可以得到关于 tau 函数的结果. □

推论 3.11 假定 $\tau^{[n]}$ 为 KP 方程族的 tau 函数 τ 在 Darboux 变换 $T^{[n,0]}$ 作用下的新 tau 函数，则有如下的双线性等式成立.

$$\mathrm{Res}_\lambda\lambda^n\tau^{[n]}(t-[\lambda^{-1}])\tau(t'+[\lambda^{-1}])e^{\xi(t-t',\lambda)}=0,$$

这正是 n-次 mKP 方程族.

证明：显然 $n=0$ 时等式成立. 假定 n 时成立，则有

$$\mathrm{Res}_\lambda\lambda^n\psi^{[n]}(t,\lambda)\psi^*(t',\lambda)=0, \tag{3.75}$$

这里，

$$\psi^{[n]}(t,\lambda)=\frac{\tau^{[n]}(t-[\lambda^{-1}])}{\tau^{[n]}(t)}e^{\xi(t,\lambda)},\psi^*(t,\lambda)=\frac{\tau(t+[\lambda^{-1}])}{\tau(t)}e^{-\xi(t,\lambda)}.$$

于是，用算子 $\mu q_{n+1}^{[n]}(t-[\mu^{-1}])-\mu q_{n+1}^{[n]}(t)e^{-\xi(\widetilde{\partial},\mu^{-1})}$ 作用于式(3.75)，并利用引理 3.16 可知，在 $n+1$ 时仍然成立，从而得证. □

注 3.18 该推论说明 KP 方程族 Darboux 变换 T_d 的轨道可以用 n-次 mKP 方程族来刻画，更一般的情况可以参考文献[183].

3.4.3 约束 KP 方程族的 Darboux 变换

讨论约束 KP 方程族的 Darboux 变换，可以参考文献[107,164-166]. 为简单起见，仅以 k-约束 KP 方程族(3.61)，在 $k=1$ 的情况下为例进行讨论.

此时，约束 KP 方程族的 Lax 算子为

$$L=\partial+q\partial^{-1}r. \tag{3.76}$$

给定拟微分算子 T，并令 $L^{[1]}=TLT^{-1}$，若满足以下两个条件：

- $\partial_{t_n}L^{[1]}=[(L^{[1]})^n_{\geqslant 0},L^{[1]}]$,
- $L^{[1]}=\partial+q^{[1]}\partial^{-1}r^{[1]}$,

则称 T 为约束 KP 方程族(3.76)的 Darboux 变换.

引理 3.24[165] 假定 L 为约束 KP 方程族(3.76)的 Lax 算子，并令 $T=$

$T_d(f)$或$T_i(g)$. 其中,f与g分别为对应于L的 KP 方程族的本征函数与共轭本征函数,则$L^{[1]}=TLT^{-1}$具有如下形式:

$$L^{[1]}=\partial+q_0^{[1]}\partial^{-1}r_0^{[1]}+q^{[1]}\partial^{-1}r^{[1]}, \tag{3.77}$$

其中,当$T=T_d(f)$时,

$$q_0^{[1]}=T_d(f)L(f),r_0^{[1]}=f^{-1},$$
$$q^{[1]}=T_d(f)(q),r^{[1]}=(T_d(f)^*)^{-1}(r).$$

当$T=T_i(g)$时,

$$q_0^{[1]}=\frac{1}{g},r_0^{[1]}=(T_i(g)^{-1})^*L^*(r),$$
$$q^{[1]}=T_i(g)(q),r^{[1]}=-(T_i(g)^{-1})^*(r).$$

证明:直接利用推论 2.1 以及命题 2.5 计算即可. □

为了使式(3.77)的形式与式(3.76)的形式一致,有以下两种方法(以$T_d(f)$为例)可以证明.

- 第一种方法:Oevel 方法[107]. 取$f=\psi(t,\lambda)$,则

$$\begin{aligned}q_0^{[1]}&=T_D(f)L(f)=T_D(\psi(t,\lambda))L(\psi(t,\lambda))\\&=\lambda T_D(\psi(t,\lambda))(\psi(t,\lambda))=0.\end{aligned}$$

从而,$q_0^{[1]}\partial^{-1}r_0^{[1]}=0,L^{[1]}=\partial+q^{[1]}\partial^{-1}r^{[1]}$.

- 第二种方法:Aratyn 方法[164]. 取$f=q$,则

$$q^{[1]}=T_D(f)(q)=T_D(q)(q)=0.$$

于是,$q^{[1]}\partial^{-1}r^{[1]}=0,L^{[1]}=\partial+q_0^{[1]}\partial^{-1}r_0^{[1]}$. 后面为方便起见,记$L^{[1]}=\partial+q^{[1]}\partial^{-1}r^{[1]}$来表示$\partial+q_0^{[1]}\partial^{-1}r_0^{[1]}$.

类似地,当$T=T_i(g)$时,为了使式(3.77)的形式与式(3.76)的形式一致,可以取

$$g(t)=\begin{cases}\psi^*(t,\lambda), & \text{Oevel 方法;}\\ r(t), & \text{Aratyn 方法.}\end{cases}$$

注 3.19　上述两种方法得到的 Lax 算子$L^{[1]}=\partial+q^{[1]}\partial^{-1}r^{[1]}$中的$q^{[1]}$与$r^{[1]}$分别为对应于$L^{[1]}$的本征函数与共轭本征函数,也就是

$$q_{t_n}^{[1]}=((L^{[1]})^n)_{\geqslant 0}(q^{[1]}),r_{t_n}^{[1]}=-((L^{[1]})^n)_{\geqslant 0}^*(r),$$

可以借助比较$\partial_{t_n}L^{[1]}=[(L^{[1]})_{\geqslant 0}^n,L^{[1]}]$两端的负部来得到,或者直接利用式(3.68)进行验证. 例如在$T_d(q)$作用下(Aratyn 方法),$r^{[1]}=q^{-1}$. 注意到

$$(T_d^{-1})_{t_n}^* T_d^*(q^{-1})=(q^{-1})_{t_n}+q^{-1},$$

$$(T_d^{-1})^*(L^n)_{\geqslant 0}^* T_d^*(q^{-1})=q^{-1},$$

这里，规定$\partial^{-1}(0)=1$. 同时，利用式(3.68)可知

$$((L^{[1]})_{\geqslant 0}^n)^*=(T_d^{-1})^*(L^n)_{\geqslant 0}^* T_d^*-(T_d^{-1})_{t_n}^* T_d^*$$

所以，$r_{t_n}^{[1]}=-((L^{[1]})^n)_{\geqslant 0}^*(r^{[1]})$.

注 3.20 以上关于约束 KP 方程族 Darboux 变换的讨论可以推广到最一般的 k-约束 KP 方程族(3.62). 相应的多次 Darboux 变换的结果，可以参考文献[165-166].

命题 3.40[164] 给定 k-约束 KP 方程族(3.61)，也就是 $L^k=(L^k)_{\geqslant 0}+q\partial^{-1}r$，并令 $q^{[n]}$ 为 n 次 T_d 作用后的结果(始终使用 Aratyn 方法). 若令 $u(n)=\log q^{[n]}$，则

$$\partial_x\partial_{t_k}u(n)=\mathrm{e}^{u(n+1)-u(n)}-\mathrm{e}^{u(n)-u(n-1)}. \tag{3.78}$$

当 $k=1$ 时，式(3.78)为 1-Toda 格点方程；当 $k\geqslant 2$ 时，式(3.78)为 2-Toda 格点方程.

证明：首先，利用 Aratyn 方法可知，

$$\tau^{[n]}=q^{[n-1]}\tau^{[n-1]},r^{[n]}=\frac{1}{q^{[n-1]}}.$$

从而，

$$q^{[n]}=\frac{\tau^{[n+1]}}{\tau^{[n]}},r^{[n]}=\frac{1}{q^{[n-1]}}=\frac{\tau^{[n-1]}}{\tau^{[n]}}.$$

此外，根据命题 3.12 以及 k-约束 KP 方程族的 Lax 约束式(3.61)可知

$$\partial_x\partial_{t_k}\log\tau^{[n]}=q^{[n]}r^{[n]}=\frac{q^{[n]}}{q^{[n-1]}}.$$

因此，

$$\partial_x\partial_{t_k}\log q^{[n]}=\partial_x\partial_{t_k}(\log\tau^{[n+1]}-\log\tau^{[n]})=\frac{q^{[n+1]}}{q^{[n]}}-\frac{q^{[n]}}{q^{[n-1]}}.$$

若令 $u(n)=\log q^{[n]}$，即可得证. □

注 3.21 约束 KP 方程族 Darboux 变换中 Toda 结构的产生应该与推论 3.11 相关. 更深层次的理解，仍需进一步讨论.

第四章 mKP 方程族

在本章中，首先，介绍 mKP 方程族的基本概念，包括 Lax 方程、双线性等式与 tau 函数. 然后，讨论 mKP 方程族的谱表示、平方本征函数对称与附加对称等问题. 接着，讨论与 KP 方程族之间的 Miura 关系，用来理解 KP 与 mKP 方程族的 Darboux 变换. 最后，详细讨论了 mKP 方程族的 Darboux 变换.

4.1 mKP 方程族简介

本节主要介绍 mKP 方程族的基本概念，包括 Lax 方程、双线性等式与 tau 函数等. 着重研究 mKP 方程族与 KP 方程族 tau 函数之间的关系，并讨论了与 1 次 mKP 方程族的等价性.

mKP 方程族可以通过拟微分算子定义为

$$\mathcal{L}=\partial+v_0+v_1\partial^{-1}+v_2\partial^{-2}+\cdots,$$

并且，满足下面的 Lax 方程，

$$\partial_{t_n}\mathcal{L}=[\mathcal{B}_n,\mathcal{L}],n=1,2,3,\cdots, \tag{4.1}$$

其中，$\mathcal{B}_n=(\mathcal{L}^n)_{\geqslant 1}$. 下面给出几个具体的 $\mathcal{B}_n$：

$$\mathcal{B}_2=\partial^2+2v_0\partial,$$

$$\mathcal{B}_3=\partial^3+3v_0\partial^2+2(v_{0x}+v_0^2+v_1)\partial.$$

然后，比较 mKP 方程族 Lax 方程两边∂^i 的系数可以得到

$$v_{0,t_2}=v_{0xx}+2v_0v_{0x}+2v_{1x},$$

$$v_{0,t_3}=v_{0xxx}+3v_{1xx}+3v_{2x}+3(v_0v_{0x})_x+3v_0^2v_{0x}+6(v_0v_1)_x,$$

$$v_{1,t_2}=v_{1xx}+2(v_0v_1)_x+2v_{2x}.$$

消去 v_1 与 v_2，并令 $y=t_2,t=t_3$，以及 $v=v_0$，可以得到如下的 mKP 方程

$$4v_{tx}=(v_{xxx}-6v^2v_x)_x+3v_{yy}+6v_xv_y+6v_{xx}\int v_y\mathrm{d}x.$$

Lax 算子 $\mathcal{L}$ 也可以通过穿衣算子

$$Z=z_0+z_1\partial^{-1}+z_2\partial^{-2}+\cdots,$$

表达为

$$\mathcal{L}=Z\partial Z^{-1}. \tag{4.2}$$

则 Lax 方程(4.1)等价于下面的关于穿衣算子 Z 的演化方程：

$$\partial_{t_n}Z=-(\mathcal{L}^n)_{\leqslant 0}Z=-(Z\partial^nZ^{-1})_{\leqslant 0}Z. \tag{4.3}$$

定义 mKP 方程族的波函数 $w(t,z)$ 以及共轭波函数 $w^*(t,z)$，其表达式如下：

$$\begin{aligned}w(t,z)&=Z(\mathrm{e}^{\xi(t,z)})=\hat{w}(t,z)\mathrm{e}^{\xi(t,z)},\\ w^*(t,z)&=(Z^{-1}\partial^{-1})^*(\mathrm{e}^{-\xi(t,z)})=\hat{w}^*(t,z)z^{-1}\mathrm{e}^{-\xi(t,z)}.\end{aligned} \tag{4.4}$$

其中，$\xi(t,z)=\sum_{i\geqslant 1}t_iz^i$，并且，

$$\hat{w}(t,z)=z_0+z_1z^{-1}+z_2z^{-2}+\cdots,$$

$$\hat{w}^*(t,z)=z_0^*+z_1^*z^{-1}+z_2^*z^{-2}+\cdots.$$

波函数 $w(t,z)$ 与共轭波函数 $w^*(t,z)$ 满足如下的方程：

$$\mathcal{L}(w(t,z))=zw(t,z),\ w(t,z)_{t_n}=\mathscr{B}_n(w(t,z)),$$

$$(\partial\mathcal{L}\partial^{-1})^*(w^*(t,z))=zw^*(t,z),\ w^*(t,z)_{t_n}=-(\partial\mathscr{B}_n\partial^{-1})^*(w^*(t,z)).$$

利用与解 KP 方程族类似的方法(见命题 3.10)，可以得到如下的 mKP 方程族的双线性等式[49].

命题 4.1　$w(t,z)$ 和 $w^*(t,z)$ 满足下面的双线性等式：

$$\mathrm{Res}_z w(t,z)w^*(t',z)=1. \tag{4.5}$$

不同于 KP 方程族，mKP 方程族有两个 tau 函数[49,54]，具体如下.

命题 4.2　对于 mKP 方程族，存在两个 tau 函数 τ_0 和 τ_1，使得波函数以及共轭波函数可以表达为

$$w(t,\lambda)=\frac{\tau_0(t-[\lambda^{-1}])}{\tau_1(t)}\mathrm{e}^{\xi(t,\lambda)},\ w^*(t,\lambda)=\frac{\tau_1(t+[\lambda^{-1}])}{\lambda\tau_0(t)}\mathrm{e}^{-\xi(t,\lambda)}, \tag{4.6}$$

其中，$[\lambda^{-1}]=(1/\lambda,1/2\lambda^2,1/3\lambda^3,\cdots)$.

证明：这里证明需要用到 Miura 变换[46-47,51-52](具体见§4.4)，也就是在算子 $T=z_0^{-1}$ 作用下，mKP 方程族的 Lax 方程(4.1)将变为

$$\partial_{t_n}(z_0^{-1}\mathcal{L}z_0)=[(z_0^{-1}\mathcal{L}z_0)_{\geqslant 0},z_0^{-1}\mathcal{L}^n z_0],$$

这意味着 $z_0^{-1}\mathcal{L}z_0$ 为 KP 方程族的 Lax 算子. 因此, $z_0^{-1}Z$ 可以视为 KP 方程族的穿衣算子. 进一步, $z_0^{-1}w(t,\lambda)$ 为 KP 方程族的波函数. 因此, 存在一个 KP 的 tau 函数 $\tau_0(t)$ 使得

$$z_0^{-1}w(t,\lambda)=\frac{\tau_0(t-[\lambda^{-1}])}{\tau_0(t)}e^{\xi(t,\lambda)}. \tag{4.7}$$

定义 $\tau_1(t)$ 为

$$\tau_1(t)=\frac{\tau_0(t)}{z_0(t)}. \tag{4.8}$$

则 $w(t,\lambda)$ 关于 tau 函数的表达式, 可以由式(4.7)和式(4.8)获得. 将双线性等式(4.5)中 t'_n 代替为 $t_n+\lambda^{-n}/n$, 可得

$$\hat{w}(t+[\lambda^{-1}],\lambda)\hat{w}^*(t,\lambda)=1 \tag{4.9}$$

再通过使用 $w(t,\lambda)$ 关于 tau 函数的表达式和式(4.9), 可以得到 $w^*(t,\lambda)$ 关于 tau 函数的表达式. □

注 4.1　通过比较式(4.4)和式(4.6), 可以得到下面关系

$$z_0=\frac{\tau_0(t)}{\tau_1(t)},\quad \frac{z_1}{z_0}=-\partial_x\log\tau_0(t). \tag{4.10}$$

接着, 利用波函数和共轭波函数的 tau 函数表达式 (4.6), 有下面命题.

命题 4.3　mKP 方程族的双线性等式(4.5)可以用 tau 函数表示为

$$\mathrm{Res}_z z^{-1}\tau_0(t-[z^{-1}])\tau_1(t'+[z^{-1}])e^{\xi(t-t',z)}=\tau_0(t')\tau_1(t). \tag{4.11}$$

下面主要推导 mKP 方程族的 Fay 恒等式和微分 Fay 恒等式. 由式(4.11)出发, 利用解 KP 方程族 Fay 等式类似的方法(见命题 3.14)可以得到下面的命题.

命题 4.4　(Fay 等式)mKP 方程族的 tau 函数 τ_0 和 τ_1 满足以下性质:

$$\begin{aligned}&s_1(s_0-s_1)(s_2-s_3)\tau_0(t+[s_2]+[s_3])\tau_1(t+[s_0]+[s_1])+\\&s_2(s_0-s_2)(s_3-s_1)\tau_0(t+[s_3]+[s_1])\tau_1(t+[s_0]+[s_2])+\\&s_3(s_0-s_3)(s_1-s_2)\tau_0(t+[s_1]+[s_2])\tau_1(t+[s_0]+[s_3])\\=&(s_1-s_2)(s_2-s_3)(s_3-s_1)\tau_1(t+[s_1]+[s_2]+[s_3])\tau_0(t+[s_0]).\end{aligned} \tag{4.12}$$

在式(4.12)中, 先令 $s_0=s_3=0$, 再让 $t\to t-[s_1]-[s_2]$ 可得如下推论.

推论 4.1　给定 mKP 方程族的 tau 函数对 (τ_0,τ_1) 满足式(4.11), 则有

$$
\begin{aligned}
&s_1\tau_0(t-[s_1])\tau_1(t-[s_2])-s_2\tau_0(t-[s_2])\tau_1(t-[s_1])\\
&=(s_1-s_2)\tau_1(t)\tau_0(t-[s_1]-[s_2]).
\end{aligned}
\tag{4.13}
$$

如果对式(4.12)的两边关于 s_0 求导,然后,令 $s_0=s_3=0$,可得到下列命题.

命题 4.5 (微分 Fay 等式)给定 mKP 方程族的 tau 函数对(τ_0,τ_1)满足式(4.11),则有

$$
\begin{aligned}
&s_2\tau_0(t+[s_1])\partial_x\tau_1(t+[s_2])-s_1\tau_0(t+[s_2])\partial_x\tau_1(t+[s_1])\\
&+\tau_0(t+[s_2])\tau_1(t+[s_1])-\tau_0(t+[s_1])\tau_1(t+[s_2])\\
&=(s_2-s_1)\tau_1(t+[s_1]+[s_2])\partial_x\tau_0(t).
\end{aligned}
\tag{4.14}
$$

若再令 $s_2=0$,式(4.14)可转化为推论 4.2 的两个等式.

推论 4.2 给定 mKP 方程族的 tau 函数对(τ_0,τ_1),满足式(4.11),则有

$$
\frac{\tau_0(t+[s_1])\tau_1(t)}{\tau_0^2(t)}-\frac{\tau_1(t+[s_1])}{\tau_0(t)}+s_1\partial_x\left(\frac{\tau_1(t+[s_1])}{\tau_0(t)}\right)=0,
$$

$$
\frac{\tau_0(t-[s_1])}{\tau_1(t)}-\frac{\tau_0(t)\tau_1(t-[s_1])}{\tau_1^2(t)}+s_1\partial_x\left(\frac{\tau_0(t-[s_1])}{\tau_1(t)}\right)=0.
$$

于是根据式(4.6),可以得到如下的结论.

命题 4.6 mKP 方程族的波函数 $w(t,z)$与共轭波函数 $w^*(t,z)$的导数可以用 tau 函数(τ_0,τ_1)表达为

$$
w(t,z)_x=z\frac{\tau_0(t)\tau_1(t-[z^{-1}])}{\tau_1^2(t)}e^{\xi(t,z)},
$$

$$
w^*(t,z)_x=-\frac{\tau_0(t+[z^{-1}])\tau_1(t)}{\tau_0^2(t)}e^{-\xi(t,z)}.
$$

注意到通过双线性等式(4.11)可得,

$$
\mathrm{Res}_z w(t,z)w^*(t',z)_{x'}=\mathrm{Res}_z w(t,z)_x w^*(t',z)=0.
$$

代入命题 4.6 的结果可以得到下面命题.

命题 4.7 mKP 方程族的 tau 函数 τ_0 和 τ_1 可以看作是 KP 方程族的 tau 函数,即满足

$$
\mathrm{Res}_z\tau_i(t-[z^{-1}])\tau_i(t'+[z^{-1}])\mathrm{e}^{\xi(t-t',z)}=0,i=0,1.
$$

因此,$\tau_i(i=0,1)$满足以下 KP 方程族的微分 Fay 等式:

$$
\begin{aligned}
&\partial_x\left(\frac{\tau_i(t+[\lambda^{-1}]-[\mu^{-1}])}{\tau_i(t)}\right)\\
&=(\lambda-\mu)\left(\frac{\tau_i(t+[\lambda^{-1}]-[\mu^{-1}])}{\tau_i(t)}-\frac{\tau_i(t+[\lambda^{-1}])}{\tau_i(t)}\frac{\tau_i(t-[\mu^{-1}])}{\tau_i(t)}\right).
\end{aligned}
$$

注 4.2 当证明 mKP 方程族的 tau 函数存在时(见命题 4.2),本书已经假定 τ_0 是 KP 方程族的 tau 函数.然而,τ_1 是否是 KP 方程族的 tau 函数,本书通过命题 4.7 给出了答案.

下面将说明由 E. Date, M. Jimbo, M. Kashiwara, T. Miwa 等在文献[24,27]中提出的 1 次 mKP 方程族,

$$\mathrm{Res}_z z\tau_1(t-[z^{-1}])\tau_0(t'+[z^{-1}])e^{\xi(t-t',z)}=0, \tag{4.15}$$

与本章所讨论的 mKP 方程族(4.11)等价.为此需要应用如下的一些引理.

引理 4.1 若 τ_0 与 τ_1 满足双线性等式(4.15),则

$$\frac{\tau_0(t-[s])}{\tau_1(t)}-\frac{\tau_0(t)\tau_1(t-[s])}{\tau_1^2(t)}+s\partial_x\left(\frac{\tau_0(t-[s])}{\tau_1(t)}\right)=0.$$

接着,

$$\left(\frac{\tau_0(t-[z^{-1}])}{\tau_1(t)}\mathrm{e}^{\xi(t,z)}\right)_x=z\frac{\tau_0(t)\tau_1(t-[z^{-1}])}{\tau_1^2(t)}\mathrm{e}^{\xi(t,z)}.$$

证明:只要在式(4.15)中,令 $t-t'=[s]$,然后再取留数即可. □

推论 4.3 若 τ_0 与 τ_1 满足双线性等式(4.15),并令

$$\psi_i(t,z)=\frac{\tau_i(t-[z^{-1}])}{\tau_i(t)}\mathrm{e}^{\xi(t,z)},\psi_i^*(t,z)=\frac{\tau_i(t+[z^{-1}])}{\tau_i(t)}\mathrm{e}^{-\xi(t,z)},i=0,1,$$

则有

$$\psi_1(t,z)=z^{-1}(q\partial q^{-1})(\psi_0(t,z)),\psi_0^*(t,z)=-z^{-1}(q^{-1}\partial q)(\psi_1^*(t,z)),$$

其中,$q(t)=\tau_1(t)/\tau_0(t)$.

引理 4.2 若 τ_0 与 τ_1 满足双线性等式(4.15),并且 τ_0 与 τ_1 分别为 KP 方程族的 tau 函数,则 $q(t)=\dfrac{\tau_1(t)}{\tau_0(t)}$为 $\tau_0(t)$对应的 KP 方程族的本征函数,$q(t)^{-1}$为 $\tau_1(t)$对应的 KP 方程族的共轭本征函数.

证明:若对于 $i=0,1$,引入算子 $W_i=\dfrac{\tau_i(t-[\partial^{-1}])}{\tau_i(t)}$,则根据推论 4.3 可知,$L_i=W_i\partial W_i^{-1}$ 满足 $L_1=TL_0T^{-1}$,其中,$T=q\partial q^{-1}$.由于 τ_0 与 τ_1 分别为 KP 方程族的 tau 函数,因此,

$$\psi_i(t,z)_{t_n}=(L_i^n)_{\geqslant 0}(\psi_i(t,z)).$$

于是,利用 $L_1=TL_0T^{-1}$ 可知

$$T_{t_n}T^{-1}+T(L_0^n)_{\geqslant 0}T^{-1}=(TL_0^nT^{-1})_{\geqslant 0}.$$

此外,根据推论 2.2 中的第一个等式可知,

$$(TL_0^nT^{-1})_{\geqslant 0}=T(L_0^n)_{\geqslant 0}T^{-1}-(T(L_0^n)_{\geqslant 0})(q)\cdot\partial^{-1}\cdot q^{-1}.$$

因此，

$$T_{t_n}T^{-1}=-(T(L_0^n)_{\geqslant 0})(q)\cdot\partial^{-1}\cdot q^{-1},$$

也就是

$$T(q_{t_n})=T((L_0^n)_{\geqslant 0}(q)).$$

从而可以认为 $q_{t_n}=(L_0^n)_{\geqslant 0}(q)$，即 q 为 τ_0 所对应 KP 方程族的本征函数.类似可以证明，q^{-1} 为 τ_1 所对应 KP 方程族的共轭本征函数.

命题 4.8 mKP 方程族的双线性等式(4.11)等价于 1 次 mKP 方程族的双线性等式(4.15)，加上条件 τ_0 与 τ_1 为 KP 方程族的 tau 函数.

证明：首先，假设式(4.11)成立，则根据命题 4.7 可知，τ_0 与 τ_1 为 KP 方程族的 tau 函数.下面关键是证明式(4.15)成立.为此令

$$\psi_0(t,\lambda)=\frac{\tau_0(t-[\lambda^{-1}])}{\tau_0(t)}\mathrm{e}^{\xi(t,\lambda)},\psi_0^*(t,\lambda)=\frac{\tau_0(t+[\lambda^{-1}])}{\tau_0(t)}\mathrm{e}^{-\xi(t,\lambda)},$$

以及 $q(t)=\tau_1(t)/\tau_0(t)$，则根据式(4.13)可知，

$$\lambda q(t-[\lambda^{-1}])\psi_0(t,\lambda)=\mu(\psi_0(t,\lambda)q(t-[\mu^{-1}])-\psi_0(t-[\mu^{-1}],\lambda)q(t)),\tag{4.16}$$

这正是引理 3.16 的内容.由于，τ_0 为 KP 方程族的 tau 函数，因此，

$$\mathrm{Res}_\lambda\psi_0(t,\lambda)\psi_0^*(t',\lambda)=0.\tag{4.17}$$

于是，利用算子 $\mu q(t-[\mu^{-1}])-\mu q(t)\mathrm{e}^{-\xi(\tilde{\partial},\mu^{-1})}$ 作用于式(4.17)，并利用式(4.16)，最终可以得到

$$\mathrm{Res}_\lambda\lambda q(t-[\lambda^{-1}])\psi_0(t,\lambda)\psi_0^*(t',\lambda)=0,$$

这正是式(4.15).

反过来，假定式(4.15)成立，以及 τ_0 与 τ_1 均为 KP 方程族的 tau 函数，则由引理 4.2 可知，$q(t)=\dfrac{\tau_1(t)}{\tau_0(t)}$为 $\tau_0(t)$ 对应的 KP 方程族的本征函数，从而满足 KP 方程族的谱表示：

$$q(t)=\mathrm{Res}_z\frac{1}{z}\psi_0(t,z)\psi_0^*(t',z)q(t'+[z^{-1}]).$$

最后，分别将 $q(t)$，$\psi_0(t,z)$ 以及 $\psi_0^*(t,z)$ 的表达式代入上式，即可得到等式(4.11). □

4.2 mKP 方程族的对称

本节首先讨论了 mKP 方程族的谱表示.然后,讨论了 mKP 方程族的平方本征函数对称以及附加对称,并利用两种对称之间的关系给出了 mKP 方程族的 Adler-Shiota-van Moerbeke 公式.最后,研究了约束 mKP 方程族的 Virasoro 对称.

4.2.1 mKP 方程族的谱表示

mKP 方程族的本征函数 Φ 和共轭本征函数 Ψ 定义如下,

$$\Phi_{t_n}=(\mathcal{L}^n)_{\geqslant 1}(\Phi),\Psi_{t_n}=-(\partial^{-1}(\mathcal{L}^n)^*_{\geqslant 1}\partial)(\Psi),\tag{4.18}$$

mKP 方程族的平方本征函数势 $\Omega(\Phi,\Psi_x)$ 与 $\hat{\Omega}(\Phi_x,\Psi)$ 定义为

$$\Omega(\Phi,\Psi_x)_x=\Phi\Psi_x,\Omega(\Phi,\Psi_x)_{t_n}=\mathrm{Res}_\partial(\partial^{-1}\Psi_x(\mathcal{L}^n)_{\geqslant 1}\Phi\partial^{-1}),$$

$$\hat{\Omega}(\Phi_x,\Psi)_x=\Phi_x\Psi,\hat{\Omega}(\Phi_x,\Psi)_{t_n}=\mathrm{Res}_\partial(\partial^{-1}\Psi\partial(\mathcal{L}^n)_{\geqslant 1}\partial^{-1}\Phi_x\partial^{-1}).$$

注意:这里定义的平方本征函数势 $\Omega(\Phi,\Psi_x)$ 和 $\hat{\Omega}(\Phi_x,\Psi)$ 在相差常数的情况下是唯一确定的.这两种平方本征函数势之间的关系如下:

$$\hat{\Omega}(\Phi_x,\Psi)=-\Omega(\Phi,\Psi_x)+\Phi\Psi.$$

命题 4.9　mKP 方程族的本征函数 Φ 和共轭本征函数 Ψ 满足

$$\Phi(t)=\mathrm{Res}_z w(t,z)\Omega(\Phi(t'),w^*(t',z)_{x'}),\tag{4.19}$$

$$\Psi(t)=\mathrm{Res}_z w^*(t,z)\hat{\Omega}(w(t',z)_{x'},\Psi(t')).\tag{4.20}$$

证明:由于两个等式的证明过程相似,这里只需证明等式(4.19).首先,当 $i\geqslant 0$ 时,根据引理 3.5,可得

$$\begin{aligned}&\mathrm{Res}_z w(t,z)^{(i)}\cdot\Omega(\Phi(t),w^*(t,z)_x)\\=&-\mathrm{Res}_z\partial^i Z(e^{\xi(t,z)})\cdot\partial^{-1}\Phi(t)(Z^{-1})^*(e^{-\xi(t,z)})\\=&\mathrm{Res}_z\partial^i ZZ^{-1}\Phi(t)\partial^{-1}=\Phi(t)^{(i)}.\end{aligned}$$

然后,利用 $\partial_{t_n}w(t,z)=(\mathcal{L}^n)_{\geqslant 1}(w(t,z))$,可发现对任意 $(i_1,i_2,\cdots,i_m)\geqslant 0$ 有

$$\partial_{t_1}^{i_1}\partial_{t_2}^{i_2}\cdots\partial_{t_m}^{i_m}\Phi(t)=\mathrm{Res}_z\partial_{t_1}^{i_1}\partial_{t_2}^{i_2}\cdots\partial_{t_m}^{i_m}w(t,z)\cdot\Omega(\Phi(t),w^*(t,z)_x),$$

接着,借助下面的 Taylor 公式:

$$f(t')=\sum_{(i_1,i_2,\cdots,i_m)\geqslant 0}(t'_1-t_1)^{i_1}\cdots(t'_m-t_m)^{i_m}\partial_{t_1}^{i_1}\cdots\partial_{t_m}^{i_m}f(t)/i_1!\cdots i_m!,$$

则可得到等式(4.19).

根据命题 4.7,可以得到如下结论.

命题 4.10 在相差一个常数的前提下,mKP 方程族的平方本征函数势可以表达为:

$$\Omega(w(t,\mu),w^*(t,\lambda)_x)=w^*(t,\lambda)w(t+[\lambda^{-1}],\mu)=\frac{X(t,\lambda,\mu)\tau_0(t)}{\tau_0(t)},$$

$$\hat{\Omega}(w(t,\mu)_x,w^*(t,\lambda))=w(t,\mu)w^*(t-[\mu^{-1}],\lambda)=-\frac{\mu}{\lambda}\frac{X(t,\lambda,\mu)\tau_1(t)}{\tau_1(t)}.$$

这里,$X(t,\lambda,\mu)$的定义见式(3.46).

推论 4.4 mKP 方程族的本征函数 Φ 和共轭本征函数 Ψ 满足

$$\Omega(\Phi(t),w^*(t,z)_x)=w^*(t,z)\Phi(t+[z^{-1}]),$$
$$\hat{\Omega}(w(t,\mu)_x,\Psi(t))=w(t,\mu)\Psi(t-[\mu^{-1}]),$$
$$\Omega(w(t,\mu),\Psi(t)_x)=w(t,\mu)(\Psi(t)-\Psi(t-[\mu^{-1}])),$$
$$\hat{\Omega}(\Phi(t)_x,w^*(t,z))=w^*(t,z)(\Phi(t)-\Phi(t+[z^{-1}])).$$

4.2.2 mKP 方程族的平方本征函数对称

设 $\Phi_1,\cdots,\Phi_m$ 和 $\Psi_1,\cdots,\Psi_m$ 是 mKP 方程族的(共轭)本征函数,则 mKP 方程族的平方本征函数对称流[49,116]可以由以下方程定义.

$$\partial_\alpha^* \mathcal{L}=\Big[\sum_{i=1}^m\Phi_i\partial^{-1}\Psi_i\partial,\mathcal{L}\Big],\quad \partial_\alpha^* Z=\sum_{i=1}^m\Phi_i\partial^{-1}\Psi_i\partial\cdot Z. \tag{4.21}$$

∂_α^* 对本征函数 Φ 和共轭本征函数 Ψ 的作用为:

$$\partial_\alpha^*\Phi=\sum_{i=1}^m\Phi_i\hat{\Omega}(\Phi_x,\Psi_i),\quad \partial_\alpha^*\Psi=-\sum_{i=1}^m\Omega(\Phi_i,\Psi_x)\Psi_i.$$

下面的命题给出了∂_α^* 在 tau 函数 τ_0 和 τ_1 上的作用.

命题 4.11 对于式(4.21)定义的平方本征函数对称∂_α^*,有

$$\partial_\alpha^*\tau_0(t)=\sum_{i=1}^m\Omega(\Phi_i,\Psi_{ix})\tau_0(t),\quad \partial_\alpha^*\tau_1(t)=-\sum_{i=1}^m\hat{\Omega}(\Phi_{ix},\Psi_i)\tau_1(t).$$

证明:首先,通过比较式(4.21)中$\partial_\alpha^* Z$ 中∂^0 和∂^{-1}的系数,可以得到

$$\partial_\alpha^* z_0=\sum_{i=1}^m\Phi_i\Psi_i z_0,\quad \partial_\alpha^* z_1=\sum_{i=1}^m\Phi_i(\Psi_i z_1-\Psi_{ix}z_0). \tag{4.22}$$

然后,通过式(4.10)和式(4.22)可得

$$\partial_\alpha^* \partial_x \log \tau_0(t) = -\partial_\alpha^* \left(\frac{z_1}{z_0}\right) = \frac{1}{z_0^2}(-\partial_\alpha^* z_1 \cdot z_0 + z_1 \cdot \partial_\alpha^* z_0)$$

$$= \frac{1}{z_0^2}\sum_{i=1}^{m}(-\Phi_i \Psi_i z_1 z_0 + z_0^2 \Phi_i \Psi_{ix} + z_1 z_0 \Phi_i \Psi_i)$$

$$= \sum_{i=1}^{m} \Phi_i \Psi_{ix},$$

则可以得到$\partial_\alpha^* \tau_0$ 的结果.

对 $\tau_1(t)$的作用,根据式(4.10),式(4.22)和$\partial_\alpha^* \tau$ 的结果,

$$\partial_\alpha^* \tau_1(t) = \partial_\alpha^* \left(\frac{\tau_0}{z_0}\right) = \frac{1}{z_0^2}(\partial_\alpha^* \tau_0 \cdot z_0 - \tau_0 \cdot \partial_\alpha^* z_0)$$

$$= \frac{1}{z_0^2}\sum_{i=1}^{m}(\Omega(\Phi_i, \Psi_{ix})\tau_0 z_0 - \tau_0 \Phi_i \Psi_i z_0)$$

$$= \sum_{i=1}^{m}(\Omega(\Phi_i, \Psi_{ix}) - \Phi_i \Psi_i)\tau_1 = -\sum_{i=1}^{m}\hat{\Omega}(\Phi_{ix}, \Psi_i)\tau_1.$$

□

4.2.3 mKP 方程族的附加对称

为了定义 mKP 方程族的附加对称,首先定义 mKP 方程族的 Orlov-Schulman 算子 $\mathscr{M}$[136],其表达式如下:

$$\mathscr{M} = Z\Gamma Z^{-1}. \tag{4.23}$$

其中,$\Gamma = \sum_{i=1}^{\infty} i t_i \partial^{i-1}$. 由$[\partial_{t_n} - \partial^n, \Gamma] = 0$,可得

$$[\partial_{t_n} - (\mathscr{L}^n)_{\geq 1}, \mathscr{M}] = 0,\text{即}\partial_{t_n}\mathscr{M} = [(\mathscr{L}^n)_{\geq 1}, \mathscr{M}].$$

进一步有,

$$\mathscr{L}(w(t,z)) = z w(t,z), \mathscr{M}(w(t,z)) = \partial_z w(t,z).$$

以及

$$[\mathscr{L}, \mathscr{M}] = 1.$$

mKP 方程族的附加对称流∂_{ml}^*定义如下:

$$\partial_{ml}^* Z = -(\mathscr{M}^m \mathscr{L}^l)_{\leq 0} Z.$$

根据式(4.2)和式(4.23),可以得到

$$\partial_{ml}^* \mathscr{M}^n \mathscr{L}^k = -[(\mathscr{M}^m \mathscr{L}^l)_{\leq 0}, \mathscr{M}^n \mathscr{L}^k].$$

利用与解 KP 方程族相同的方法(见命题 3.26),易证∂_{ml}^*与∂_{t_n}可交换,即

$$[\partial_{ml}^*,\partial_{t_n}]=0.$$

因此，∂_{ml}^*确实是 mKP 方程族的对称，也就是附加对称.

mKP 方程族附加对称的生成元定义为：

$$\mathcal{Y}(\lambda,\mu)=\sum_{m=0}^{\infty}\frac{(\mu-\lambda)^m}{m!}\sum_{l=-\infty}^{\infty}\lambda^{-l-m-1}(\mathcal{M}^m\mathcal{L}^{m+l})_{\leqslant 0}.$$

发现 $\mathcal{Y}(\lambda,\mu)$可以改写为如命题 4.12 所示的形式.

命题 4.12 $\mathcal{Y}(\lambda,\mu)=w(t,\mu)\partial^{-1}w^*(t,\lambda)\partial.$

证明：首先，根据式(4.4)与引理 3.5，可将$(\mathcal{M}^m\mathcal{L}^{m+l})_{\leqslant 0}$改写成：

$$(\mathcal{M}^m\mathcal{L}^{m+l})_{\leqslant 0}=\mathrm{Res}_\partial(\mathcal{M}^m\mathcal{L}^{m+l}\partial^{-1})+\sum_{i=1}^{\infty}\partial^{-i}\mathrm{Res}_\partial(\partial^{i-1}\mathcal{M}^m\mathcal{L}^{m+l})$$

$$=\mathrm{Res}_\partial(\mathcal{M}^mZ\partial^{m+l}Z^{-1}\partial^{-1})+\sum_{i=1}^{\infty}\partial^{-i}\mathrm{Res}_\partial(\partial^{i-1}\mathcal{M}^mZ\partial^{m+l}Z^{-1})$$

$$=\mathrm{Res}_z(z^{m+l}\partial_z^m w(t,z)w^*(t,z))-$$

$$\sum_{i=1}^{\infty}\partial^{-i}\mathrm{Res}_z(z^{m+l}(\partial_z^m w(t,z))^{(i-1)}w^*(t,z)_x).$$

然后，利用命题 2.1 可得，

$$(\mathcal{M}^m\mathcal{L}^{m+l})_{\leqslant 0}=\mathrm{Res}_z(z^{m+l}\partial_z^m w(t,z)\cdot(w^*(t,z)-\partial^{-1}w^*(t,z)_x))$$

$$=\mathrm{Res}_z(z^{m+l}\partial_z^m w(t,z)\cdot\partial^{-1}w^*(t,z)\partial).$$

接着，利用引理 3.15 可得，

$$\mathcal{Y}(\lambda,\mu)=\mathrm{Res}_z\left(\sum_{m=0}^{\infty}\sum_{l=-\infty}^{\infty}\frac{z^{m+l}}{\lambda^{m+l+1}}\frac{1}{m!}(\mu-\lambda)^m\partial_z^m w(t,z)\cdot\partial^{-1}w^*(t,z)\partial\right)$$

$$=\mathrm{Res}_z(\delta(\lambda,z)e^{(\mu-\lambda)\partial_z}w(t,z)\cdot\partial^{-1}w^*(t,z)\partial)$$

$$=e^{(\mu-\lambda)\partial_\lambda}w(t,\lambda)\cdot\partial^{-1}w^*(t,\lambda)\partial=w(t,\mu)\partial^{-1}w^*(t,\lambda)\partial.$$

证毕. □

根据命题 4.12，可以发现 mKP 方程族的附加对称生成元 $\mathcal{Y}(\lambda,\mu)$，可以看作波函数 $w(t,\mu)$和 $w^*(t,z)$所生成的平方本征对称$\partial_{\lambda,\mu}^*$，也就是说，

$$\partial_{\lambda,\mu}^*=-\sum_{m=0}^{\infty}\frac{(\mu-\lambda)^m}{m!}\sum_{l=-\infty}^{\infty}\lambda^{-l-m-1}\partial_{m,m+l}^*. \tag{4.24}$$

然后，根据命题 4.10，可以得到平方本征函数对称$\partial_{\lambda,\mu}^*$对 $\tau_0(t)$和 $\tau_1(t)$的作用，其表达式如下，

$$\partial_{\lambda,\mu}^*\tau_0(t)=X(t,\lambda,\mu)\tau_0(t),\partial_{\lambda,\mu}^*\tau_1(t)=\frac{\mu}{\lambda}X(t,\lambda,\mu)\tau_1(t).$$

接着，利用式(4.24)，最终可以得到 mKP 方程族的 Adler-Shiota-van Moerbeke 公式.

命题 4.13

$$\partial_{\lambda,\mu}^{*}w(t,z)=w(t,z)\left(G(z)\frac{X(t,\lambda,\mu)\tau_0(t)}{\tau_0(t)}-\frac{\mu}{\lambda}\frac{X(t,\lambda,\mu)\tau_1(t)}{\tau_1(t)}\right),$$

其中，$G(z)f(t)=f(t-[z^{-1}])$.

4.3　约束 mKP 方程族的 Virasoro 对称

约束 mKP 方程族[116]要求具有相应的 Lax 算子 $\mathcal{L}$，其定义如下：

$$\mathcal{L}=(\mathcal{L})_{\geqslant 1}+\sum_{i=1}^{m}\Phi_i\partial^{-1}\Psi_i\partial=\partial+\sum_{i=1}^{m}\Phi_i\partial^{-1}\Psi_i\partial, \tag{4.25}$$

其中，Φ_i 与 Ψ_j 分别为 mKP 方程族的本征函数与共轭本征函数，也就是满足式(4.18). 为了构造约束 mKP 方程族(4.25)的附加对称，本书需要引入下面的一些引理.

引理 4.3　对于 $X_i=f_i\partial^{-1}g_i\partial$，其中，$i=1,2$，则有

$$X_1X_2=X_1(f_2)\cdot\partial^{-1}g_2\partial+f_1\partial^{-1}\cdot(\partial X_2\partial^{-1})^{*}(g_1)\partial. \tag{4.26}$$

证明：利用命题 2.1，可以得到

$$\begin{aligned}X_1X_2&=f_1\partial^{-1}g_1f_2g_2\partial+f_1\partial^{-1}g_1f_{2x}\partial^{-1}g_2\partial\\&=f_1\partial^{-1}g_1f_2g_2\partial-f_1\partial^{-1}\cdot\int g_1f_{2x}\mathrm{d}x\cdot g_2\partial+\\&\quad f_1\int g_1f_{2x}\mathrm{d}x\cdot\partial^{-1}g_2\partial\\&=f_1\partial^{-1}\cdot\int f_2g_{1x}\mathrm{d}x\cdot g_2\partial+f_1\int g_1f_{2x}\mathrm{d}x\cdot\partial^{-1}g_2\partial\\&=X_1(f_2)\cdot\partial^{-1}g_2\partial+f_1\partial^{-1}\cdot(\partial X_2\partial^{-1})^{*}(g_1)\partial.\end{aligned}$$

证毕.　□

利用解引理 3.22 的类似方法，可得如下的引理.

引理 4.4　由式(4.25)给出的约束 mKP 的 Lax 算子 $\mathcal{L}$ 满足以下关系：

$$(\mathcal{L}^k)_{<1}=\sum_{i=1}^{m}\sum_{j=0}^{k-1}\mathcal{L}^{k-j-1}(\Phi_i)\cdot\partial^{-1}\cdot(\partial\mathcal{L}^j\partial^{-1})^{*}(\Psi_i)\cdot\partial,\quad k\in\mathbb{Z}_{\geqslant 1}. \tag{4.27}$$

分析式(4.1),式(4.21)和式(4.27),本书通过将某时间流∂_{t_n}与$-\partial_\alpha^*$等同起来定义约束 mKP 方程族.因此通过命题 4.11,可以得到下面命题.

命题 4.14 对于约束 mKP 方程族(4.25),其 tau 函数满足以下等式:

$$\partial_{t_n}\tau_0(t)=-\sum_{i=1}^{m}\sum_{j=0}^{n-1}\Omega(\mathcal{L}^{n-j-1}(\Phi_i),((\partial\mathcal{L}^j\partial^{-1})^*(\Psi_i))_x)\tau_0(t),$$

$$\partial_{t_n}\tau_1(t)=\sum_{i=1}^{m}\sum_{j=0}^{n-1}\hat{\Omega}((\mathcal{L}^{n-j-1}(\Phi_i))_x,(\partial\mathcal{L}^j\partial^{-1})^*(\Psi_i))\tau_1(t).$$

因此,利用式(4.26),可以很容易得到下面的引理.

引理 4.5 $X=\sum_{j=1}^{l}f_j\partial^{-1}g_j\partial$ 和由式(4.25)给出的约束 mKP 方程族的 Lax 算子 $\mathcal{L}$ 满足下面关系:

$$[X,\mathcal{L}]_{<1}=\sum_{j=1}^{l}(-\mathcal{L}(f_j)\cdot\partial^{-1}g_j\partial+f_j\partial^{-1}\cdot(\partial\mathcal{L}\partial^{-1})^*(g_j)\partial)+$$
$$\sum_{i=1}^{m}(X(\Phi_i)\cdot\partial^{-1}\Psi_i\partial-\Phi_i\partial^{-1}\cdot(\partial X\partial^{-1})^*(\Psi_i)\partial).\tag{4.28}$$

如果定义

$$Y_k=\sum_{i=1}^{m}\sum_{j=0}^{k-1}\left(j-\frac{1}{2}(k-1)\right)\mathcal{L}^{k-1-j}(\Phi_i)\cdot\partial^{-1}\cdot(\partial\mathcal{L}^j\partial^{-1})^*(\Psi_i)\cdot\partial,$$
$$Y_{-1}=Y_0=0,\tag{4.29}$$

这里,$k=1,2,3,\cdots$.借助式(4.28),可以得到下面的引理.

引理 4.6 由式(4.25)给出的约束 mKP 方程族的 Lax 算子 $\mathcal{L}$ 满足:

$$[Y_{k-1},\mathcal{L}]_{<1}=\sum_{i=1}^{m}(Y_{k-1}(\Phi_i)\cdot\partial^{-1}\Psi_i\partial-\Phi_i\partial^{-1}\cdot(\partial Y_{k-1}\partial^{-1})^*(\Psi_i)\partial)-$$
$$(\mathcal{L}^k)_{<1}+\frac{k}{2}\sum_{i=1}^{m}(\Phi_i\partial^{-1}\cdot(\partial\mathcal{L}^{k-1}\partial^{-1})^*(\Psi_i)\partial+\mathcal{L}^{k-1}(\Phi_i)\cdot\partial^{-1}\Psi_i\partial)$$

其中,$k\in\mathbb{Z}_{\geqslant 0}$.

有了前面的准备之后,现在可以通过以下的方式来定义 Virasoro 对称流.

$$\partial_k^*\mathcal{L}=[-(\mathcal{M}\mathcal{L}^k)_{<1}+Y_{k-1},\mathcal{L}],\quad k\in\mathbb{Z}_{\geqslant 0}.\tag{4.30}$$

利用引理 4.6,可以发现这个定义是合理的.事实上,

$$\begin{aligned}\text{式(4.30)的右边}&=[-(\mathcal{M}\mathcal{L}^k)_{<1}+Y_{k-1},\mathcal{L}]_{<1}\\&=[(\mathcal{M}\mathcal{L}^k)_{\geqslant 1}+Y_{k-1},\mathcal{L}]_{<1}+(\mathcal{L}^k)_{<1}\end{aligned}$$

$$= \sum_{i=1}^{m} \Phi_i \partial^{-1} (-(\partial(\mathscr{M}\mathscr{L}^k)_{\geqslant 1}\partial^{-1})^*(\Psi_i) + \frac{k}{2}(\partial \mathscr{L}^{k-1}\partial^{-1})^*(\Psi_i) - (\partial Y_{k-1}\partial^{-1})^*(\Psi_i))\partial + \sum_{i=1}^{m}((\mathscr{M}\mathscr{L}^k)_{\geqslant 1}(\Phi_i) + \frac{k}{2}\mathscr{L}^{k-1}(\Phi_i) + Y_{k-1}(\Phi_i))\partial^{-1}\Psi_i\partial,$$

这刚好与式(4.30)的左边

$$\sum_{i=1}^{m} \partial_k^*(\Phi_i)\partial^{-1}\Psi_i\partial + \Phi_i\partial^{-1}\partial_k^*(\Psi_i)\partial,$$

具有相同的形式.因此,Virasoro 附加对称流的这种定义是正确的,并且还可以得到如下命题.

命题 4.15　对于式(4.25)中的本征函数 Φ_i 和共轭本征函数 Ψ_i,以及 $k\in\mathbb{Z}_{\geqslant 0}$,有

$$\partial_k^* \Phi_i = (\mathscr{M}\mathscr{L}^k)_{\geqslant 1}(\Phi_i) + Y_{k-1}(\Phi_i) + \frac{k}{2}\mathscr{L}^{k-1}(\Phi_i),$$

$$\partial_k^* \Psi_i = -(\partial(\mathscr{M}\mathscr{L}^k)_{\geqslant 1}\partial^{-1})^*(\Psi_i) - (\partial Y_{k-1}\partial^{-1})^*(\Psi_i) + \frac{k}{2}(\partial \mathscr{L}^{k-1}\partial^{-1})^*(\Psi_i).$$

推论 4.5　对于式(4.25)中的本征函数 Φ_i 和共轭本征函数 Ψ_i,以及 $k\in\mathbb{Z}_{\geqslant 0}$,有

$$\partial_l^*(\mathscr{L}^k(\Phi_i)) = (\mathscr{M}\mathscr{L}^l)_{\geqslant 1}(\mathscr{L}^k(\Phi_i)) + Y_{l-1}(\mathscr{L}^k(\Phi_i)) + \left(k+\frac{l}{2}\right)\mathscr{L}^{k+l-1}(\Phi_i),$$

$$\partial_l^*((\partial \mathscr{L}^k\partial^{-1})^*(\Psi_i)) = -(\partial(\mathscr{M}\mathscr{L}^l)_{\geqslant 1}\partial^{-1})^*((\partial \mathscr{L}^k\partial^{-1})^*(\Psi_i)) - (\partial Y_{l-1}\partial^{-1})^*((\partial \mathscr{L}^k\partial^{-1})^*(\Psi_i)) + \left(k+\frac{l}{2}\right)(\partial \mathscr{L}^{k+l-1}\partial^{-1})^*(\Psi_i).$$

引理 4.7　如果记 $Z_k = -(\mathscr{M}\mathscr{L}^k)_{<1} + Y_{k-1}$,则

$$\partial_l^* Z_k - \partial_k^* Z_l + [Z_k, Z_l] = (k-l)Z_{k+l-1},\quad k,l\in\mathbb{Z}_{\geqslant 0}.$$

证明:首先,计算 $\partial_l^* Z_k = \partial_l^*(-(\mathscr{M}\mathscr{L}^k)_{<1} + Y_{k-1})$.其中,第一项是

$$-\partial_l^*(\mathscr{M}\mathscr{L}^k)_{<1} = [(\mathscr{M}\mathscr{L}^l)_{<1} - Y_{l-1}, \mathscr{M}\mathscr{L}^k]_{<1} = [(\mathscr{M}\mathscr{L}^l)_{<1}, \mathscr{M}\mathscr{L}^k]_{<1} - [Y_{l-1}, \mathscr{M}\mathscr{L}^k]_{<1},$$

而第二项根据式(4.29)与推论 4.5,可以表达为

$$\partial_l^* Y_{k-1} = \sum_{i=1}^{m}\sum_{j=0}^{k-2}\left(j-\frac{1}{2}(k-2)\right)(\partial_l^*(\mathscr{L}^{k-2-j}(\Phi_i))\cdot\partial^{-1}\cdot(\partial \mathscr{L}^j\partial^{-1})^*(\Psi_i)\partial +$$

$$\mathcal{L}^{k-2-j}(\Phi_i)\cdot\partial^{-1}\cdot\partial_l^*((\partial\mathcal{L}^j\partial^{-1})^*(\Psi_i))\partial)$$

$$=[(\mathcal{M}\mathcal{L}^l)_{\geqslant 1},Y_{k-1}]_{<1}+H(l,k)+F(l,k),$$

这里，

$$F(l,k)=\sum_{i=1}^{m}\sum_{j=0}^{k-2}\left(j-\frac{1}{2}(k-2)\right)\cdot\left(\left(k-2-j+\frac{l}{2}\right)\mathcal{L}^{k-j+l-3}(\Phi_i)\cdot\partial^{-1}\cdot(\partial\mathcal{L}^j\partial^{-1})^*(\Psi_i)+\left(j+\frac{l}{2}\right)\mathcal{L}^{k-2-j}(\Phi_i)\cdot\partial^{-1}\cdot(\partial\mathcal{L}^{j+l-1}\partial^{-1})^*(\Psi_i)\right)\partial,$$

$$H(l,k)=\sum_{i=1}^{m}\sum_{j=0}^{k-2}\left(j-\frac{1}{2}(k-2)\right)((Y_{l-1}\mathcal{L}^{k-2-j})(\Phi_i)\cdot\partial^{-1}\cdot(\partial\mathcal{L}^j\partial^{-1})^*(\Psi_i)\partial-\mathcal{L}^{k-2-j}(\Phi_i)\cdot\partial^{-1}\cdot(\partial Y_{l-1}\partial^{-1})^*(\partial\mathcal{L}^j\partial^{-1})^*(\Psi_i)\partial).$$

通过直接计算可知，

$$H(l,k)-H(k,l)=[Y_{l-1},Y_{k-1}],F(l,k)-F(k,l)=(k-l)Y_{k+l-2}.$$

于是，

$$\partial_l^*Z_k-\partial_k^*Z_l+[Z_k,Z_l]$$
$$=[\mathcal{M}\mathcal{L}^l,\mathcal{M}\mathcal{L}^k]_{<1}+[Y_{k-1},Y_{l-1}]+H(l,k)-H(k,l)+F(l,k)-F(k,l)$$
$$=(k-l)Z_{k+l-1}$$

从而得证.

根据式(4.30)与引理 4.7,可以得到如下的命题.

命题 4.16 约束 mKP 方程族的附加流∂_k^* 形成 Virasoro 代数的正半部分,即

$$[\partial_k^*,\partial_l^*]=(l-k)\partial_{k+l-1}^*,k,l\in\mathbb{Z}_{\geqslant 0}.$$

4.4 Miura 变换

本节将介绍 KP 方程族与 mKP 方程族之间的 Miura 变换和反 Miura 变换[46-47,51-52].这里称 KP 方程族到 mKP 方程族的变换为反 Miura 变换,而 mKP 方程族到 KP 方程族的变换为 Miura 变换.

命题 4.17 若 q 和 r 分别为 KP 方程族的本征函数和共轭本征函数,即满足

$$q_{t_n}=(L^n)_{\geqslant 0}(q),r_{t_n}=-(L^n)_{\geqslant 0}^*(r).$$

引入算子

$$T=\begin{cases}T_m(q)=q^{-1},\\T_n(r)=\partial^{-1}r,\end{cases}$$

并定义 $\mathscr{L}=TLT^{-1}$. 其中,L 为 KP 方程族的 Lax 算子,则 $\mathscr{L}$ 为 mKP 方程族的 Lax 算子,即其满足 mKP 方程族的 Lax 方程(4.1).

证明:这里只需要证明 $T=T_m(q)$的情况,第二种变换的证明方法是类似的. 首先,由 $\mathscr{L}=TLT^{-1}$可知,

$$\begin{aligned}\mathscr{L}_{t_n}&=(TLT^{-1})_{t_n}=T_{t_n}LT^{-1}+TL_{t_n}T^{-1}+TL(T^{-1})_{t_n}\\&=[T_{t_n}T^{-1}+T(L^n)_{\geqslant 0}T^{-1},TLT^{-1}]\\&=[T_{t_n}T^{-1}+T(L^n)_{\geqslant 0}T^{-1},\mathscr{L}].\end{aligned}\tag{4.31}$$

而当 $T=T_m(q)=q^{-1}$时,根据命题 2.6 可知,

$$\begin{aligned}(\mathscr{L}^n)_{\geqslant 1}&=(q^{-1}L^nq)_{\geqslant 1}=-(L^n)_{\geqslant 0}(q)\cdot q^{-1}+q^{-1}\cdot(L^n)_{\geqslant 0}\cdot q\\&=T_{t_n}T^{-1}+T(L^n)_{\geqslant 0}T^{-1}.\end{aligned}$$

将上式代入式(4.31),可知式(4.1)成立. □

推论 4.6　假如 q_1 和 r_1 分别为 KP 方程族不同于 q 和 r 的本征函数和共轭本征函数,若令

$$\Phi_1=T(q_1),\Psi_1=(T^{-1}\partial^{-1})^*(r_1).$$

其中,$T=T_m(q)$(或者 $T_n(r)$),则 Φ_1 和 Ψ_1 分别为 $\mathscr{L}=TLT^{-1}$的本征函数和共轭本征函数,即满足

$$\Phi_{1t_n}=(\mathscr{L}^n)_{\geqslant 1}(\Phi_1),\Psi_{1t_n}=-(\partial^{-1}(\mathscr{L}^n)^*_{\geqslant 1}\partial)(\Psi_1).$$

并且,在反 Miura 变换 $T=T_m(q)$(或 $T_n(r)$)作用下,KP 方程族的穿衣算子 W 变为相应的 mKP 方程族的穿衣算子,即

$$Z=\begin{cases}q^{-1}W, & \text{当 } T_m(q)\text{时;}\\\partial^{-1}rW\partial, & \text{当 } T_n(r)\text{时.}\end{cases}$$

上文提到 KP 方程族,可以通过反 Miura 变换得到 mKP 方程族,接着,介绍将 mKP 方程族变换为 KP 方程族的 Miura 变换.

命题 4.18　若 $\mathscr{L}$ 和 Z 分别为 mKP 方程族的 Lax 算子和穿衣算子,并引入

$$T=\begin{cases}T_\mu=z_0^{-1},\\T_v=z_0^{-1}\partial,\end{cases}$$

其中,z_0 为 mKP 方程族穿衣算子的首项系数,则 $L=T\mathscr{L}T^{-1}$与

$$W=\begin{cases}z_0^{-1}Z, & \text{当 } T_\mu \text{ 时;}\\ z_0^{-1}\partial Z\partial^{-1}, & \text{当 } T_\nu \text{ 时.}\end{cases}$$

分别为 KP 方程族的 Lax 算子与穿衣算子.

证明:这里仅对 T_μ 的情况进行详细证明.要证明 L 为 KP 方程族的 Lax 算子,即 L 需要满足 KP 方程族的 Lax 方程.首先,比较 Z 的演化方程

$$Z_{t_n}=-(Z\partial^n Z^{-1})_{\leqslant 0}(Z)$$

两边关于∂^0 的系数,可以得到

$$\begin{aligned}(z_0)_{t_n}&=-(Z\partial^n Z^{-1})_{[0]}z_0=-(z_0W\partial^nW^{-1}z_0^{-1})_{[0]}z_0\\&=-(z_0(W\partial^nW^{-1})_{\geqslant 0}z_0^{-1})_{[0]}z_0=-z_0^2(W\partial^nW^{-1})_{\geqslant 0}(z_0^{-1}).\end{aligned}$$

其中,$W=T_\mu Z=z_0^{-1}Z$.从而,

$$(z_0^{-1})_{t_n}=(W\partial^nW^{-1})_{\geqslant 0}(z_0^{-1}),$$

即 z_0^{-1} 为 W 所对应 KP 方程族的本征函数.于是,利用命题 2.6,

$$\begin{aligned}W_{t_n}&=(z_0^{-1}Z)_{t_n}=(W\partial^nW^{-1})_{\geqslant 0}(z_0^{-1})Z-z_0^{-1}(z_0W\partial^nW^{-1}z_0^{-1})_{\leqslant 0}Z\\&=(W\partial^nW^{-1})_{\geqslant 0}(z_0^{-1})Z-(W\partial^nW^{-1})_{<0}W-(W\partial^nW^{-1})_{\geqslant 0}(z_0^{-1})Z\\&=-(W\partial^nW^{-1})_{<0}W.\end{aligned}$$

即为 KP 方程族关于穿衣算子 W 的演化方程. □

最后,讨论如何利用 Miura 变换与反 Miura 变换,得到 KP 与 mKP 方程族的 Darboux 变换.事实上,通过如下方式

$$\text{KP}\xrightarrow{\text{反 Miura}}\text{mKP}\xrightarrow{\text{Miura}}\text{KP},\quad \text{mKP}\xrightarrow{\text{Miura}}\text{KP}\xrightarrow{\text{反 Miura}}\text{mKP},$$

可以得到相应的 Darboux 变换,具体见命题 4.19.

命题 4.19 假定 W 与 W'为 KP 方程族的穿衣算子,而 q 与 r 分别为 KP 方程族本征函数与共轭本征函数,则有如下的结论(表 4.1).

表 4.1 $\text{KP}\xrightarrow{\text{反 Miura 变换}}\text{mKP}\xrightarrow{\text{Miura 变换}}\text{KP}$

$W\to W'$	$W'=$	$T=$
先 m 后 μ	W	1
先 n 后 ν	$q\partial q^{-1}W\partial^{-1}$	$q\partial q^{-1}=T_D(q)$
先 m 后 μ	$r^{-1}\partial^{-1}rW\partial$	$r^{-1}\partial^{-1}r=T_I(r)$
先 n 后 ν	W	1

证明：下面仅以先 m 后 v 为例进行说明，其余情形可作类似讨论. 利用推论 4.6 可得，

$$W \xrightarrow{T_m(q)} Z=q^{-1}W \xrightarrow{T_v} W'=z_0^{-1}\partial Z\partial^{-1}=z_0^{-1}\partial q^{-1}W\partial^{-1},$$

这里，Z 为 mKP 方程族的穿衣算子，其中，$z_0=q^{-1}$. 因此，$W'=q\partial q^{-1}W\partial^{-1}$，这正是 KP 方程族的微分型 Darboux 变换算子 $T_d(q)$. 类似利用先 n 后 μ，可以得到 KP 方程族的另一个积分型 Darboux 变换算子 $T_i(r)=r^{-1}\partial^{-1}r$.

命题 4.20　假设 Φ 与 Ψ 分别为 mKP 的本征函数和共轭本征函数. 即满足

$$\Phi_{t_n}=(\mathscr{L}^n)_{\geqslant 1}(\Phi),\quad \Psi_{t_n}=-(\partial^{-1}(\mathscr{L}^n)^*_{\geqslant 1}\partial)(\Psi),$$

则相应结论见表 4.2.

表 4.2　mKP $\xrightarrow{\text{Miura 变换}}$ KP $\xrightarrow{\text{反 Miura 变换}}$ mKP

$Z\to Z'$	$Z'=$	$T=$
先 μ 后 m	$\Phi^{-1}Z$	$\Phi^{-1}=T_{\mu m}$
先 ν 后 n	$\Phi_x^{-1}\partial Z\partial^{-1}$	$\Phi_x^{-1}\partial=T_{vm}$
先 μ 后 m	$\partial^{-1}\Psi_x Z\partial$	$\partial^{-1}\Psi_x=T_{\mu n}$
先 ν 后 n	$\partial^{-1}\Psi\partial Z$	$\partial^{-1}\Psi\partial=T_{vn}$

证明：这里，只以先 v 后 m 为例来说明. 相应的穿衣算子变化如下

$$Z\xrightarrow{T_v=z_0^{-1}\partial} W=z_0^{-1}\partial Z\partial^{-1}\xrightarrow{T_m=\widetilde{\Phi}^{-1}} Z'=\Phi^{-1}z_0^{-1}\partial Z\partial^{-1}.$$

其中，取 $\widetilde{\Phi}$ 为 Φ 在 T_v 作用后的结果，即 $\widetilde{\Phi}=z_0^{-1}\partial(\Phi)=z_0^{-1}\Phi_x$. 于是，

$$Z'=(\Phi_x)^{-1}\partial Z\partial^{-1}.$$

注 4.3　$T_{vn}=\partial^{-1}\Psi\partial$，可以写成 T_{vm} 与 $T_{\mu n}$ 的复合运算，即

$$Z\xrightarrow{T_{vn}(\Psi)} Z''\text{等价于 }Z\xrightarrow{T_{vm}=(\Phi_x)^{-1}\partial} Z'\xrightarrow{T_{\mu n}=\partial^{-1}\Psi_x^{[1]}} Z''.$$

其中，Ψ 为 mKP 方程族的本征函数. 注意到 $\Psi^{[1]}$ 为 Ψ 在 T_{vm} 作用后的结果，因此，$\Psi^{[1]}=\int\Phi_x\Psi\mathrm{d}x$. 所以，$T_{\mu n}(\Psi^{[1]})T_{vm}(\Phi)=T_{vn}(\Psi)$.

4.5　mKP 方程族的 Darboux 变换

本节首先讨论 mKP 方程族的基本 Darboux 变换；然后，给出了相互交

换的两类 Darboux 变换并研究相应的多次作用;最后,讨论了多次 Darboux 变换的一些应用.本节内容可以参考文献[170].

4.5.1 mKP 方程族的基本 Darboux 变换

为方便起见,记

$$T_1(\Phi)=T_{pm}(\Phi)=\Phi^{-1},$$
$$T_2(\Phi)=T_{vm}(\Phi)=\Phi_x^{-1}\partial,$$
$$T_3(\Psi)=T_{vn}(\Psi)=\partial^{-1}\Psi.$$

其中,Φ 与 Ψ 分别是 Lax 算子为 $\mathcal{L}$ 的 mKP 方程族的本征函数与共轭本征函数,即满足

$$\Phi_{t_n}=(\mathcal{L}^n)_{\geqslant 1}(\Phi),\quad \Psi_{t_n}=((\mathcal{L}^n)_{\geqslant 1})^*(\Psi). \tag{4.32}$$

由上文讨论可以知道,T_1,T_2 与 T_3 为 mKP 方程族的三个基本初等规范变换算子.注意这里共轭本征函数的定义与式(4.18)的不相同.式(4.32)中,共轭本征函数的定义在讨论 Darboux 变换多次作用的时候比较方便.

命题 4.21[46-47,51-52] 在 Darboux 变换中的 $T_1(\Phi)$,$T_2(\Phi)$和 $T_3(\Psi)$作用下,mKP 方程族的各种对象的变换展现在表 4.3 中.其中,Φ_1 和 Ψ_1 是与 mKP 方程族的 Darboux 变换的生成函数 Φ 和 Ψ 不同的本征函数和共轭本征函数.

表 4.3 基本初等 Darboux 变换 mKP→mKP

	$Z^{[1]}=$	$\Phi_1^{[1]}=$	$\Psi_1^{[1]}=$	$\tau_0^{[1]}=$	$\tau_1^{[1]}=$
$T_1=\Phi^{-1}$	$\Phi^{-1}Z$	$\Phi^{-1}\Phi_1$	$\Phi\Psi_1$	τ_0	$\Phi\tau_1$
$T_2=\Phi_x^{-1}\partial$	$\Phi_x^{-1}\partial Z\partial^{-1}$	$\Phi_x^{-1}\Phi_{1x}$	$\Phi_x\int\Psi_1\mathrm{d}x$	τ_1	$\Phi_x\tau_1^2/\tau_0$
$T_3=\partial^{-1}\Psi$	$\partial^{-1}\Psi Z\partial$	$\int\Psi\Phi_1\mathrm{d}x$	$(\Psi_1/\Psi)_x$	$\Psi\tau_0^2/\tau_1$	τ_0

证明:这里以 T_2 为例进行证明,其他可以用类似的方法得到.算子 T_2 在 Z,Φ_1 与 Ψ_1 上的作用下,可以通过直接计算得到.因此,这里将主要考虑其在 τ_0 与 τ_1 上的作用.首先,由

$$Z^{[1]}=\Phi_x^{-1}\partial Z\partial^{-1}=\Phi_x^{-1}\partial(z_0+z_1\partial^{-1}+\cdots)\partial^{-1}$$

$$=\Phi_x^{-1}z_0+\Phi_x^{-1}(z_{0x}+z_1)\partial^{-1}+\cdots,$$

可知，

$$z_0^{[1]}=\Phi_x^{-1}z_0,\quad z_1^{[1]}=\Phi_x^{-1}(z_{0x}+z_1).\tag{4.33}$$

接着，由式(4.10)可知，

$$-\partial_x\log\tau_0^{[1]}=\frac{z_1^{[1]}}{z_0^{[1]}}=\partial_x\log z_0+\frac{z_1}{z_0}=\partial_x\log\frac{z_0}{\tau_0}.$$

因此，根据式(4.10)与式(4.33)可知，

$$\tau_0^{[1]}=\frac{\tau_0}{z_0}=\tau_1,\quad \tau_1^{[1]}=\frac{\tau_0^{[1]}}{z_0^{[1]}}=\frac{\Phi_x\tau_1^2}{\tau_0}.$$

从而得证. □

根据命题 4.21，T_1，T_2 和 T_3 相互之间都不可交换，也就是

$$T_iT_j\neq T_jT_i,\quad i,j=1,2,3.$$

例如，

$$T_2(\Phi_2^{[1]})T_2(\Phi_1)-T_2(\Phi_1^{[1]})T_2(\Phi_2)$$
$$=(\Phi_{1x}\Phi_{2xx}-\Phi_{2x}\Phi_{1xx})^{-1}\begin{vmatrix}\Phi_{1x}+\Phi_{2x} & \partial\\ \Phi_{1xx}+\Phi_{2xx} & \partial^2\end{vmatrix}\neq 0.$$

因此，Darboux 变换算子 T_1，T_2 和 T_3 在求解 mKP 方程族的时候不太方便. 所以，需要构造 mKP 方程族可以相互交换的其他类型的 Darboux 变换算子，也就是下文所介绍的 $T_D(\Phi)$ 与 $T_I(\Psi)$.

4.5.2　Darboux 变换算子 $T_D(\Phi)$ 与 $T_I(\Psi)$

1 是 mKP 方程族的本征函数(参考式(4.32)). 因此，可以定义：

$$T_D(\Phi)=T_2(1^{[1]})T_1(\Phi)=(\Phi^{-1})_x^{-1}\partial\Phi^{-1},\tag{4.34}$$

$$T_I(\Psi)=T_1(1^{[1]})T_3(\Psi)=\left(\int\Psi dx\right)^{-1}\partial^{-1}\Psi.\tag{4.35}$$

这里，T_D 是在文献[47]中引入的，而 T_I 是首次在文献[170]中出现. 接着，通过类似于证明命题 4.22 的方式，可以得到如下的命题.

命题 4.22　在 Darboux 变换算子 $T_D(\Phi)$ 与 $T_I(\Psi)$ 作用下，mKP 方程族的各种研究对象的变换由表 4.4 给出.

表 4.4　Darboux 变换 $T_D(\Phi)$ 与 $T_I(\Psi)$

	$\Phi_1^{[1]}=$	$\Psi_1^{[1]}=$	$\tau_0^{[1]}=$	$\tau_1^{[1]}=$
$T_D(\Phi)$	$(\Phi_1/\Phi)_x/(\Phi^{-1})_x$	$(\Phi^{-1})_x\cdot\int\Phi\Psi_1\mathrm{d}x$	$\Phi\tau_1$	$-\Phi_x\tau_1^2/\tau_0$
$T_I(\Psi)$	$\int\Psi\Phi_1\mathrm{d}x/\int\Psi\mathrm{d}x$	$(\Psi_1/\Psi)_x\cdot\int\Psi\mathrm{d}x$	$\Psi\tau_0^2/\tau_1$	$\tau_0\cdot\int\Psi\mathrm{d}x$

根据表 4.4,可以得到

$$T_D(\Phi)(\Phi)=0,\ (T_I(\Psi)^{-1})^*(\Psi)=0,$$
$$T_D(\Phi)(1)=1,\ T_I(\Psi)(1)=1.$$

可以证明 $T_D(\Phi)$ 与 $T_I(\Psi)$ 是相互交换的,也就是,

$$T_D(\Phi_2^{[1]})T_D(\Phi_1^{[0]})=T_D(\Phi_1^{[1]})T_D(\Phi_2^{[0]}),$$
$$T_D(\Phi^{[1]})T_I(\Psi^{[0]})=T_I(\Psi^{[1]})T_D(\Phi^{[0]}),$$
$$T_I(\Psi_2^{[1]})T_I(\Psi_1^{[0]})=T_I(\Psi_1^{[1]})T_I(\Psi_2^{[0]}).$$

因此,$T_D(\Phi)$ 与 $T_I(\Psi)$ 在 mKP 方程族的情形下更加适用.

考虑下面算子 $T_D(\Phi)$ 与 $T_I(\Psi)$ 的 Darboux 变换链

$$L\xrightarrow{T_D(\Phi_1)}L^{[1]}\xrightarrow{T_D(\Phi_2^{[1]})}L^{[2]}\rightarrow\cdots\rightarrow L^{[n-1]}\xrightarrow{T_D(\Phi_n^{[n-1]})}L^{[n]}$$
$$\xrightarrow{T_I(\Psi_1^{[n]})}L^{[n+1]}\xrightarrow{T_I(\Psi_1^{[n+1]})}\cdots\rightarrow L^{[n+k-1]}\xrightarrow{T_I(\Psi_k^{[n+k-1]})}L^{[n+k]}.$$

记 $T^{[n,k]}=T_I(\Psi_k^{[n+k-1]})\cdots T_I(\Psi_1^{[n]})T_D(\Phi_n^{[n-1]})\cdots T_D(\Phi_2^{[1]})T_D(\Phi_1)$. 最后,计算 $T^{[n,k]}$ 的具体形式.

利用引理 3.23 类似的方法,可以得到引理 4.8.

引理 4.8　$T^{[0,k]}$ 与 $T^{[n,0]}$ 具有如下的形式:

$$T^{[0,k]}=\sum_{i=1}^{k}\alpha_i\partial^{-1}\Psi_i,\quad (T^{[n,0]})^{-1}=\sum_{i=1}^{n}\Phi_i\partial^{-1}\beta_i.$$

同样,为方便叙述 $T^{[n,k]}$ 与 $(T^{[n,k]})^{-1}$ 的行列式形式,本书再次引入以下符号:

$$\widetilde{\Omega}_{k,n}=\begin{pmatrix}\int\Phi_1\Psi_k\mathrm{d}x & \cdots & \int\Phi_n\Psi_k\mathrm{d}x\\ \vdots & \vdots & \vdots\\ \int\Phi_1\Psi_1\mathrm{d}x & \cdots & \int\Phi_n\Psi_1\mathrm{d}x\end{pmatrix},$$

$$\widetilde{W}_{k,n}=\begin{pmatrix}\Phi_1 & \cdots & \Phi_n\\ \vdots & \vdots & \vdots\\ \Phi_1^{(n-k-1)} & \cdots & \Phi_n^{(n-k-1)}\end{pmatrix},$$

$\overrightarrow{\Phi_n}=(\Phi_1,\cdots,\Phi_n)^T,\overleftarrow{\Psi_k}=(\Psi_k,\cdots,\Psi_1)^T,\overrightarrow{\partial^n}=(1,\partial,\cdots,\partial^n)^T$.

命题 4.23[170]　当 $n>k$ 时，$T^{[n,k]}$ 与 $(T^{[n,k]})^{-1}$ 将具有如下的形式：

$$T^{[n,k]}=\frac{1}{IW_{k,n+1}(\overleftarrow{\Psi_k};\overrightarrow{\Phi_n},1)}\begin{vmatrix}\widetilde{\Omega}_{k,n} & \partial^{-1}\cdot\overleftarrow{\Psi_k}\\ \widetilde{W}_{k,n} & \overrightarrow{\partial^{n-k}}\end{vmatrix},$$

与

$$(T^{[n,k]})^{-1}=(-1)^{n-1}\left|\overrightarrow{\Phi_n}\cdot\partial^{-1}\quad \widetilde{\Omega}_{k,n}^T\quad \widetilde{W}_{k-1,n}^T\right|\frac{IW_{k,n+1}(\overleftarrow{\Psi_k};\overrightarrow{\Phi_n},1)}{IW_{k,n}(\overleftarrow{\Psi_k};\overrightarrow{\Phi_n})^2},$$

这里，$T^{[n,k]}$ 的行列式是由最后一列展开，并且最后一列元素始终放在右边. 计算 $(T^{[n,k]})^{-1}$ 的时候，$(T^{[n,k]})^{-1}$ 的行列式是由第一列展开，且第一列的元素始终放在左侧.

证明：当 $n>k$ 时，类似命题 3.37 可以假定 $T^{[n,k]}$ 和 $(T^{[n,k]})^{-1}$ 有如下的形式：

$$T^{[n,k]}=\sum_{i=0}^{n-k}a_i\partial^i+\sum_{i=-k}^{-1}a_i\partial^{-1}\Psi_{-i},\ (T^{[n,k]})^{-1}=\sum_{j=1}^{n}\Phi_j\partial^{-1}b_j,$$

这里，a_i 与 b_j 是下文需要待定的函数.

首先，根据表 4.4 可知，

$$T^{[n,k]}(\Phi_i)=0,T^{[n,k]}(1)=1,i=1,2,\cdots,n.$$

于是，类似命题 3.37 可以确定 $T^{[n,k]}$ 的行列式表达式. 从而，$T^{[n,k]}$ 最高阶的系数为

$$a_{n-k}=\frac{IW_{k,n}(\Psi_k,\Psi_{k-1},\cdots,\Psi_1;\Phi_1,\cdots,\Phi_n)}{IW_{k,n+1}(\Psi_k,\Psi_{k-1},\cdots,\Psi_1;\Phi_1,\cdots,\Phi_n,1)}.$$

同时，根据

$$((T^{[n,k]})^{-1})^*=(-1)^{n-k}a_{n-k}^{-1}\partial^{-n+k}+\text{低阶项},$$

$$((T^{[n,k]})^{-1})^*(\Psi_j)=0,$$

可以确定 $(T^{[n,k]})^{-1}$.　□

利用 $n>k$ 情形类似的方式，可以得到 $T^{[n,n]}$ 与 $(T^{[n,n]})^{-1}$ 具有类似的形式：

$$T^{[n,n]}=a_0+\sum_{i=-n}^{-1}a_i\partial^{-1}\Psi_{-i},\ (T^{[n,n]})^{-1}=a_0^{-1}+\sum_{j=1}^{n}\Phi_j\partial^{-1}b_j,$$

因此，可以得到如下的命题.

命题 4.24[170]　当 $n=k$ 时，$T^{[n,k]}$ 与 $(T^{[n,k]})^{-1}$ 具有如下的形式：

$$T^{[n,k]}=\frac{1}{IW_{k,n+1}(\overleftarrow{\Psi_k};\overrightarrow{\Phi_n},1)}\begin{vmatrix}\Omega_{k,n} & \partial^{-1}\cdot\overleftarrow{\Psi_k}\\ \widetilde{W}_{k,n} & \overrightarrow{\partial^{n-k}}\end{vmatrix},$$

与

$$(T^{[n,n]})^{-1}=-\begin{vmatrix}-1 & \overleftarrow{\Psi_k}^T\\ \overrightarrow{\Phi_n}\cdot\partial^{-1} & \Omega_{k,n}^T\end{vmatrix}\frac{IW_{k,n+1}(\overleftarrow{\Psi_k};\overrightarrow{\Phi_n},1)}{IW_{k,n}(\overleftarrow{\Psi_k};\overrightarrow{\Phi_n})^2},$$

其中，$(T^{[n,n]})$和$(T^{[n,n]})^{-1}$的表达式展开和 $n>k$ 时的展开式相同.

至于 $n<k$ 情形，需要引入如下一些新的符号：

$$\hat{\Omega}_{n,k}=\widetilde{\Omega}_{n,k}\big|_{\Phi\leftrightarrow\Psi},\hat{W}_{n,k}=\widetilde{W}_{n,k}\big|_{\Phi\leftrightarrow\Psi},$$

$$\overrightarrow{\Psi_k}=(\Psi_1,\cdots,\Psi_k)^T,\overleftarrow{\Phi_n}=(\Phi_n,\cdots,\Phi_1)^T.$$

这里，$\Phi\leftrightarrow\Psi$ 表示互换 Φ 与 Ψ. 于是，有如下的命题.

命题 4.25[170] 当 $n<k$ 时，$T^{[n,k]}$与$(T^{[n,k]})^{-1}$具有如下的形式：

$$T^{[n,k]}=\frac{(-1)^{k-1}}{IW_{n+1,k}(1,\overleftarrow{\Phi_n};\overrightarrow{\Psi_k})}\left|\hat{\Omega}_{n,k}^T\quad \hat{W}_{n+2,k}^T\quad \partial^{-1}\cdot\overrightarrow{\Psi_k}\right|,$$

与

$$(T^{[n,k]})^{-1}=\begin{vmatrix}-\overleftarrow{\Phi_n}\cdot\partial^{-1} & \hat{\Omega}_{n,k}\\ \overrightarrow{(-\partial)^{k-n}} & \hat{W}_{n,k}\end{vmatrix}\frac{IW_{n+1,k}(1,\overleftarrow{\Phi_n};\overrightarrow{\Psi_k})}{IW_{n,k}(\overleftarrow{\Phi_n};\overrightarrow{\Psi_k})^2}.$$

其中，$T^{[n,k]}$和$(T^{[n,k]})^{-1}$的表达式展开和 $n>k$ 时的展开式相同.

证明：当 $n<k$ 时，$T^{[n,k]}$与$(T^{[n,k]})^{-1}$具有如下的形式：

$$T^{[n,k]}=\sum_{i=1}^{k}a_i\partial^{-1}\Psi_i,(T^{[n,k]})^{-1}=\sum_{j=0}^{k-n}\partial^j b_j+\sum_{j=1}^{n}\Phi_j\partial^{-1}b_{-j}.$$

其余步骤与 $n>k$ 情形类似. □

第五章　Toda 方程族

本章将介绍 Toda 方程族的基本概念，包括 Lax 结构、Sato 方程以及双线性等式等. 然后，在 Toda 方程族的附加对称生成函数的基础上，抽象出相应的平方本征函数对称的概念.

5.1　Toda 方程族简介

本节首先基于无穷维矩阵的概念(见 §2.2)，介绍 Toda 方程族的 Lax 方程、Zakharov-Shabat 方程、Sato 方程等概念. 然后，利用无穷维矩阵乘法的基本等式，得到了 Toda 方程族的关于波函数的双线性等式. 接着，给出 Toda 方程族的 tau 函数描述方式. 最后，给出了 Toda 方程族的一些约化. 本节的内容可参考文献[60,62].

5.1.1　Toda 方程族的 Lax 结构

Toda 方程族的 Lax 形式定义为

$$\partial_{x_n} L=[(L_1^n,0)_+,L],\partial_{y_n} L=[(0,L_2^n)_+,L],\quad n=1,2,\cdots,\tag{5.1}$$

其中，

$$L=(L_1,L_2)=\Big(\sum_{-\infty<i\leqslant 1}\mathrm{diag}[u_i(s)]\Lambda^i,\sum_{-1\leqslant i<\infty}\mathrm{diag}[\bar{u}_i(s)]\Lambda^i\Big)\in D.\tag{5.2}$$

这里，$u_i(s)$和$\bar{u}_i(s)$依赖于$x=(x_1,x_2,x_3,\cdots)$，$y=(y_1,y_2,y_3,\cdots)$. 并且对任意 s 有

$$u_1(s)=1,\quad \bar{u}_{-1}(s)\neq 0.$$

这里所用符号 $\mathrm{diag}[a(s)]\Lambda^i$，$(L_1^n,0)_+$，$(0,L_2^n)_+$，以及 D 等的含义请查阅 §2.2. 例如，对于任意(P_1,P_2)，$(Q_1,Q_2)\in D$，有

$$(P_1,P_2)(Q_1,Q_2)=(P_1Q_1,P_2Q_2),(P_1,P_2)^{-1}=(P_1^{-1},P_2^{-1}).$$

命题 5.1 若定义 $B_n=(L_1^n)_{\geqslant 0}$，$\bar{B}_n=(L_2^n)_{<0}$，则下面等式成立

$$\partial_{x_m}B_n-\partial_{x_n}B_m+[B_n,B_m]=0, \tag{5.3}$$

$$\partial_{y_m}\bar{B}_n-\partial_{y_n}\bar{B}_m+[\bar{B}_n,\bar{B}_m]=0, \tag{5.4}$$

$$\partial_{x_m}\bar{B}_n-\partial_{y_n}B_m+[\bar{B}_n,B_m]=0. \tag{5.5}$$

证明：式(5.3)的证明过程与 KP 方程族的证明过程完全相同. 下面采用相同的思路证明式(5.4)和式(5.5). 首先,

$$\partial_{y_m}\bar{B}_n=((L_2^n)_{<0})_{y_m}=((L_2^n)_{y_m})_{<0}=[\bar{B}_m,L_2^n]_{<0}$$

从而,

$$\begin{aligned}&\partial_{y_m}\bar{B}_n-\partial_{y_n}\bar{B}_m+[\bar{B}_n,\bar{B}_m]=[\bar{B}_m,L_2^n]_{<0}-[\bar{B}_n,L_2^m]_{<0}+[\bar{B}_n,\bar{B}_m]\\
&=[\bar{B}_m,(L_2^n)_{\geqslant 0}+(L_2^n)_{<0}]_{<0}-[\bar{B}_n,L_2^m]_{<0}+[\bar{B}_n,\bar{B}_m]\\
&=[\bar{B}_m,(L_2^n)_{\geqslant 0}]_{<0}-[\bar{B}_n,L_2^m]_{<0}\\
&=[L_2^m-(L_2^m)_{\geqslant 0},(L_2^n)_{\geqslant 0}]_{<0}-[\bar{B}_n,L_2^m]_{<0}\\
&=[L_2^m,(L_2^n)_{\geqslant 0}]_{<0}-[(L_2^n)_{<0},L_2^m]_{<0}\\
&=[L_2^n,L_2^m]_{<0}=0.\end{aligned}$$

另外,

$$\begin{aligned}&\partial_{x_m}\bar{B}_n-\partial_{y_n}B_m+[\bar{B}_n,B_m]=[B_m,L_2^n]_{<0}-[\bar{B}_n,L_1^m]_{\geqslant 0}+[\bar{B}_n,B_m]\\
&=[B_m,\bar{B}_n+(L_2^n)_{\geqslant 0}]_{<0}-[\bar{B}_n,B_m+(L_1^m)_{<0}]_{\geqslant 0}+[\bar{B}_n,B_m]\\
&=[B_m,\bar{B}_n]_{<0}-[\bar{B}_n,B_m]_{\geqslant 0}+[\bar{B}_n,B_m]=0.\end{aligned}$$ □

注 5.1 其中，式(5.3)至式(5.5)称为 Toda 方程族的 Zakharov-Shabat 形式.

推论 5.1 由 Zakharov-Shabat 方程可得流的交换性，即

$$[\partial_{x_n},\partial_{x_m}]=[\partial_{y_n},\partial_{y_m}]=[\partial_{y_n},\partial_{x_m}]=0.$$

例 5.1 当 $m=n=1$ 时，将

$$B_1=(L_1)_{\geqslant 0}=\Lambda+\mathrm{diag}[u_0(s)],\bar{B}_1=(L_2)_{<0}=\mathrm{diag}[\bar{u}_{-1}(s)]\Lambda^{-1},$$

代入式(5.5)可得,

$$\begin{aligned}0&=\partial_{x_1}\bar{B}_1-\partial_{y_1}B_1+[\bar{B}_1,B_1]\\
&=-\partial_{y_1}u_0(s)+\partial_{x_1}\bar{u}_{-1}(s)\Lambda^{-1}-(\Lambda+u_0(s))\bar{u}_{-1}(s)\Lambda^{-1}+\bar{u}_{-1}(s)\Lambda^{-1}(\Lambda+u_0(s))\\
&=-\partial_{y_1}u_0(s)-\bar{u}_{-1}(s+1)+\bar{u}_{-1}(s)+(\partial_{x_1}\bar{u}_{-1}(s)-(u_0(s)-u_0(s-1))\bar{u}_{-1}(s))\Lambda^{-1}.\end{aligned}$$

通过比较两边 Λ^0 与 Λ^{-1} 的系数可以得到,

$$\partial_{y_1} u_0(s)+\bar{u}_0(s+1)-\bar{u}_{-1}(s)=0, \tag{5.6}$$

$$-\partial_{x_1}\bar{u}_{-1}(s)+\bar{u}_{-1}(s)(u_0(s)-u_0(s-1))=0. \tag{5.7}$$

引入函数 $\varphi(s)$，满足

$$u_0(s)=\partial_{x_1}\varphi(s),\bar{u}_{-1}(s)=e^{\varphi(s)-\varphi(s-1)}.$$

则式(5.7)显然成立.将上式代入式(5.6)可以得到二维 Toda 方程

$$\partial_{x_1}\partial_{y_1}\varphi(s)+e^{\varphi(s+1)-\varphi(s)}-e^{\varphi(s)-\varphi(s-1)}=0.$$

5.1.2 Toda 方程族的 Sato 方程

Toda 方程族的 Lax 算子式(5.2)可以用两个波矩阵对 $W=(W_1,W_2)$ 和 $S=(S_1,S_2)$ 表示，即

$$L=W(\Lambda,\Lambda^{-1})W^{-1}=S(\Lambda,\Lambda^{-1})S^{-1}, \tag{5.8}$$

其中，

$$S_1(x,y)=\sum_{i\geqslant 0}\mathrm{diag}[c_i(s;x,y)]\Lambda^{-i},S_2(x,y)=\sum_{i\geqslant 0}\mathrm{diag}[c'_i(s;x,y)]\Lambda^{i}, \tag{5.9}$$

以及

$$W_1(x,y)=S_1(x,y)e^{\xi(x,\Lambda)},W_2(x,y)=S_2(x,y)e^{\xi(y,\Lambda^{-1})}, \tag{5.10}$$

并且对任意的 s，有 $c_0(s;x,y)=1,c'_0(s;x,y)\neq 0$，以及 $\xi(x,\Lambda^{\pm 1})=\sum_{n\geqslant 0}x_n\Lambda^{\pm n}$. 显然，$W=(W_1,W_2)$ 不是唯一的，可以有如下自由度：

$$W_1(x,y)\mapsto W_1(x,y)f^1(\Lambda),W_2(x,y)\mapsto W_2(x,y)f^2(\Lambda).$$

这里，$f^1(\lambda)=\sum_{i\geqslant 0}f_i^1\lambda^{-i},f^2(\lambda)=\sum_{i\geqslant 0}f_i^2\lambda^{i}$ ($f_0^1=1,f_0^2\neq 0$) 是常系数的形式 Laurent 级数. 波算子 W 与 S 的演化方程为

$$\partial_{x_n}S=-(L_1^n,0)_-S,\partial_{y_n}S=-(0,L_2^n)_-S,$$

$$\partial_{x_n}W=(L_1^n,0)_+W,\partial_{y_n}W=(0,L_2^n)_+W. \tag{5.11}$$

Toda 方程族的向量波函数 $\Psi=(\Psi_1,\Psi_2)$ 和向量共轭波函数 $\Psi^*=(\Psi_1^*,\Psi_2^*)$ 分别定义为

$$\Psi_i(x,y;\lambda)=(\Psi_i(n;x,y;\lambda))_{n\in\mathbb{Z}}:=W_i(x,y)\chi(\lambda),$$

$$\Psi_i^*(x,y;\lambda)=(\Psi_i^*(n;x,y;\lambda))_{n\in\mathbb{Z}}:=(W_i(x,y)^{-1})^T\chi^*(\lambda). \tag{5.12}$$

这里，$\chi(\lambda)=(\lambda^i)_{i\in\mathbb{Z}},\chi^*(\lambda)=\chi(\lambda^{-1})$. 波函数和共轭波函数分别满足如下的微分方程：

$$\partial_{x_n}\Psi=(L_1^n,0)_+\Psi,\partial_{y_n}\Psi=(0,L_2^n)_+\Psi,$$

$$\partial_{x_n}\Psi^*=-((L_1^n,0)_+)^T\Psi^*,\partial_{y_n}\Psi^*=-((0,L_2^n)_+)^T\Psi^*. \qquad (5.13)$$

如果向量函数 $q=(q(n;x,y))_{n\in\mathbb{Z}}$ 和 $r=(r(n;x,y))_{n\in\mathbb{Z}}$ 满足

$$\partial_{x_n}q=(L_1^n)_{\geqslant 0}(q),\partial_{y_n}q=(L_2^n)_{<0}(q),$$

$$\partial_{x_n}r=-(L_1^n)_{\geqslant 0}^T(r),\partial_{y_n}r=-(L_2^n)_{<0}^T(r), \qquad (5.14)$$

那么分别称它们为 Toda 方程族的本征函数和共轭本征函数. 显然,波函数 Ψ_1 和 Ψ_2 是特殊的本征函数,而共轭波函数 Ψ_1^* 和 Ψ_2^* 是特殊的共轭本征函数.

5.1.3 Toda 方程族的双线性方程

根据式(5.11),可得如下引理

引理 5.1 Toda 方程族的波矩阵 W_1 和 W_2 满足如下关系式:

$$\partial_{x_k}^{\alpha}\partial_{y_k}^{\beta}W_1\cdot W_1^{-1}=\partial_{x_k}^{\alpha}\partial_{y_k}^{\beta}W_2\cdot W_2^{-1}. \qquad (5.15)$$

其中,$\alpha=(\alpha_1,\alpha_2,\cdots),\beta=(\beta_1,\beta_2,\cdots)$,且 $\alpha_i,\beta_j\in\mathbb{Z}_+,\partial_{x_k}^{\alpha}=(\partial_{x_1}^{\alpha_1},\partial_{x_2}^{\alpha_2},\cdots)$. $\partial_{y_k}^{\beta}=(\partial_{y_1}^{\beta_1},\partial_{y_2}^{\beta_2},\cdots)$,并定义 $|\alpha|=\sum_{j=1}^{\infty}\alpha_j$.

证明:若 $\alpha=\beta=0$,式(5.15)显然成立. 下面对 $|\alpha+\beta|$ 进行归纳. 假设式(5.15)对一般的 α 与 β 成立,那么只要说明

$$\partial_{x_n}\partial_{x_k}^{\alpha}\partial_{y_k}^{\beta}W_1\cdot W_1^{-1}=\partial_{x_n}\partial_{x_k}^{\alpha}\partial_{y_k}^{\beta}W_2\cdot W_2^{-1},$$

以及,

$$\partial_{y_n}\partial_{x_k}^{\alpha}\partial_{y_k}^{\beta}W_1\cdot W_1^{-1}=\partial_{y_n}\partial_{x_k}^{\alpha}\partial_{y_k}^{\beta}W_2\cdot W_2^{-1},$$

成立即可.

首先,根据式(5.15),有

$$\begin{aligned}\partial_{x_n}\partial_{x_k}^{\alpha}\partial_{y_k}^{\beta}W_1\cdot W_1^{-1}&=\partial_{x_n}(\partial_{x_k}^{\alpha}\partial_{y_k}^{\beta}W_1\cdot W_1^{-1})-\partial_{x_k}^{\alpha}\partial_{y_k}^{\beta}W_1\cdot\partial_{x_n}W_1^{-1}\\&=\partial_{x_n}(\partial_{x_k}^{\alpha}\partial_{y_k}^{\beta}W_1\cdot W_1^{-1})+\partial_{x_k}^{\alpha}\partial_{y_k}^{\beta}W_1\cdot W_1^{-1}B_n.\end{aligned}$$

再利用归纳假设,以及式(5.15),上式可以进一步化简为

$$\partial_{x_n}(\partial_{x_k}^{\alpha}\partial_{y_k}^{\beta}W_2\cdot W_2^{-1})+\partial_{x_k}^{\alpha}\partial_{y_k}^{\beta}W_2\cdot W_2^{-1}B_n=\partial_{x_n}\partial_{x_k}^{\alpha}\partial_{y_k}^{\beta}W_2\cdot W_2^{-1}.$$

$\partial_{y_n}\partial_{x_k}^{\alpha}\partial_{y_k}^{\beta}W_1\cdot W_1^{-1}=\partial_{y_n}\partial_{x_k}^{\alpha}\partial_{y_k}^{\beta}W_2\cdot W_2^{-1}$ 的证明方法与此类似,这里就不进行阐述了. □

利用 Taylor 展开式与引理 5.1,可以得到如下的定理.

定理 5.1 Toda 方程族的波矩阵 W_1 和 W_2 满足

$$W_1(x,y)W_1(x',y')^{-1}=W_2(x,y)W_2(x',y')^{-1}. \qquad (5.16)$$

为了进一步地将式(5.16)写成波函数的形式,首先引入引理 5.2.

引理 5.2[60]　给定两个依赖 x 和 y 的算子 $U=(U_1,U_2)$, $V=(V_1,V_2)\in D$,则

$$U_1V_1=\oint_{z=\infty}\frac{\mathrm{d}z}{2\pi iz}(U_1\chi(z))\otimes(V_1^T\chi^*(z)), \qquad (5.17)$$

$$U_2V_2=\oint_{z=0}\frac{\mathrm{d}z}{2\pi iz}(U_2\chi(z))\otimes(V_2^T\chi^*(z)). \qquad (5.18)$$

这里,$b\otimes c$ 为 $\mathbb{Z}\times\mathbb{Z}$无限维矩阵,其中,$b=(b_n)_{n\in\mathbb{Z}}$与 $c=(c_n)_{n\in\mathbb{Z}}$为无限维列向量,相应的矩阵元素$(b\otimes c)_{ij}=b_i\otimes c_j$.

证明:这里只证明式(5.17).式(5.18)的证明与之基本相同.设 $U_i=\sum\limits_\alpha \mathrm{diag}[u_{i,\alpha}(s)]\Lambda^\alpha$ 和 $V_i=\sum\limits_\beta\Lambda^\beta\mathrm{diag}[v_{i,\beta}(s)]$, $i=1,2$.这里,$u_{i,\alpha}$, $v_{i,\beta}$ 是矩阵对角线的元素.因此,只需要比较式(5.17)两边(n,n')项即可,其中,左式为

$$\begin{aligned}(U_1V_1)_{n,n'}&=\Big(\sum_{\alpha,\beta}\mathrm{diag}[u_{1,\alpha}(n)]\Lambda^{\alpha+\beta}\mathrm{diag}[v_{1,\beta}(n')]\Big)_{n,n'}\\&=\sum_{\alpha,\beta}u_{1,\alpha}(n)(\Lambda^{\alpha+\beta})_{n,n'}v_{1,\beta}(n')=\sum_{\alpha+\beta=n'-n}u_{1,\alpha}(n)v_{1,\beta}(n'),\end{aligned}$$

同理,右式等于

$$\begin{aligned}&\oint_{z=\infty}\frac{\mathrm{d}z}{2\pi iz}(U_1\chi(z))_n(V_1^T\chi^*(z))_{n'}\\&=\oint_{z=\infty}\frac{\mathrm{d}z}{2\pi iz}\Big(\sum_\alpha u_{1,\alpha}z^\alpha\chi(z)\Big)_n\Big(\sum_\beta v_{1,\beta}z^\beta\chi^*(z^{-1})\Big)_{n'}\\&=\oint_{z=\infty}\frac{\mathrm{d}z}{2\pi iz}\sum_{\alpha,\beta}u_{1,\alpha}(n)v_{1,\beta}(n')z^{\alpha+\beta-(n'-n)}\\&=\sum_{\alpha+\beta=n'-n}u_{1,\alpha}(n)v_{1,\beta}(n').\end{aligned}$$

□

注 5.2　注意,这里$\oint_{z=\infty}\frac{\mathrm{d}z}{2\pi i}$的积分路径为圆周$|z|=R$的逆时针,且$R$要充分大.因此,$\oint_{z=\infty}\frac{\mathrm{d}z}{2\pi i}=-\mathrm{Res}_{z=\infty}$.而$\oint_{z=0}\frac{\mathrm{d}z}{2\pi i}$的积分路径为圆周$|z|=r$的逆时针,且 r 要充分小,所以,$\oint_{z=0}\frac{\mathrm{d}z}{2\pi i}=\mathrm{Res}_{z=0}$.

根据式(5.12),并结合上述引理可知,双线性关系式(5.16) 等价于如下的波函数形式.

定理 5.2 Toda 方程族的波函数 Ψ 与共轭波函数 Ψ^* 满足如下的双线性等式：

$$\oint_{z=\infty}\frac{\mathrm{d}z}{2\pi iz}\Psi_1(x,y;z)\otimes\Psi_1^*(x',y';z)$$
$$=\oint_{z=0}\frac{\mathrm{d}z}{2\pi iz}\Psi_2(x,y;z)\otimes\Psi_2^*(x',y';z).$$

其具体的分量形式为

$$\oint_{z=\infty}\frac{\mathrm{d}z}{2\pi iz}\Psi_1(n;x,y;z)\Psi_1^*(n';x',y';z)$$
$$=\oint_{z=0}\frac{\mathrm{d}z}{2\pi iz}\Psi_2(n;x,y;z)\Psi_2^*(n';x',y';z). \tag{5.19}$$

上面是从 Sato 方程出发，推导出了 Toda 方程族的双线性方程. 下面将从式(5.16) 出发，推导 Toda 方程族的 Sato 方程.

命题 5.2 若矩阵对 $W=(W_1,W_2)\in D$ 满足式(5.16)，其中，W 具有形式(5.10) 和式(5.9)，则

$$\partial_{x_n}W=(L_1^n,0)_+W,\partial_{y_n}W=(0,L_2^n)_+W,$$

其中，$L=W(\Lambda,\Lambda^{-1})W^{-1}$.

证明：首先，对式(5.16) 两边关于 x_n 求导，再令 $x'=x,y'=y$ 可得，

$$((S_1)_{x_n}+(S_1)\Lambda^n)(S_1)^{-1}=(S_2)_{x_n}(S_2)^{-1}. \tag{5.20}$$

注意：S_1 关于 Λ 具有非正幂次，并且 $(S_1)_{x_n}$ 关于 Λ 仅有负幂次，而 S_2 关于 Λ 具有非负幂次. 于是同时对式(5.20)两边取非负部可得，

$$B_n=((S_1)\Lambda^n(S_1)^{-1})_{\geqslant 0}=((S_2)_{x_n}(S_2)^{-1})_{\geqslant 0}=(S_2)_{x_n}S_2^{-1}.$$

即，$(S_2)_{x_n}=B_nS_2$. 如果，同时取负部可得 $(S_1)_{x_n}=-(L_1^n)_{<0}(S_1)$，再根据矩阵对 W 与 S 的关系，那么最终可以得到 $\partial_{x_n}W$. 类似方法可以得到 $\partial_{y_n}W$. □

利用双线性等式(5.19)，Ueno 和 Takasaki[62] 证明了 Toda 方程族存在一个 tau 函数，具体见如下的定理(可参考文献[62,213]).

定理 5.3 Toda 方程族存在一个 tau 函数 $\tau_n(x,y)$，使得 Toda 方程族的波函数 Ψ 与共轭波函数 Ψ^* 可以表示为

$$\Psi_1(n;x,y;z)=\frac{\tau_n(x-[z^{-1}],y)}{\tau_n(x,y)}\mathrm{e}^{\xi(x,z)}z^n,$$

$$\Psi_2(n;x,y;z)=\frac{\tau_{n+1}(x,y-[z])}{\tau_n(x,y)}\mathrm{e}^{\xi(y,z^{-1})}z^n,$$

$$\Psi_1^*(n;x,y;z)=\frac{\tau_{n+1}(x+[z^{-1}],y)}{\tau_{n+1}(x,y)}e^{-\xi(x,z)}z^{-n},$$

$$\Psi_2^*(n;x,y;z)=\frac{\tau_n(x,y+[z])}{\tau_{n+1}(x,y)}e^{-\xi(y,z^{-1})}z^{-n}. \tag{5.21}$$

这里,$[z]=\left(z,\frac{1}{2}z^2,\frac{1}{3}z^3,\cdots\right)$.

注 5.3　注意:Ψ^* 的离散指标与文献[62]中的描述稍有不同.

推论 5.2　Toda 方程族关于 tau 函数满足如下的双线性等式:

$$\oint_{z=\infty}\frac{dz}{2\pi i}\tau_n(x-[z^{-1}],y)\tau_{n'}(x'+[z^{-1}],y')z^{n-n'}e^{\xi(x-x',z)}$$
$$=\oint_{z=0}\frac{dz}{2\pi i}\tau_{n+1}(x,y-[z])\tau_{n'-1}(x',y'+[z])z^{n-n'}e^{\xi(y-y',z^{-1})}. \tag{5.22}$$

5.1.4　Toda 方程族的约化

k 周期下,Toda 方程族定义为如下形式[62,64]:

$$L_1^k=\Lambda^k,L_2^k=\Lambda^{-l},$$

若 $n=0 \bmod k$,则有

$$\partial_{x_n}L_1=\partial_{y_n}L_1=0,\partial_{x_n}L_2=\partial_{y_n}L_2=0.$$

具体到 tau 函数的情况下有

$$\tau(s,x,y)=\tau(s+k,x,y),$$

并且,如果 $n=0 \bmod k$,则

$$\partial_{x_n}\tau(s,x,y)=\partial_{y_n}\tau(s,x,y)=0.$$

一维 Toda 方程族可以通过在 Lax 形式中增加条件[63-64] $L_1=L_2$ 实现一维约化,则等式两边都变成如下形式,即

$$L_1=\Lambda+\mathrm{diag}[b(s)]+\mathrm{diag}[c(s)]\Lambda^{-1},b=u_1,c=\bar{u}_0.$$

Ablowitz-Ladik 方程族[64]定义如下:

$$L_1=BC^{-1},L_2=CB^{-1},$$

其中,

$$B=\Lambda-b,C=1-c\Lambda^{-1},$$

注意 $L_1\neq L_2^{-1}$,并且要求 $L_1\in D_1$. 其中,$C^{-1}\in D_1$ 具有无穷多负幂次,而 $L_2\in D_2$,其中,$B^{-1}\in D_2$ 具有无穷多正幂次. 这里的符号 D_1 与 D_2 在 §2.2 已经给出. 此时,Toda 方程族的 Lax 方程(5.1)可以约化为

$$\partial_{x_n}B=((BC^{-1})^n)_{\geqslant 0}B-B((C^{-1}B)^n)_{\geqslant 0},$$
$$\partial_{x_n}C=((BC^{-1})^n)_{\geqslant 0}C-C((C^{-1}B)^n)_{\geqslant 0},$$
$$\partial_{y_n}B=((CB^{-1})^n)_{<0}B-B((B^{-1}C)^n)_{<0},$$
$$\partial_{y_n}C=((CB^{-1})^n)_{<0}C-C((B^{-1}C)^n)_{<0}.$$

5.2 Toda 方程族的对称

本节将给出 Toda 方程族的附加对称的定义，并讨论附加对称的生成函数，正是 Toda 方程族的平方本征函数对称. 然后，讨论关于波函数与 tau 函数的恒等式. 最后，在此基础上给出了 Toda 方程族的 Adler-Shiota-van Moerbeke 公式.

5.2.1 Toda 方程族的附加对称

为了定义 Toda 方程族的附加对称，本书先引入如下两个重要矩阵：

$$\varepsilon:=\mathrm{diag}[s]\Lambda^{-1},\varepsilon^*:=-J\varepsilon J^{-1}.$$

其中，$J=((-1)^i\delta_{i+j,0})_{i,j\in\mathbb{Z}}$. 定义 Orlov-Shulman 算子[60,136]如下：

$$M:=(M_1,M_2)=W(\varepsilon,\varepsilon^*)W^{-1},\tag{5.23}$$

根据式(5.12)可以得到如下的关系式：

$$M\Psi=(\partial_z,\partial_{z^{-1}})\Psi,[L,M]=(1,1),$$
$$\partial_{x_n}M=[(L_1^n,0)_+,M],\partial_{y_n}M=[(0,L_2^n)_+,M].$$

下面引入附加独立变量 $x_{m,l}^*$ 和 $y_{m,l}^*$，定义附加流在波矩阵[60]上的作用如下：

$$\partial_{x_{m,l}^*}W:=-(M_1^mL_1^l,0)_-W,\partial_{y_{m,l}^*}W:=-(0,M_2^mL_2^l)_-W.\tag{5.24}$$

于是，根据式(5.8)、式(5.12)和式(5.23)可以得到如下命题.

命题 5.3

$$\partial_{x_{m,l}^*}\Psi=-(M_1^mL_1^l,0)_-\Psi,\partial_{y_{m,l}^*}\Psi=-(0,M_2^mL_2^l)_-\Psi,$$
$$\partial_{x_{m,l}^*}L=[-(M_1^mL_1^l,0)_-,L],\partial_{y_{m,l}^*}L=[-(0,M_2^mL_2^l)_-,L],$$
$$\partial_{x_{m,l}^*}M=[-(M_1^mL_1^l,0)_-,M],\partial_{y_{m,l}^*}M=[-(0,M_2^mL_2^l)_-,M],\tag{5.25}$$

并且，

$$[\partial_{x_{m,l}^*},\partial_{x_k}]=[\partial_{y_{m,l}^*},\partial_{x_k}]=[\partial_{x_{m,l}^*},\partial_{y_k}]=[\partial_{y_{m,l}^*},\partial_{y_k}]=0.$$

因而，$\partial_{x_{m,l}^*}$ 与 $\partial_{y_{m,l}^*}$ 的确是 Toda 方程族的附加对称. $\partial_{x_{m,l}^*}$ 和 $\partial_{y_{m,l}^*}$ 通过作用在波矩

阵上形成无穷维李代数 $w_\infty\times w_\infty$(w_∞ 的定义见文献[26]).

证明:首先,由式(5.24)出发可以求得式(5.25).其次,根据式(5.1)、式(5.11)和式(5.25)可知

$$\begin{aligned}[\partial_{x_{m,l}^*},\partial_{x_k}]W &= \partial_{x_{m,l}^*}((L_1^k,0)_+W)+\partial_{x_k}((M_1^mL_1^l,0)_-W)\\ &=[-(M_1^mL_1^l,0)_-,(L_1^k,0)]_+W-(L_1^k,0)_+(M_1^mL_1^l,0)_-W+\\ &\quad[(L_1^k,0)_+,(M_1^mL_1^l,0)]_-W+(M_1^mL_1^l,0)_-(L_1^k,0)_+W\\ &=[(L_1^k,0)_+,(M_1^mL_1^l,0)_-]_+W+[(L_1^k,0)_+,(M_1^mL_1^l,0)_-]_-W+\\ &\quad[(M_1^mL_1^l,0)_-,(L_1^k,0)_+]W=0,\end{aligned}$$

其中,$[(L_1^k,0)_-,(M_1^mL_1^l,0)_-]_+$ 和 $[(L_1^k,0)_+,(M_1^mL_1^l,0)_+]_-$ 都为 0.其余的等式类似可证. □

下面引入 Toda 方程族附加对称的生成元,即

$$Y(\lambda,\mu)=(Y_1(\lambda,\mu),Y_2(\lambda,\mu))=\sum_{m=0}^{\infty}\frac{(\mu-\lambda)^m}{m!}\sum_{l=-\infty}^{\infty}\lambda^{-l-m-1}(M^mL^{m+l}).$$

附加对称的生成元 $Y(\lambda,\mu)$ 可以用波函数 Ψ 与共轭波函数 Ψ^* 来表达,具体见下面的命题.

命题 5.4[111]　Toda 方程族附加对称的生成元可以用波函数 Ψ 与共轭波函数 Ψ^* 表达,即

$$Y_1(\lambda,\mu)=\lambda^{-1}\Psi_1(x,y;\mu)\otimes\Psi_1^*(x,y;\lambda),\tag{5.26}$$

$$Y_2(\lambda,\mu)=\lambda^{-1}\Psi_2(x,y;\mu^{-1})\otimes\Psi_2^*(x,y;\lambda^{-1}).\tag{5.27}$$

证明:首先,根据引理 5.2,可以得到

$$\begin{aligned}M_1^mL_1^{m+l} &= M_1^mW_1\Lambda^{m+l}W_1^{-1}\\ &=\oint_{z=\infty}\frac{dz}{2\pi iz}(M_1^mW_1\Lambda^{m+l}\chi(z))\otimes((W_1^{-1})^T\chi^*(z))\\ &=\oint_{z=\infty}\frac{dz}{2\pi iz}(z^{m+l}\partial_z^m\Psi_1(x,y;z))\otimes\Psi_1^*(x,y;z).\end{aligned}$$

然后,利用引理 3.15,可得

$$\begin{aligned}Y_1(\lambda,\mu) &=\oint_{z=\infty}\frac{dz}{2\pi iz}\sum_{m=0}^{\infty}\sum_{l=-\infty}^{\infty}\frac{z^{m+l}}{\lambda^{l+m+1}}\frac{(\mu-\lambda)^m}{m!}(\partial_z^m\Psi_1(x,y;z))\otimes\Psi_1^*(x,y;z)\\ &=\oint_{z=\infty}\frac{dz}{2\pi iz}\delta(\lambda,z)e^{(\mu-\lambda)\partial_z}\Psi_1(x,y;z)\otimes\Psi_1^*(x,y;z)\\ &=\lambda^{-1}e^{(\mu-\lambda)\partial_\lambda}\Psi_1(x,y;\lambda)\otimes\Psi_1^*(x,y;\lambda)\\ &=\lambda^{-1}\Psi_1(x,y;\mu)\otimes\Psi_1^*(x,y;\lambda).\end{aligned}$$

因此，可以得到式(5.26).

式(5.27)，也是可以利用同样的方法得到. □

5.2.2 Toda 方程族的平方本征函数对称

给定本征函数 q 和共轭本征函数 r，Toda 方程族的平方本征函数流[111]可以通过它对波算子的作用来定义，即

$$\partial_\alpha^* W_1=(q\otimes r)_- W_1,\partial_\alpha^* W_2=-(q\otimes r)_+ W_2, \tag{5.28}$$

或者，

$$\partial_\alpha^* W=(q\otimes r,0)_- W=-(0,q\otimes r)_- W.$$

根据式(5.8)，可以在 Lax 算子上进一步得到平方本征流

$$\partial_\alpha^* L_1=[(q\otimes r)_-,L_1],\partial_\alpha^* L_2=-[(q\otimes r)_+,L_2],$$

或者，

$$\partial_\alpha^* L=[(q\otimes r,0)_-,L]=-[(0,q\otimes r)_-,L].$$

在进一步讨论平方本征函数流确实是一种对称性之前，本书需要引入如下引理.

引理 5.3 给定$\mathbb{Z}\times\mathbb{Z}$无穷维矩阵 A，以及无穷维的列向量 $b=(b_n)_{n\in\mathbb{Z}}$ 与 $c=(c_n)_{n\in\mathbb{Z}}$，并假定 Ab 与 A^Tc 的矩阵乘法均有意义，则有如下关系式成立，即

$$A(b\otimes c)=(Ab)\otimes c,(b\otimes c)A=b\otimes(A^Tc).$$

这里，T 表示矩阵转置.

证明：事实上，利用矩阵乘法的定义可以得到，

$$(A(b\otimes c))_{ij}=\sum_k A_{ik}(b\otimes c)_{kj}=\sum_k A_{ik}b_kc_j=(Ab)_ic_j=((Ab)\otimes c)_{ij}.$$

类似可得$(b\otimes c)A=b\otimes(A^Tc)$. □

命题 5.5 Toda 方程族的平方本征流∂_α^* 与时间流∂_{x_n}和∂_{y_n}可交换，即

$$[\partial_\alpha^*,\partial_{x_n}]=[\partial_\alpha^*,\partial_{y_n}]=0.$$

证明：这里仅验证$[\partial_\alpha^*,\partial_{x_n}]=0$，其余情形类似可得. 因此，只需要验证下面的零曲率方程即可，

$$\partial_\alpha^* B_n-\partial_{x_n}(q\otimes r)_- +[B_n,(q\otimes r)_-]=0. \tag{5.29}$$

事实上，根据式(5.14)以及引理 5.3 可知，

$$\partial_{x_n}(q\otimes r)_-=[B_n,q\otimes r]_-.$$

此外，根据式(5.28)可知，

$$\partial_\alpha^* B_n=[(q\otimes r)_-,L_1^n]_+=[(q\otimes r)_-,B_n]_+.$$

于是，

$$\partial_\alpha^* B_n-\partial_{x_n}(q\otimes r)_-=[(q\otimes r)_-,B_n].$$

从而，关系式(5.29)成立. □

注 5.4　由于∂_α^* 与时间流∂_{x_n}和∂_{y_n}可交换，从而确实为一种对称，被称为平方本征函数对称[111].

如果，定义由 $\Psi_1(x,y;\mu)$与$\lambda^{-1}\Psi_1^*(x,y;\lambda)$生成的平方本征函数对称为$\partial_{\alpha_1}^*$，而用$\partial_{\alpha_2}^*$表示 $\Psi_2(x,y;\mu^{-1})$与$-\lambda^{-1}\Psi_2^*(x,y;\lambda^{-1})$对应的平方本征函数对称，也就是

$$\partial_{\alpha_1}^* W=(\lambda^{-1}\Psi_1(x,y;\mu)\otimes\Psi_1^*(x,y;\lambda),0)_-W,$$

$$\partial_{\alpha_2}^* W=(0,\lambda^{-1}\Psi_2(x,y;\mu^{-1})\otimes\Psi_2^*(x,y;\lambda^{-1}))_-W.$$

则根据式(5.26)和式(5.27)，可以知道平方本征函数对称$\partial_{\alpha_1}^*$和$\partial_{\alpha_2}^*$是 Toda 方程族的附加对称的生成函数，具体见命题 5.14.

命题 5.6

$$\partial_{\alpha_1}^*=-\sum_{m=0}^{\infty}\frac{(\mu-\lambda)^m}{m!}\sum_{k=-\infty}^{\infty}\lambda^{-k-m-1}\partial_{x_{m,m+k}^*},$$

$$\partial_{\alpha_2}^*=-\sum_{m=0}^{\infty}\frac{(\mu-\lambda)^m}{m!}\sum_{k=-\infty}^{\infty}\lambda^{-k-m-1}\partial_{y_{m,m+k}^*}.$$

注 5.5　基于以上平方本征函数对称与附加对称的关系，可以利用$\partial_{\alpha_1}^*$和$\partial_{\alpha_2}^*$，给出 Toda 方程族的 Adler-Shiota-van Moerbeke 公式的另一种证明，并探究$\partial_{\alpha_1}^*$和$\partial_{\alpha_2}^*$对 tau 函数的作用.

5.2.3　Toda 方程族的 Fay 型恒等式

本节将推导 Toda 方程族的 Fay 型恒等式[111,213]，并给出关于波函数的一些重要等式，这些是研究 Toda 方程族平方本征函数对称的重要基础. Fay 型恒等式的出发点是 Toda 方程族的关于 tau 函数的双线性恒等式(5.22).

首先，看第一组 Toda 方程族的 Fay 型恒等式[213]，具体见引理 5.4.

引理 5.4

- $$s_1\tau_n(x-[s_1],y)\tau_{n+1}(x-[s_2],y)-s_2\tau_n(x-[s_2],y)\tau_{n+1}(x-[s_1],y)$$
$$=(s_1-s_2)\tau_{n+1}(x,y)\tau_n(x-[s_1]-[s_2],y),\tag{5.30}$$

- $s_1\tau_{n+1}(x,y-[s_1])\tau_n(x,y-[s_2])-s_2\tau_{n+1}(x,y-[s_2])\tau_n(x,y-[s_1])$
  $=(s_1-s_2)\tau_n(x,y)\tau_{n+1}(x,y-[s_1]-[s_2])$, (5.31)
- $\tau_n(x-[s_1],y)\tau_n(x,y-[s_2])-\tau_n(x,y)\tau_n(x-[s_1],y-[s_2])$
  $=s_1s_2\tau_{n-1}(x-[s_1],y)\tau_{n+1}(x,y-[s_2])$. (5.32)

证明：上面三个 Fay 等式分别对应于 Toda 方程族的关于 tau 函数的双线性等式(5.22)中，并有以下三种不同情形下的留数，

- $n'=n+1, x'=x-[s_1]-[s_2], y'=y$;
- $n'=n+1, x'=x, y'=y-[s_1]-[s_2]$;
- $n'=n, x'=x-[s_1], y'=y-[s_2]$.

这里的留数可以借助式(5.32)与引理 3.8 来进行计算. □

Toda 方程族另一组 Fay 型恒等式[111]也可以从式(5.22)中获得. 事实上，式(5.22)存在以下四种情况：

- $s'=s=n-1, x'=x-[s_1]-[s_2]-[s_3], y'=y$;
- $s'=s=n, x'=x-[s_1]-[s_2], y'=y-[s_3]$;
- $s'=s+1=n+1, x'=x-[s_3], y'=y-[s_1]-[s_2]$;
- $s'=s+2=n+1, x'=x, y'=y-[s_1]-[s_2]-[s_3]$;

利用式(5.32)与引理 3.8，可以得到引理 5.5.

引理 5.5

- $s_1(s_2-s_3)\tau_n(x-[s_1],y)\tau_n(x-[s_2]-[s_3],y)+$
  $s_2(s_3-s_1)\tau_n(x-[s_2],y)\tau_n(x-[s_3]-[s_1],y)+$
  $s_3(s_1-s_2)\tau_n(x-[s_3],y)\tau_n(x-[s_1]-[s_2],y)=0$. (5.33)
- $s_1\tau_n(x-[s_1],y)\tau_{n+1}(x-[s_2],y-[s_3])-$
  $s_2\tau_n(x-[s_2],y)\tau_{n+1}(x-[s_1],y-[s_3])$
  $=(s_1-s_2)\tau_n(x-[s_1]-[s_2],y)\tau_{n+1}(x,y-[s_3])$. (5.34)
- $(s_1-s_2)s_3\tau_{n+1}(x,y-[s_1]-[s_2])\tau_{n-1}(x-[s_3],y)$
  $=\tau_n(x,y-[s_1])\tau_n(x-[s_3],y-[s_2])-$
  $\tau_n(x,y-[s_2])\tau_n(x-[s_3],y-[s_1])$. (5.35)
- $(s_2-s_3)\tau_n(x,y-[s_1])\tau_{n+1}(x,y-[s_2]-[s_3])+$
  $(s_3-s_1)\tau_n(x,y-[s_2])\tau_{n+1}(x,y-[s_3]-[s_1])+$
  $(s_1-s_2)\tau_n(x,y-[s_3])\tau_{n+1}(x,y-[s_1]-[s_2])=0$. (5.36)

根据以上这两组 Toda 方程族的 Fay 型恒等式，以及波函数与共轭波函数和 tau 函数的关系式(5.21)，本书可以得到以下关于 Toda 方程族波函数波函数与共轭波函数的重要关系式.

引理 5.6

- $$\begin{aligned}&\Psi_1^*(n;x,y;\lambda)\Psi_1(n;x,y;z)\\&=z^{-1}(\Psi_1(n+1;x,y;z)\Psi_1^*(n;x-[z^{-1}],y;\lambda)-\\&\quad\Psi_1(n;x,y;z)\Psi_1^*(n-1;x-[z^{-1}],y;\lambda)).\end{aligned}\tag{5.37}$$
- $$\begin{aligned}&\Psi_1^*(n;x,y;\lambda)\Psi_2(n;x,y;z)\\&=\Psi_2(n;x,y;z)\Psi_1^*(n;x,y-[z];\lambda)-\\&\quad\Psi_2(n+1;x,y;z)\Psi_1^*(n+1;x,y-[z];\lambda).\end{aligned}\tag{5.38}$$
- $$\begin{aligned}&\Psi_2^*(n;x,y;\lambda^{-1})\Psi_1(n;x,y;z)\\&=z^{-1}(\Psi_1(n+1;x,y;z)\Psi_2^*(n;x-[z^{-1}],y;\lambda^{-1})-\\&\quad\Psi_1(n;x,y;z)\Psi_2^*(n-1;x-[z^{-1}],y;\lambda^{-1})).\end{aligned}\tag{5.39}$$
- $$\begin{aligned}&\Psi_2^*(n;x,y;\lambda^{-1})\Psi_2(n;x,y;z)\\&=\Psi_2(n;x,y;z)\Psi_2^*(n;x,y-[z];\lambda^{-1})-\\&\quad\Psi_2(n+1;x,y;z)\Psi_2^*(n+1;x,y-[z];\lambda^{-1}).\end{aligned}\tag{5.40}$$

证明：首先，根据式(5.21)和式(5.30)，可以得到，

$$\begin{aligned}&\Psi_1^*(n;x,y;\lambda)\Psi_1(n;x,y;z)\\&=e^{\xi(x,z)-\xi(x,\lambda)}\left(\frac{z}{\lambda}\right)^n\frac{\tau_{n+1}(x+[\lambda^{-1}],y)\tau_n(x-[z^{-1}],y)}{\tau_{n+1}(x,y)\tau_n(x,y)}\\&=e^{\xi(x,z)-\xi(x,\lambda)}\left(\frac{z}{\lambda}\right)^n\left(\frac{z^{-1}}{z^{-1}-\lambda^{-1}}\frac{\tau_n(x+[\lambda^{-1}]-[z^{-1}],y)}{\tau_n(x,y)}\right)-\\&\quad e^{\xi(x,z)-\xi(x,\lambda)}\left(\frac{z}{\lambda}\right)^n\left(\frac{\lambda^{-1}}{z^{-1}-\lambda^{-1}}\frac{\tau_{n+1}(x+[\lambda^{-1}]-[z^{-1}],y)}{\tau_{n+1}(x,y)}\right)\\&=z^{-1}(\Psi_1(n+1;x,y;z)\Psi_1^*(n;x-[z^{-1}],y;\lambda)-\\&\qquad\Psi_1(n;x,y;z)\Psi_1^*(n-1;x-[z^{-1}],y;\lambda)),\end{aligned}$$

因此，得出式(5.37).

类似地，利用式(5.21)和式(5.32)可以推出式(5.38)和式(5.39)，也就是，

$$\Psi_1^*(n;x,y;\lambda)\Psi_2(n;x,y;z)$$

$$
\begin{aligned}
&=\left(\frac{z}{\lambda}\right)^{n} e^{-\xi(x,\lambda)+\xi(y,z^{-1})}\frac{\tau_{n+1}(x+[\lambda^{-1}],y)\tau_{n+1}(x,y-[z])}{\tau_{n+1}(x,y)\tau_{n}(x,y)}\\
&=\left(\frac{z}{\lambda}\right)^{n} e^{-\xi(x,\lambda)+\xi(y,z^{-1})}\left(\frac{\tau_{n+1}(x+[\lambda^{-1}],y-[z])}{\tau_{n}(x,y)}-\frac{z}{\lambda}\cdot\right.\\
&\quad\left.\frac{\tau(n+2;x+[\lambda^{-1}],y-[z])}{\tau_{n+1}(x,y)}\right)\\
&=\Psi_2(n;x,y;z)\Psi_1^*(n;x,y-[z];\lambda)-\\
&\quad\Psi_2(n+1;x,y;z)\Psi_1^*(n+1;x,y-[z];\lambda),
\end{aligned}
$$

和

$$
\begin{aligned}
&\Psi_2^*(n;x,y;\lambda^{-1})\Psi_1(n;x,y;z)\\
&=e^{\xi(x,z)-\xi(y,\lambda)}(\lambda z)^{n}\frac{\tau_n(x,y+[\lambda^{-1}])\tau_n(x-[z^{-1}],y)}{\tau_{n+1}(x,y)\tau_n(x,y)}\\
&=e^{\xi(x,z)-\xi(y,\lambda)}(\lambda z)^{n}\left(\frac{\tau_n(x-[z^{-1}],y+[\lambda^{-1}])}{\tau_{n+1}(x,y)}-\right.\\
&\quad\left.(\lambda z)^{-1}\frac{\tau_{n-1}(x-[z^{-1}],y+[\lambda^{-1}])}{\tau_n(x,y)}\right)\\
&=z^{-1}(\Psi_1(n+1;x,y;z)\Psi_2^*(n;x-[z^{-1}],y;\lambda)-\\
&\quad\Psi_1(n;x,y;z)\Psi_2^*(n-1;x-[z^{-1}],y;\lambda)).
\end{aligned}
$$

最后，利用式(5.21)和式(5.31)，可以得出式(5.40).

$$
\begin{aligned}
&\Psi_2^*(n;x,y;\lambda^{-1})\Psi_2(n;x,y;z)\\
&=e^{\xi(y,z^{-1})-\xi(y,\lambda)}(\lambda z)^{n}\frac{\tau_n(x,y+[\lambda^{-1}])\tau_{n+1}(x,y-[z])}{\tau_{n+1}(x,y)\tau_n(x,y)}\\
&=\lambda^{-1}(\lambda^{-1}-z)^{-1}e^{\xi(y,z^{-1})-\xi(y,\lambda)}(\lambda z)^{n}\left(\frac{\tau_n(x,y+[\lambda^{-1}]-[z])}{\tau_n(x,y)}\right)-\\
&\quad\lambda^{-1}(\lambda^{-1}-z)^{-1}e^{\xi(y,z^{-1})-\xi(y,\lambda)}(\lambda z)^{n}\left((\lambda z)\cdot\frac{\tau_{n+1}(x,y+[\lambda^{-1}]-[z])}{\tau_{n+1}(x,y)}\right)\\
&=\Psi_2(n;x,y;z)\Psi_2^*(n;x,y-[z];\lambda^{-1})-\\
&\quad\Psi_2(n+1;x,y;z)\Psi_2^*(n+1;x,y-[z];\lambda^{-1}).
\end{aligned}
$$

证毕. □

根据式(5.37)至式(5.40)，可以进一步地获得以下推论.

推论 5.3

$$
\bullet\quad\sum_{k<0}\Psi_1^*(n+k;x,y;\lambda)\Psi_1(n+k;x,y;z)
$$

$$= z^{-1}\Psi_1^*(n-1;x-[z^{-1}],y;\lambda)\Psi_1(n;x,y;z).$$

- $$\sum_{k\geqslant 0}\Psi_1^*(n+k;x,y;\lambda)\Psi_2(n+k;x,y;z)$$
$$= \Psi_2(n;x,y;z)\Psi_1^*(n;x,y-[z];\lambda).$$

- $$\sum_{k<0}\Psi_2^*(n+k;x,y;\lambda^{-1})\Psi_1(n+k;x,y;z)$$
$$= z^{-1}\Psi_1(n;x,y;z)\Psi_2^*(n-1;x-[z^{-1}],y;\lambda^{-1}).$$

- $$\sum_{k\geqslant 0}\Psi_2^*(n+k;x,y;\lambda^{-1})\Psi_2(n+k;x,y;z)$$
$$= \Psi_2(n;x,y;z)\Psi_2^*(n;x,y-[z];\lambda^{-1}).$$

如果，引入以下两个算子，

$$G_1(\xi)f(x,y;z)=f(x-[\xi^{-1}],y;z),$$
$$G_2(\xi)f(x,y;z)=f(x,y-[\xi];z), \tag{5.41}$$

那么，还可以得到另一组关于波函数的关系，也就是下面的引理.

引理 5.7

- $$(G_1(z)-1)\Psi_1(n;x,y;\mu)\Psi_1^*(n-1;x-[\mu^{-1}],y;\lambda)$$
$$=-\frac{\mu}{z}\Psi_1(n;x,y;\mu)\Psi_1^*(n-1;x-[z^{-1}],y;\lambda), \tag{5.42}$$

- $$(\Lambda G_2(z)-1)\Psi_1(n;x,y;\mu)\Psi_1^*(n-1;x-[\mu^{-1}],y;\lambda)$$
$$=\mu\Psi_1(n;x,y;\mu)\Psi_1^*(n;x,y-[z];\lambda), \tag{5.43}$$

- $$(G_1(z)-1)\Psi_2(n;x,y;\mu^{-1})\Psi_2^*(n;x,y-[\mu^{-1}];\lambda^{-1})$$
$$=z^{-1}\Psi_2(n;x,y;\mu^{-1})\Psi_2^*(n-1;x-[z^{-1}],y;\lambda^{-1}), \tag{5.44}$$

- $$(\Lambda G_2(z)-1)\Psi_2(n;x,y;\mu^{-1})\Psi_2^*(n;x,y-[\mu^{-1}];\lambda^{-1})$$
$$=-\Psi_2(n;x,y;\mu^{-1})\Psi_2^*(n;x,y-[z];\lambda^{-1}). \tag{5.45}$$

证明：首先，对于式(5.42)，可以利用式(5.21)和式(5.41)得到，

$$(G_1(z)-1)\Psi_1(n;x,y;\mu)\Psi_1^*(n-1;x-[\mu^{-1}],y;\lambda)$$
$$=\lambda\left(1-\frac{\lambda}{\mu}\right)^{-1}\left(\frac{\mu}{\lambda}\right)^n e^{\xi(x,\mu)-\xi(x,\lambda)}z^{-1}\left(1-\frac{\lambda}{z}\right)^{-1}\frac{1}{\tau_n(x,y)\tau_n(x-[z^{-1}],y)}\times$$
$$((z-\mu)\tau_n(x,y)\tau_n(x+[\lambda^{-1}]-[\mu^{-1}]-[z^{-1}],y)-$$
$$(z-\lambda)\tau_n(x-[z^{-1}],y)\tau_n(x+[\lambda^{-1}]-[\mu^{-1}],y))。$$

然后，对式(5.33)，令 $s_1=\lambda^{-1}$，$s_2=\mu^{-1}$ 和 $s_3=z^{-1}$，

$$(G_1(z)-1)\Psi_1(n;x,y;\mu)\Psi_1^*(n-1;x-[\mu^{-1}],y;\lambda)$$

$$=-\frac{\lambda\mu}{z}\left(\frac{\mu}{\lambda}\right)^{n}e^{\xi(x,\mu)-\xi(x,\lambda)}\left(1-\frac{\lambda}{z}\right)^{-1}\frac{\tau_n(x-[\mu^{-1}],y)\tau_n(x+[\lambda^{-1}]-[z^{-1}],y)}{\tau_n(x,y)\tau_n(x-[z^{-1}],y)}$$

$$=-\frac{\mu}{z}\Psi_1(n;x,y;\mu)\Psi_1^*(n-1;x-[z^{-1}],y;\lambda).$$

接着，根据式(5.21)、式(5.41)和式(5.34)，令 $s_1=\lambda^{-1}$，$s_2=\mu^{-1}$，$s_3=z^{-1}$，可以推出式(5.43).

$$(\Lambda G_2(z)-1)\Psi_1(n;x,y;\mu)\Psi_1^*(n-1;x-[\mu^{-1}],y;\lambda)$$

$$=\left(1-\frac{\lambda}{\mu}\right)^{-1}\left(\frac{\mu}{\lambda}\right)^{n}\frac{e^{\xi(x,\mu)-\xi(x,\lambda)}(\mu\tau_n(x,y)\tau_{n+1}(x+[\lambda^{-1}]-[\mu^{-1}],y-[z]))}{\tau_n(x,y)\tau_{n+1}(x,y-[z])}-$$

$$\left(1-\frac{\lambda}{\mu}\right)^{-1}\left(\frac{\mu}{\lambda}\right)^{n}\frac{e^{\xi(x,\mu)-\xi(x,\lambda)}(\lambda\tau_{n+1}(x,y-[z])\tau_n(x+[\lambda^{-1}]-[\mu^{-1}],y))}{\tau_n(x,y)\tau_{n+1}(x,y-[z])}$$

$$=\mu\left(\frac{\mu}{\lambda}\right)^{n}e^{\xi(x,\mu)-\xi(x,\lambda)}\frac{\tau_n(x-[\mu^{-1}],y)\tau_{n+1}(x+[\lambda^{-1}],y-[z])}{\tau_n(x,y)\tau_{n+1}(x,y-[z])}$$

$$=\mu\Psi_1(n;x,y;\mu)\Psi_1^*(n;x,y-[z];\lambda).$$

同样地，对式(5.21)、式(5.41)和式(5.35)，令 $s_1=\lambda^{-1}$，$s_2=\mu^{-1}$，$s_3=z^{-1}$，可以推出式(5.44).

$$(G_1(z)-1)\Psi_2(n;x,y;\mu^{-1})\Psi_2^*(n;x,y-[\mu^{-1}];\lambda^{-1})$$

$$=\left(1-\frac{\lambda}{\mu}\right)^{-1}\left(\frac{\lambda}{\mu}\right)^{n}\frac{e^{\xi(y,\mu)-\xi(y,\lambda)}(\tau_n(x-[z^{-1}],y+[\lambda^{-1}]-[\mu^{-1}])\tau_n(x,y))}{\tau_n(x,y)\tau_n(x-[z^{-1}],y)}-$$

$$\left(1-\frac{\lambda}{\mu}\right)^{-1}\left(\frac{\lambda}{\mu}\right)^{n}\frac{e^{\xi(y,\mu)-\xi(y,\lambda)}(\tau_n(x,y+[\lambda^{-1}]-[\mu^{-1}])\tau_n(x-[z^{-1}],y))}{\tau_n(x,y)\tau_n(x-[z^{-1}],y)}$$

$$=\lambda^{-1}z^{-1}e^{\xi(y,\mu)-\xi(y,\lambda)}\left(\frac{\lambda}{\mu}\right)^{n}\frac{\tau_{n+1}(x,y-[\mu^{-1}])\tau_{n-1}(x-[z^{-1}],y+[\lambda^{-1}])}{\tau_n(x,y)\tau_n(x-[z^{-1}],y)}$$

$$=z^{-1}\Psi_2(n;x,y;\mu^{-1})\Psi_2^*(n-1;x-[z^{-1}],y;\lambda^{-1}).$$

最后，为了推导式(5.45)，在式(5.36)中，令 $s_1=\lambda^{-1}$，$s_2=\mu^{-1}$，$s_3=z$，则有

$$(\Lambda G_2(z)-1)\Psi_2(n;x,y;\mu^{-1})\Psi_2^*(n;x,y-[\mu^{-1}];\lambda^{-1})$$

$$=\left(1-\frac{\lambda}{\mu}\right)^{-1}\left(\frac{\lambda}{\mu}\right)^{n}\frac{e^{\xi(y,\mu)}((\mu^{-1}-z)\tau_{n+1}(x,y+[\lambda^{-1}]-[\mu^{-1}]-[z])\tau_n(x,y))}{e^{\xi(y,\lambda)}(\lambda^{-1}-z)\tau_n(x,y)\tau_{n+1}(x,y-[z])}-$$

$$\left(1-\frac{\lambda}{\mu}\right)^{-1}\left(\frac{\lambda}{\mu}\right)^{n}\frac{e^{\xi(y,\mu)}((\lambda^{-1}-z)\tau_n(x,y+[\lambda^{-1}]-[\mu^{-1}])\tau_{n+1}(x,y-[z]))}{e^{\xi(y,\lambda)}(\lambda^{-1}-z)\tau_n(x,y)\tau_{n+1}(x,y-[z])}$$

$$=-\lambda^{-1}(\lambda^{-1}-z)^{-1}\left(\frac{\lambda}{\mu}\right)^{n}e^{\xi(y,\mu)-\xi(y,\lambda)}\frac{\tau_{n+1}(x,y-[\mu^{-1}])\tau_n(x,y+[\lambda^{-1}]-[z])}{\tau_n(x,y)\tau_{n+1}(x,y-[z])}$$

$$=-\Psi_2(n;x,y;\mu^{-1})\Psi_2^*(n;x,y-[z];\lambda^{-1}).$$

证毕. □

5.2.4 Toda 方程族的 Adler-Shiota-van Moerbeke 公式

为了叙述著名的 Adler-Shiota-van Moerbeke 公式，本书首先再引入 Toda 方程族的顶点算子，即

$$\mathbb{X}(x,\lambda,\mu):=\left(\left(\frac{\mu}{\lambda}\right)^n X(x,\lambda,\mu)\right)_{n\in\mathbb{Z}},\widetilde{\mathbb{X}}(y,\lambda,\mu):=\left(\left(\frac{\lambda}{\mu}\right)^n X(y,\lambda,\mu)\right)_{n\in\mathbb{Z}},$$

其中，$X(x,\lambda,\mu)$的表达式见式(3.46).

根据式(5.21)，可以得到，

$$\begin{aligned}\frac{\mathbb{X}(x,\lambda,\mu)\tau}{\tau}&=\left(\frac{1}{\lambda^2}\Psi_1(n;x+[\lambda^{-1}],y;\mu)\Psi_1^*(n-1;x,y;\lambda)\right)_{n\in\mathbb{Z}}\\&=\left(-\frac{1}{\lambda\mu}\Psi_1(n;x,y;\mu)\Psi_1^*(n-1;x-[\mu^{-1}],y;\lambda)+\delta(\lambda,\mu)\right)_{n\in\mathbb{Z}}.\end{aligned}\tag{5.46}$$

$$\begin{aligned}\frac{\widetilde{\mathbb{X}}(y,\lambda,\mu)\tau}{\tau}&=\left(\frac{1}{\mu}\Psi_2(n-1;x,y+[\lambda^{-1}];\mu^{-1})\Psi_2^*(n-1;x,y;\lambda^{-1})\right)_{n\in\mathbb{Z}}\\&=\left(-\frac{1}{\mu}\Psi_2(n;x,y;\mu^{-1})\Psi_2^*(n;x,y-[\mu^{-1}];\lambda^{-1})+\delta(\lambda,\mu)\right)_{n\in\mathbb{Z}}.\end{aligned}\tag{5.47}$$

命题 5.7[60]　附加对称生成元$\partial_{\alpha_1}^*$与$\partial_{\alpha_2}^*$在波函数 $\Psi_i(x,y;z)$上的作用，与顶点算子$\mathbb{X}(x,\lambda,\mu)$和$\widetilde{\mathbb{X}}(y,\lambda,\mu)$通过 tau 函数诱导的作用，可以借助如下的 Adler-Shiota-van Moerbeke 公式来联系，即

$$\frac{\partial_{\alpha_1}^*\Psi}{\Psi}=\left((G_1(z)-1)\frac{\mathbb{X}(x,\lambda,\mu)\tau}{\tau},(\Lambda G_2(z)-1)\frac{\mathbb{X}(x,\lambda,\mu)\tau}{\tau}\right),$$

$$\frac{\partial_{\alpha_2}^*\Psi}{\Psi}=\frac{\mu}{\lambda}\left((G_1(z)-1)\frac{\widetilde{\mathbb{X}}(y,\lambda,\mu)\tau}{\tau},(\Lambda G_2(z)-1)\frac{\widetilde{\mathbb{X}}(y,\lambda,\mu)\tau}{\tau}\right).$$

证明：首先，根据推论式(5.18)中的第一个等式、式(5.42)和式(5.46)，则有

$$\begin{aligned}\partial_{\alpha_1}^*\Psi_1&=(\lambda^{-1}\Psi_1(x,y;\mu)\otimes\Psi_1^*(x,y;\lambda))_-\Psi_1(x,y;z)\\&=\left(\lambda^{-1}\Psi_1(n;x,y;\mu)\sum_{k<0}^{\infty}\Psi_1^*(n+k;x,y;\lambda)\Psi_1(n+k;x,y;z)\right)_{n\in\mathbb{Z}}\\&=(\lambda^{-1}z^{-1}\Psi_1(n;x,y;\mu)\Psi_1^*(n-1;x-[z^{-1}],y;\lambda)\Psi_1(n;x,y;z))_{n\in\mathbb{Z}}\end{aligned}$$

$$= (-\lambda^{-1}\mu^{-1}\Psi_1(n;x,y;z)(G_1(z)-1)(\Psi_1(n;x,y;\mu)\Psi_1^*(n-1;x-[\mu^{-1}],y;\lambda)))_{n\in\mathbb{Z}}$$

$$= \Psi_1(G_1(z)-1)\frac{\mathbb{X}(x,\lambda,\mu)\tau}{\tau}.$$

然后,利用推论 5.3 中的第二等式,式(5.43)和式(5.46),有

$$\partial_{\alpha_1}^*\Psi_2 = -(\lambda^{-1}\Psi_1(x,y;\mu)\otimes\Psi_1^*(x,y;\lambda))_+\Psi_2(x,y;z)$$

$$= -\Big(\lambda^{-1}\Psi_1(n;x,y;\mu)\sum_{k\geqslant 0}^{\infty}\Psi_1^*(n+k;x,y;\lambda)\Psi_2(n+k;x,y;z)\Big)_{n\in\mathbb{Z}}$$

$$= -(\lambda^{-1}\Psi_1(n;x,y;\mu)\Psi_1^*(n;x,y-[z];\lambda)\Psi_2(n;x,y;z))_{n\in\mathbb{Z}}$$

$$= (-\lambda^{-1}\mu^{-1}\Psi_2(n;x,y;z)(\Lambda G_2(z)-1)(\Psi_1(n;x,y;\mu)\Psi_1^*(n-1;x-[\mu^{-1}],y;\lambda)))_{n\in\mathbb{Z}}$$

$$= \Psi_2(\Lambda G_2(z)-1)\frac{\mathbb{X}(x,\lambda,\mu)\tau}{\tau}.$$

接着,根据推论 5.3 中的第三个等式,式(5.44) 和式(5.47) 可以推出,

$$\partial_{\alpha_2}^*\Psi_1 = -(\lambda^{-1}\Psi_2(x,y;\mu^{-1})\otimes\Psi_2^*(x,y;\lambda^{-1}))_-\Psi_1(x,y;z)$$

$$= -\Big(\lambda^{-1}\Psi_2(n;x,y;\mu^{-1})\sum_{k<0}^{\infty}\Psi_2^*(n+k;x,y;\lambda^{-1})\Psi_1(n+k;x,y;z)\Big)_{n\in\mathbb{Z}}$$

$$= -(\lambda^{-1}z^{-1}\Psi_2(n;x,y;\mu^{-1})\Psi_2^*(n-1;x-[z^{-1}],y;\lambda^{-1})\Psi_1(n;x,y;z))_{n\in\mathbb{Z}}$$

$$= (-\lambda^{-1}\Psi_1(n;x,y;z)(G_1(z)-1)(\Psi_2(n;x,y;\mu^{-1})\Psi_2^*(n;x,y-[\mu^{-1}];\lambda^{-1})))_{n\in\mathbb{Z}}$$

$$= \frac{\mu}{\lambda}\Psi_1(G_1(z)-1)\frac{\widetilde{\mathbb{X}}(y,\lambda,\mu)\tau}{\tau}.$$

最后,根据推论式 5.3 中的第四个等式,式(5.45) 和式(5.47),有

$$\partial_{\alpha_2}^*\Psi_2 = (\lambda^{-1}\Psi_2(x,y;\mu^{-1})\otimes\Psi_2^*(x,y;\lambda^{-1}))_+\Psi_2(x,y;z)$$

$$= \Big(\lambda^{-1}\Psi_2(n;x,y;\mu^{-1})\sum_{k\geqslant 0}^{\infty}\Psi_2^*(n+k;x,y;\lambda^{-1})\Psi_2(n+k;x,y;z)\Big)_{n\in\mathbb{Z}}$$

$$= (\lambda^{-1}\Psi_2(n;x,y;\mu^{-1})\Psi_2^*(n-1;x,y-[z];\lambda^{-1})\Psi_2(n;x,y;z))_{n\in\mathbb{Z}}$$

$$= (-\lambda^{-1}\Psi_2(n;x,y;z)(\Lambda G_2(z)-1)(\Psi_2(n;x,y;\mu^{-1})\Psi_2^*(n;x,y-[\mu^{-1}];\lambda^{-1})))_{n\in\mathbb{Z}}$$

$$= \frac{\mu}{\lambda}\Psi_2(\Lambda G_2(z)-1)\frac{\widetilde{\mathbb{X}}(y,\lambda,\mu)\tau}{\tau}.$$

从而得证. □

根据 Toda 方程族的波函数与 tau 函数之间的关系式(5.21),得到以下推论.

推论 5.4 平方本征函数对称,对 tau 函数作用的表达式如下:

$$\partial_{\alpha_1}^*\tau = \mathbb{X}(x,\lambda,\mu)\tau, \partial_{\alpha_2}^*\tau = \frac{\mu}{\lambda}\widetilde{\mathbb{X}}(y,\lambda,\mu)\tau.$$

第六章　李代数 A_∞ 与可积系统

在这一章中，首先，介绍李代数 A_∞ 在费米 Fock 空间上的表示；然后，利用玻色费米对应关系，将相应的表示改写成玻色 Fock 空间上的表示；最后，在此基础上，构造了三种不同的 A_∞-可积系统：$(l-l')$ 次 mKP 方程族. Toda 方程族以及 2-分量 KP 方程族. 本章内容可以参考文献[24,186].

6.1　李代数 A_∞ 简介

首先，设 $\mathcal{G}$ 是复数域 $\mathbb{C}$ 上的一个向量空间；然后，在 $\mathcal{G}$ 上定义一种乘法运算$[\cdot,\cdot]$，称为方括号积. 若对任意 $A,B\in\mathcal{G}$，有 $[A,B]\in\mathcal{G}$，并且满足以下三个条件：

(1) 线性，$[aA+bB,C]=a[A,C]+b[B,C]$；

(2) 反对称，$[A,B]=-[B,A]$；

(3) Jacobi 等式，$[[A,B],C]+[[B,C],A]+[[C,A],B]=0$.

其中，$a,b\in\mathbb{C}$，$A,B,C\in\mathcal{G}$，那么称 $\mathcal{G}$ 为复数域 $\mathbb{C}$ 上的一个李代数.

本书将讨论如下的无限维李代数 $A_\infty=\overline{gl(\infty)}\oplus\mathbb{C}c$，其中，

$$\overline{gl(\infty)}=\Big\{\sum_{i,j\in\mathbb{Z}}a_{ij}E_{ij}\,\Big|\,a_{ij}=0,|i-j|\gg 0\Big\},$$

这里，E_{ij} 或者 $E_{i,j}$ 表示 (i,j) 位置为 1，其余位置为 0 的 $\mathbb{Z}\times\mathbb{Z}$ 矩阵. 相应的李括号定义为

$$[A+\lambda c,B+\mu c]=AB-BA+\omega(A,B)c. \tag{6.1}$$

这里，$A=\sum a_{ij}E_{ij}$，$B=\sum b_{ij}E_{ij}$，$\lambda,\mu\in\mathbb{C}$，并且满足

$$\omega(A,B)=\sum_{i<0,j\geqslant 0}a_{ij}b_{ji}-\sum_{i\geqslant 0,j<0}a_{ij}b_{ji}.$$

注 6.1　这里，$\overline{gl(\infty)}$ 中任意两个矩阵做乘积是有意义的. 实际上，对

于任意的 $A=\sum a_{ij}E_{ij}, B=\sum b_{ij}E_{ij}\in\overline{gl(\infty)}$，存在正整数 N，使得当 $|i-j|>N$ 时，有 $a_{ij}=b_{ij}=0$. 从而 $(AB)_{ij}=\sum\limits_{k=i-N}^{i+N}a_{ik}b_{kj}$ 为有限和，即矩阵 A 与 B 的乘积有意义.

可以验证定义(6.1)中的李括号满足李代数定义中的三个条件. 本章将重点讨论李代数 A_∞ 的表示，其中表示的定义如下.

定义 6.1 复数域 $\mathbb{C}$ 上的李代数 $\mathcal{G}$ 记作 $(\mathcal{G},\mathbb{C})$，V 是一个向量空间. 如果，存在映射 $\psi:\mathcal{G}\rightarrow gl(V)$，满足

$$\psi([A,B])=[\psi(A),\psi(B)],$$

那么称 ψ 为表示映射，V 为表示空间. 其中，$gl(V)$ 为 V 上所有线性变换构成的集合.

下面引入子表示的概念.

定义 6.2 设 $\mathcal{G}$ 是一个李代数，W 是 $\mathcal{G}$ 的表示空间 V 的一个子空间. 若 φ 是 W 对应的表示映射，并且满足 $\varphi(\mathcal{G})W\subset W$，则称 W 是 V 的一个子表示. 易知，$\{0\}$ 和 W 本身是两个平凡的子表示.

进一步可以得到如下不可约的定义.

定义 6.3 若 V 没有非平凡的子表示，则称 V 是不可约的.

命题 6.1 如果 $\mathcal{G}$ 为 Lie 代数，(ρ_1,V) 与 (ρ_2,W) 分别为 $\mathcal{G}$ 的两个表示，则 $V\otimes W$ 仍然可以作为 $\mathcal{G}$ 的表示空间，相应的表示为 $\rho=\rho_1\otimes 1+1\otimes\rho_2$，即

$$\rho(a)(v\otimes w)=(\rho_1(a)v)\otimes w+v\otimes(\rho_2(a)w).$$

其中，$a\in\mathcal{G}$，$v\in V$，以及 $w\in W$.

6.2 李代数 A_∞ 的费米表示

本节首先给出自由费米子的定义；然后，构造费米 Fock 空间；接着，在此基础上给出李代数 A_∞ 在费米 Fock 空间上的费米表示；最后，给出了能量算子的定义，并利用能量算子对费米 Fock 空间进行分解.

6.2.1 自由费米子与费米 Fock 空间

定义 $\mathbb{C}$ 上的线性空间 $V=\oplus_{i\in\mathbb{Z}}\mathbb{C}\psi_i$ 和 $V^*=\oplus_{i\in\mathbb{Z}}\mathbb{C}\psi_i^*$，以及 $W=V\oplus$

V^*. 在 W 上定义如下的对称双线性型 $(\cdot,\cdot)$,

$$(\psi_j,\psi_l)=(\psi_j^*,\psi_l^*)=0,\quad (\psi_j,\psi_l^*)=\delta_{jl}.$$

定义 W 上的张量代数 $T(W)$ 如下,

$$T(W)=\mathbb{C}\cdot 1\oplus\bigoplus_{n\in\mathbb{Z}}W^{\otimes n}.$$

考虑由 $ab+ba-(a,b)\cdot 1$ 生成的双边理想 I,满足 $T(W)I\subset I$,并且 $IT(W)\subset I$.

定义 Clifford 代数 $Cl(W)=T(W)/I$,则 ψ_i 和 ψ_j^* 满足

$$\psi_j\psi_l+\psi_l\psi_j=\psi_j^*\psi_l^*+\psi_l^*\psi_j^*=0,\quad \psi_j\psi_l^*+\psi_l^*\psi_j=\delta_{jl}. \tag{6.2}$$

这里,ψ_j 和 ψ_l^* 称为自由费米子. 若规定

$$\text{charge of }\psi_j=1,\quad \text{charge of }\psi_j^*=-1,$$

则 $a=\psi_{j_1}\cdots\psi_{j_r}\psi_{l_1}^*\cdots\psi_{l_s}^*$ 的 charge 为 $(r-s)$. 为了方便起见,下面将 Clifford 代数 $Cl(W)$ 记为 A,那么 A 有以下直和分解,

$$A=\bigoplus_{l=-\infty}^{+\infty}A_l.$$

其中,A_l 中元素的 charge 为 l.

定义费米 Fock 空间 F 及其对偶空间 F^* 如下:

$$F=A/AW_{\text{ann}},\quad F^*=W_{\text{cr}}A\backslash A.$$

其中,$W_{\text{ann}}=(\oplus_{i<0}\mathbb{C}\psi_i)\oplus(\oplus_{i\geqslant 0}\mathbb{C}\psi_i^*)$,$W_{\text{cr}}=(\oplus_{i\geqslant 0}\mathbb{C}\psi_i)\oplus(\oplus_{i<0}\mathbb{C}\psi_i^*)$. 1 在 F 与 F^* 中的等价类分别记为 $|\text{vac}\rangle$ 与 $\langle\text{vac}|$,也常写作 $|0\rangle$ 与 $\langle 0|$,称为真空态. 可以发现 $|\text{vac}\rangle$ 与 $\langle\text{vac}|$ 满足

$$\psi_i|\text{vac}\rangle=0\quad(i<0),\quad \psi_i^*|\text{vac}\rangle=0\quad(i\geqslant 0), \tag{6.3}$$

$$\langle\text{vac}|\psi_i=0\quad(i\geqslant 0),\quad \langle\text{vac}|\psi_i^*=0\quad(i<0). \tag{6.4}$$

进一步可以发现,

$$F=\text{span}\{\psi_{j_1}\cdots\psi_{j_r}\psi_{l_1}^*\cdots\psi_{l_s}^*|\text{vac}\rangle\mid j_1>\cdots>j_r\geqslant 0>l_1>\cdots>l_s\},$$

$$F^*=\text{span}\{\langle vac|\psi_{j_1}\cdots\psi_{j_r}\psi_{l_1}^*\cdots\psi_{l_s}^*\mid j_1<\cdots<j_r<0\leqslant l_1<\cdots<l_s\}.$$

因此,若定义

$$F_l=A_l|0\rangle,\quad F_l^*=\langle 0|A_{-l},$$

则 F 与 F^* 有如下分解,

$$F=\bigoplus_{l\in\mathbb{Z}}F_l,\quad F^*=\bigoplus_{l\in\mathbb{Z}}F_l^*.$$

进一步定义

$$|l\rangle=\Psi_l|0\rangle,\quad \langle l|=\langle 0|\Psi_l^*,\quad l\in\mathbb{Z}.$$

其中，

$$\Psi_l=\begin{cases}\psi_l^*\cdots\psi_{-1}^*, & l<0;\\ 1, & l=0;\\ \psi_{l-1}\cdots\psi_0, & l>0.\end{cases}\quad \Psi_l^*=\begin{cases}\psi_{-1}\cdots\psi_l, & l<0;\\ 1, & l=0;\\ \psi_0^*\cdots\psi_{l-1}^*, & l>0.\end{cases}$$

引理 6.1 $F_l=A_0|l\rangle, F_l^*=\langle l|A_0$，并且

$$\psi_n|l\rangle=0(n<l),\langle l|\psi_n=0(n\geqslant l),$$

$$\psi_n^*|l\rangle=0(n\geqslant l),\langle l|\psi_n^*=0(n<l). \tag{6.5}$$

证明：首先证明 $A_l|0\rangle\supset A_0|l\rangle$. 因为 $A_0|l\rangle=A_0\Psi_l|0\rangle$，并且 $A_0\Psi_l$ 的 charge 为 l，于是，$A_0\Psi_l|0\rangle\subset A_l|0\rangle$ 显然成立. 注意到 $A_l|0\rangle=A_l\Psi_l^*\Psi_l|0\rangle=A_l\Psi_l^*|l\rangle\subset A_0|l\rangle$，所以，$F_l=A_0|l\rangle$. 类似可以证明，$F_l^*=\langle l|A_0$. 至于式(6.5)可以利用定义直接验证. □

F^* 与 F 之间的配对由 $\langle \mathrm{vac}\mid \mathrm{vac}\rangle=1$，以及式(6.2)、式(6.3)和式(6.4)所唯一决定.

$$F^*\times F\rightarrow\mathbb{C},$$

$$(\langle \mathrm{vac}|a,b|\mathrm{vac}\rangle)\mapsto\langle \mathrm{vac}|ab|\mathrm{vac}\rangle=\langle ab\rangle.$$

其中，$a,b\in A$. 通过计算可以发现，

$$\langle\psi_j\rangle=\langle\psi_j^*\rangle=0,\langle\psi_j\psi_l\rangle=\langle\psi_j^*\psi_l^*\rangle=0,$$

$$\langle\psi_j\psi_l^*\rangle=\delta_{jl}\theta(l<0),\langle\psi_j^*\psi_l\rangle=\delta_{jl}\theta(l\geqslant 0).$$

这里，$\theta(P)$ 是指 P 的特征函数，也就是满足 P 时值为 1，否则为 0. 更一般的情况由以下的 Wick 定理给出.

定理 6.1[24-25] (Wick 定理)已知 $w_1\cdots w_r\in W$，则

$$\langle w_1\cdots w_r\rangle=\begin{cases}0, & r\text{ 奇数};\\ \sum\limits_{\eta\in Sr}\mathrm{sgn}\eta\langle w_{\eta(1)}w_{\eta(2)}\rangle\cdots\langle w_{\eta(r-1)}w_{\eta(r)}\rangle, & r\text{ 偶数},\end{cases}$$

这里，$\eta(1)<\eta(2),\cdots,\eta(r-1)<\eta(r)$ 以及 $\eta(1)<\eta(3)<\cdots<\eta(r-1)$. 其中，$\eta$ 是 1 到 r 的一个置换.

由定理 6.1 可以得到如下推论.

推论 6.1 如果 $a\in Cl(W)$ 的 charge 不为 0，则 $\langle a\rangle=0$.

当 charge 为 0 时，有如下的结论.

命题 6.2 设 $\beta_i\in V,\beta_i^*\in V^*$，则有

$$\langle \beta_1 \cdots \beta_s \beta_s^* \cdots \beta_1^* \rangle = \det(\langle \beta_i \beta_j^* \rangle)_{1 \leqslant i,j \leqslant s}.$$

该命题的证明需要如下的准备工作. 首先,定义 $F \otimes F^*$ 上的算子,即

$$S = \sum_{i \in \mathbb{Z}} \psi_i \otimes \psi_i^*, \quad S^* = \sum_{i \in \mathbb{Z}} \psi_i^* \otimes \psi_i.$$

利用式(6.3) 和式(6.4),可以发现

$$S(|0\rangle \otimes |0\rangle) = S^*(|0\rangle \otimes |0\rangle) = 0, \tag{6.6}$$

$$(\langle 0| \otimes \langle 0|)S = (\langle 0| \otimes \langle 0|)S^* = 0. \tag{6.7}$$

关于算子 S 有如下的引理.

引理 6.2　若 $\beta = \sum_{j \in \mathbb{Z}} a_j \psi_j \in V$,则有

$$S(1 \otimes \beta) = \beta \otimes 1 - (1 \otimes \beta) S.$$

证明:根据式(6.2)可得

$$\begin{aligned} S(1 \otimes \beta) &= \sum_{i,j} a_j \psi_i \otimes \psi_i^* \psi_j = \sum_{i,j} a_j \psi_i \otimes (\delta_{ij} - \psi_j \psi_i^*) \\ &= \beta \otimes 1 - (1 \otimes \beta) S. \end{aligned}$$

□

命题 6.3　利用引理 6.2 可以得到,

$$\begin{aligned} &S(\beta_2 \cdots \beta_r \beta_r^* \cdots \beta_1^* \otimes \beta_1) = S(1 \otimes \beta_1)(\beta_2 \cdots \beta_r \beta_r^* \cdots \beta_1^* \otimes 1) \\ &= (\beta_1 \otimes 1 - (1 \otimes \beta_1) S)(\beta_2 \cdots \beta_r \beta_r^* \cdots \beta_1^* \otimes 1) \\ &= \beta_1 \beta_2 \cdots \beta_r \beta_r^* \cdots \beta_1^* \otimes 1 + (\beta_2 \cdots \beta_r \beta_r^* \cdots \beta_1^* \otimes \beta_1) S - \\ &\quad \sum_{l=1}^{r} (-1)^{r-1+r-l} (1 \otimes \beta_1)(\beta_2 \cdots \beta_r \beta_r^* \cdots \beta_l^* \cdots \beta_1^* \otimes \beta_l^*) \\ &= \beta_1 \beta_2 \cdots \beta_r \beta_r^* \cdots \beta_1^* \otimes 1 + (\beta_2 \cdots \beta_r \beta_r^* \cdots \beta_1^* \otimes \beta_1) S + \\ &\quad \sum_{l=1}^{r} (-1)^l \beta_2 \cdots \beta_r \beta_r^* \cdots \beta_l^* \cdots \beta_1^* \otimes \beta_1 \beta_l^*. \end{aligned}$$

其中,$\beta_r^* \cdots \beta_l^* \cdots \beta_1^* = \beta_r^* \cdots \beta_{l+1}^* \beta_{l-1}^* \cdots \beta_1^*$.

对上式左边作用$\langle 0| \otimes \langle 0|$,右边作用$|0\rangle \otimes |0\rangle$,并利用式(6.6)和式(6.7)可以得到

$$\langle \beta_1 \cdots \beta_r \beta_r^* \cdots \beta_1^* \rangle = \sum_{l=1}^{r} (-1)^{l+1} \langle \beta_1 \beta_l^* \rangle \langle \beta_2 \cdots \beta_r \beta_r^* \cdots \hat{\beta}_l^* \cdots \beta_1^* \rangle.$$

上式得到的,刚好为行列式的递推关系,这里用到了如下关系式,

$$(\langle 0| \otimes \langle 0|)(A \otimes B)(|0\rangle \otimes |0\rangle) = \langle A \rangle \langle B \rangle, \quad A, B \in Cl(W),$$

因此,命题 6.3 得证.　□

6.2.2 李代数 A_∞ 在费米 Fock 空间 F 上的表示

若引入符号[· , ·]与{ · , · },即$[A,B]=AB-BA$与$\{A,B\}=AB+BA$,则有如下的结论:

$$[A,BC]=[A,B]C+B[A,C]=\{A,B\}C-B\{A,C\}. \tag{6.8}$$

命题 6.4

$$[\psi_i\psi_j^*,\psi_k\psi_l^*]=\delta_{jk}\psi_i\psi_l^*-\delta_{il}\psi_k\psi_j^*.$$

证明:利用式(6.8),可以得到

$$\begin{aligned}[\psi_i\psi_j^*,\psi_k\psi_l^*]&=[\psi_i\psi_j^*,\psi_k]\psi_l^*+\psi_k[\psi_i\psi_j^*,\psi_l^*]\\&=\psi_i\{\psi_j^*,\psi_k\}\psi_l^*-\{\psi_i,\psi_k\}\psi_j^*\psi_l^*+\\&\quad\psi_k\psi_i\{\psi_j^*,\psi_l^*\}-\psi_k\{\psi_i,\psi_l^*\}\psi_j^*\\&=\delta_{jk}\psi_i\psi_l^*-\delta_{il}\psi_k\psi_j^*.\end{aligned}$$

至此,定理得证. □

利用$[E_{ij},E_{kl}]=E_{ij}E_{kl}-E_{kl}E_{ij}=\delta_{jk}E_{il}-\delta_{li}E_{kj}$,可以得到命题 6.5.

命题 6.5 在 $gl(\infty)$上定义映射,

$$\pi:gl(\infty)\to Cl(W),$$

$$E_{ij}\mapsto\pi(E_{ij})=\psi_i\psi_j^*,$$

显然 π 为一个李代数同态.其中,$gl(\infty)$的李括号定义为普通的交换子,也就是$[A,B]=AB-BA$.

根据上面的命题可以得到如下结论.

命题 6.6 下面的映射给出了 $gl(\infty)$在 F 上的表示,即

$$\pi:gl(\infty)\to gl(F)$$

$$E_{ij}\mapsto\pi(E_{ij}).$$

其中,$\pi(E_{ij})$在 $a|0\rangle\in F$ 上的作用为 $\psi_i\psi_j^*a|0\rangle$.

注 6.2 命题 6.6 中的映射 π 无法推广到$\overline{gl(\infty)}$.注意,对于 $A=\sum_{i\in\mathbb{Z}}a_iE_{ii}$,有

$$\pi(A)|0\rangle=\sum_{i=1}^{+\infty}a_{-i}|0\rangle,$$

这是一个无穷求和,从而无法确定收敛性.因此,π 不能推广到$\overline{gl(\infty)}$.

为了改进映射 π,使其能够推广到$\overline{gl(\infty)}$,需要引入如下的正规积,即

$$:\psi_i\psi_j^*: = \psi_i\psi_j^* - \langle\psi_i\psi_j^*\rangle = \begin{cases}\psi_i\psi_j^*, & i\geqslant 0;\\ -\psi_j^*\psi_i, & i<0.\end{cases}$$

如果,记 $\hat{\pi}(E_{ij}) = :\psi_i\psi_j^*:$,则有

$$\hat{\pi}(A)|0\rangle = \sum_i a_i:\psi_i\psi_i^*:|0\rangle = \sum_{i\geqslant 0} a_i\psi_i\psi_i^*|0\rangle - \sum_{i<0} a_i\psi_i^*\psi_i|0\rangle = 0.$$

刚好解决了无穷求和的问题,而且 $\hat{\pi}$ 依然可以作为 A_∞ 在 F 上的表示.具体见下面的命题.

命题 6.7　如果定义 $\hat{\pi}: A_\infty \to gl(F)$ 为 $\hat{\pi}(E_{ij}) = :\psi_i\psi_j^*:$,以及 $\hat{\pi}(c)=1$,则 $\hat{\pi}$ 为 A_∞ 在 F 上的表示.

证明:事实上,只需验证 $[\hat{\pi}(E_{ij}),\hat{\pi}(E_{kl})] = \hat{\pi}([E_{ij},E_{kl}])$ 即可.首先,计算 $[\hat{\pi}(E_{ij}),\hat{\pi}(E_{kl})]$,计算过程如下:

$$\begin{aligned}[\hat{\pi}(E_{ij}),\hat{\pi}(E_{kl})] &= [:\psi_i\psi_j^*:,:\psi_k\psi_l^*:] = [\psi_i\psi_j^*,\psi_k\psi_l^*] = \delta_{jk}\psi_i\psi_l^* - \delta_{il}\psi_k\psi_j^*\\ &= \delta_{jk}:\psi_i\psi_l^*: - \delta_{il}:\psi_k\psi_j^*: + \delta_{jk}\langle\psi_i\psi_l^*\rangle - \delta_{il}\langle\psi_k\psi_j^*\rangle\\ &= \delta_{jk}:\psi_i\psi_l^*: - \delta_{il}:\psi_k\psi_j^*: + \delta_{jk}\delta_{il}(\theta(l<0)-\theta(j<0)).\end{aligned}$$

此外,

$$\begin{aligned}\hat{\pi}([E_{ij},E_{kl}]) = {} & \delta_{jk}\hat{\pi}(E_{il}) - \delta_{il}\hat{\pi}(E_{kj}) + \\ & \delta_{jk}\delta_{il}(\theta(l<0,j\geqslant 0)-\theta(l\geqslant 0,j<0)).\end{aligned}$$

对比两式结果发现,最终只需要验证

$$\theta(l<0)-\theta(j<0) = \theta(l<0,j\geqslant 0)-\theta(l\geqslant 0,j<0). \tag{6.9}$$

注意到如下关系式,即

$$\theta(l<0) = \theta(l<0)(\theta(j<0)+\theta(j\geqslant 0)) = \theta(l<0,j<0)+\theta(l<0,j\geqslant 0),$$

$$\theta(j<0) = \theta(j<0)(\theta(l<0)+\theta(l\geqslant 0)) = \theta(j<0,l<0)+\theta(j<0,l\geqslant 0),$$

因此,式(6.9)刚好成立. □

注 6.3　A_∞ 在 F 上的表示不是不可约的.这是因为,$\hat{\pi}(E_{ij})$ 的 charge 为 0,从而,有 $\hat{\pi}(A_\infty)F_l \subset F_l$,即 $F_l \neq 0$ 为 A_∞ 在 F 上的一个非平凡的子表示.进一步可以发现 F_l 是不可约的.

为证明此表示是不可约的,需要如下准备工作.

引理 6.3　对于 $m_1 > \cdots > m_r \geqslant 0 > n_r > \cdots > n_1$,

$$\begin{aligned}&(1-\psi_{m_i}\psi_{n_j}^*)(1+\psi_{n_j}\psi_{m_i}^*)\psi_{m_1}\cdots\psi_{m_r}\psi_{n_1}^*\cdots\psi_{n_r}^*|0\rangle\\ &= (-1)^{i+j+r+1}\psi_{m_1}\cdots\hat{\psi}_{m_i}\cdots\psi_{m_r}\psi_{n_1}^*\cdots\hat{\psi}_{n_j}^*\cdots\psi_{n_r}^*|0\rangle.\end{aligned}$$

定理 6.2　A_∞ 在 F_l 上的表示是不可约的.

证明：不妨设$\{0\}\neq U$ 为 F_l 的一个子表示，即 $\hat{\pi}(A_\infty)U\subset U$. 要证明 F_l 不可约，只需要验证 $U=F_l$. 由于，$F_l=A_0|l\rangle$，因此，只要说明$|l\rangle\in U$ 即可.

首先，根据引理 6.1，可以发现 F_l 有如下的基底，

$$F_l=\mathrm{span}\{\psi_{j_1}\psi_{j_2}\cdots\psi_{j_r}\psi_{l_1}^*\psi_{l_2}^*\cdots\psi_{l_r}^*|l\rangle\}.$$

其中，$j_1>\cdots>j_r\geqslant l>l_1>\cdots>l_r$. 由于，$U\neq 0$，则存在 $a\in U$，可以写成如下的形式.

$$a=\sum a_{m_1\cdots m_i,n_1\cdots n_i}\psi_{m_1}\psi_{m_2}\cdots\psi_{m_i}\psi_{n_1}^*\psi_{n_2}^*\cdots\psi_{n_i}^*\ |\ l\rangle\neq 0.$$

下面的关键是找到一系列的 A_{ij}，使得

$$\sum\hat{\pi}(A_{i_1j_1})\cdots\hat{\pi}(A_{i_mj_m})a=|\ l\rangle,$$

从而得到，$|l\rangle\in U$，进而 $U=F_l$. 举一个简单的例子来说明这一系列 A_{ij} 是可以被找到的. 不妨设 $l=0$，以及

$$a=\psi_3\psi_5\psi_{-4}^*\psi_{-2}^*|0\rangle+\psi_2\psi_{-1}^*|0\rangle.$$

显然，$\hat{\pi}(E_{-1,2})(a)=\psi_{-1}\psi_2^*\psi_2\psi_{-1}^*|0\rangle$，然后利用交换关系(6.2)就可以得到

$$\psi_{-1}\psi_2^*\psi_2\psi_{-1}^*|0\rangle=|0\rangle\in U.$$

这就说明了 F_l 为 A_∞的一个不可约表示. □

A_∞可以分解为如下形式：

$$A_\infty=A_+\oplus H\oplus A_-.$$

其中，A_+表示全体上三角矩阵构成的集合；H 表示全体对角矩阵与$\mathbb{C}c$；A_-表示下三角矩阵构成的集合.

设向量空间 V 为 A_∞的表示空间，v 为 V 中的一个元素，若 v 满足以下形式：

$$A_+v=0,hv=\Lambda(h)v,h\in H,\Lambda\in H^*,$$

则称 v 为最高权向量，Λ 为最高权，V 为最高权表示空间. 通常记 V 为 $L(\Lambda)$.

注 6.4 下面将 $gl(\infty)$的 Chevalley 基底记为

$$\mathrm{e}_i=\psi_{i-1}\psi_i^*,\quad f_i=\psi_i\psi_{i-1}^*,\quad h_i=\psi_{i-1}\psi_{i-1}^*-\psi_i\psi_i^*,$$

与 $\psi_0\psi_0^*$. 其中，$\Lambda_l(h_j)=\delta_{jl}$. 可以验证 $\mathrm{e}_i|l\rangle=0,h_i|l\rangle=\delta_{i,l}|l\rangle$. 由此就可以说明，$|l\rangle$是一个最高权向量. 如果记 $\Lambda_l\in H^*$ 使得 $\Lambda_l(h_i)=\delta_{i,l}$，则有 F_l 是李代数 A_∞以 Λ_l 为最高权的最高权表示空间，所以可以将 F_l 记为 $L(\Lambda_l)$.

6.2.3　能量算子

本节引入新的算子，即

$$D_0 = \sum_{j\in\mathbb{Z}} j:\psi_j\psi_j^*:$$

用来描述能量，称为能量算子. 通过直接计算可以得到如下引理.

引理 6.4　能量算子 D_0 与 ψ_m 以及 ψ_m^* 的交换子如下：

$$[D_0,\psi_m]=m\psi_m,[D_0,\psi_m^*]=-m\psi_m^*,$$

因此，可以认为 ψ_m 的能量是 m，ψ_m^* 的能量是 $-m$.

然后，可得引理 6.5.

引理 6.5　能量算子 D_0 在 $|l\rangle$ 与 $\langle l|$ 上的作用如下：

$$D_0|l\rangle=\frac{(l-1)l}{2}|l\rangle,\langle l|D_0=\langle l|\frac{(l-1)l}{2}.$$

因而，可以认为 $|l\rangle$ 和 $\langle l|$ 的能量为 $(l-1)l/2$.

有了上述的准备后，下面可以按照能量对 A_l、F_l 和 F_l^* 进行分类. 为此，引入

$$A_l^{(m)}=\{a\in A_l \mid [D_0,a]=ma,\forall m\in\mathbb{Z}\},$$

$$F_l^{(m)}=\{v\in F_l \mid D_0v=mv\},F_l^{*(m)}=\{v\in F_l^* \mid vD_0=mv\}.$$

可以发现 F_l 与 F_l^* 的能量不小于 $\frac{l(l-1)}{2}$. 事实上，

$$F_l=A_0|l\rangle=\mathrm{span}\{\psi_{j_1}\cdots\psi_{j_r}\cdot\psi_{k_1}^*\cdots\psi_{k_r}^*|l\rangle \mid j_1>\cdots>j_r\geqslant l>k_1>\cdots>k_r\},$$

而通过计算可以发现，

$$\begin{aligned}&D_0(\psi_{j_1}\cdots\psi_{j_r}\cdot\psi_{k_1}^*\cdots\psi_{k_r}^*|l\rangle)\\&=\left(j_1+\cdots+j_r-k_1-\cdots-k_r+\frac{l(l-1)}{2}\right)\times\\&\quad(\psi_{j_1}\cdots\psi_{j_r}\cdot\psi_{k_1}^*\cdots\psi_{j_r}^*|l\rangle).\end{aligned}$$

注意到所有的 j_m 均不小于 l，以及所有的 k_n 都是小于 l，所以 $F_l^{(m)}$ 中元素的能量一定是不小于 $\frac{l(l-1)}{2}$. 因此，可以得到如下的公式：

$$A_l=\bigoplus_{m\in\mathbb{Z}}A_l^{(m)},\quad F_l=\bigoplus_{m\geqslant\frac{(l-1)l}{2}}F_l^{(m)},\quad F_l^*=\bigoplus_{m\geqslant\frac{(l-1)l}{2}}F_l^{*(m)}.$$

6.3 李代数 A_∞的玻色表示

6.3.1 Heisenberg 子代数

引入 ψ_j 和 ψ_k^* 的生成函数 $\psi(z)$和 $\psi^*(z)$,其表达式如下:

$$\psi(z)=\sum_{j\in\mathbb{Z}}\psi_j z^j,\quad \psi^*(z)=\sum_{j\in\mathbb{Z}}\psi_j^* z^{-j}.$$

定义

$$\alpha(z)=\sum_{n\in\mathbb{Z}}\alpha_n z^{-n}=:\psi(z)\psi^*(z):,$$

则

$$\alpha_n=\sum_{j\in\mathbb{Z}}:\psi_j\psi_{j+n}^*:.$$

可以发现 α_n 作用于$a|l\rangle(a\in A)$上的和式中只有有限多个非零项.

引理 6.6 算子 α_n 与 ψ_m,以及 ψ_m^* 的交换关系如下:

$$[\alpha_n,\psi_m]=\psi_{m-n},\quad [\alpha_n,\psi_m^*]=-\psi_{m+n}^*.$$

从而,

$$[\alpha_n,\psi(z)]=z^n\psi(z),\quad [\alpha_n,\psi^*(z)]=-z^n\psi^*(z).$$

证明:利用$[AB,C]=A\{B,C\}-\{A,C\}B$,以及 ψ_m 与 ψ_n^* 之间的关系可以得到本引理. □

注 6.5 特别地$[\alpha_0,\psi_m]=\psi_m$,$[\alpha_0,\psi_m^*]=-\psi_m^*$,从而,$\alpha_0$ 可以用来计算 charge,于是 A_l、F_l 与 F_l^*,可表示成如下形式:

$$A_l=\{a\in A\ |\ [\alpha_0,a]=la\},$$

$$F_l=\{v\in F\ |\ \alpha_0 v=lv\},F_l^*=\{v\in F^*\ |\ v\alpha_0=lv\}.$$

命题 6.8 算子 α_m 满足

$$[\alpha_m,\alpha_n]=m\delta_{m+n,0}.$$

证明:不妨设 $m>0$,利用$[A,BC]=[A,B]C+B[A,C]$,以及引理 6.6 可得,

$$\begin{aligned}[\alpha_m,\alpha_n]&=\sum_j(\psi_{j-m}\psi_{j+n}^*-\psi_j\psi_{j+n+m}^*)\\&=\sum_j(:\psi_{j-m}\psi_{j+n}^*:-:\psi_j\psi_{j+n+m}^*:)+\end{aligned}$$

$$
\begin{aligned}
&\sum_j \delta_{m+n,0}(\theta(j+n<0)-\theta(j+m+n<0))\\
=&\Big(\sum_{j\leqslant -n-1}-\sum_{j\leqslant -m-n-1}\Big)\delta_{m+n,0}\\
=&\sum_{j=-m-n}^{-n-1}\delta_{m+n,0}=m\delta_{m+n,0}.
\end{aligned}
\qquad \square
$$

注 6.6　注意，在命题 6.19 的证明中，不能直接令 $j-m\to j$，从而得到，

$$\sum_j(\psi_{j-m}\psi_{j+n}^*-\psi_j\psi_{j+n+m}^*)=0,$$

因为，这个和式是无穷多项. 但是，同样的操作对

$$\sum_j(:\psi_{j-m}\psi_{j+n}^*:-:\psi_j\psi_{j+n+m}^*:)$$

是允许的，因为作用于 $a|0\rangle$ 上只有有限项为非零. 另外，α_m $(m\neq 0)$ 满足 Heisenberg 代数关系.

利用关系式(6.5)，可以得到如下的命题.

命题 6.9　α_m 在最高权向量 $|l\rangle$ 与 $\langle l|$ 上的作用如下：

$$\alpha_m|l\rangle=0\,(m>0),\quad \alpha_0|l\rangle=l|l\rangle,$$
$$\langle l|\alpha_m=0\,(m<0),\quad \langle l|\alpha_0=l\langle l|.$$

6.3.2　费米 Fock 空间的另一种等价描述

本节首先考虑费米 Fock 空间 F 中一个子空间

$$\widetilde{B}=\bigoplus\nolimits_{l\in\mathbb{Z}}\widetilde{B}_l,$$

其中，

$$\widetilde{B}_l=\mathrm{span}\{\alpha_{-k_s}\cdots\alpha_{-k_1}|l\rangle \mid 0<k_1\leqslant\cdots\leqslant k_s\}.$$

该子空间 $\widetilde{B}$ 可以很好地与后面讨论的玻色 Fock 空间，即

$$B=\mathbb{C}[q,q^{-1},t]=\bigoplus_{l\in\mathbb{Z}}B_l,$$

其中，$B_l=q^l\,\mathbb{C}[t]$，$t=(t_1=x,t_2,t_3,\cdots)$. 然后，再验证该子空间 $\widetilde{B}$ 就是整个费米 Fock 空间 F，从而得到费米 Fock 空间 F 的另一种等价描述.

注意到 $\widetilde{B}_l$ 为 F_l 的子空间，并且有如下重要结论.

定理 6.3　$F_l=\widetilde{B}_l$.

为了证明该定理，需要做如下准备. 首先，设 $\widetilde{B}_l^{(m)}$ 为 $\widetilde{B}_l$ 中能量为 m 的元素集合，则有

$$\widetilde{B}_l = \bigoplus_{m\geqslant l(l-1)/2} \widetilde{B}_l^{(m)}.$$

然后,定义 F 与 $\widetilde{B}$ 的特征(character),其表达式如下,

$$\mathrm{ch}\ F = \sum_{l\in\mathbb{Z}} \sum_{m\geqslant\frac{l(l-1)}{2}} \dim(F_l^{(m)}) z^l q^m, \quad \mathrm{ch}\ \widetilde{B} = \sum_{l\in\mathbb{Z}} \sum_{m\geqslant\frac{l(l-1)}{2}} \dim(\widetilde{B}_l^{(m)}) z^l q^m. \tag{6.10}$$

引理 6.7

$$\mathrm{ch}\ F = \prod_{j=1}^{+\infty}(1+zq^{j-1})(1+z^{-1}q^j).$$

证明:首先,注意到 F 基底如下:

$$\psi_{j_1}\cdots\psi_{j_r}\psi_{k_1}^*\cdots\psi_{k_s}^*|0\rangle, j_1>\cdots>j_r\geqslant 0>k_1>\cdots>k_s,$$

相应的 charge 与能量分别为 $r-s$ 与 $(j_1+\cdots+j_r)-(k_1+\cdots+k_s)$. 因此,

$$\mathrm{ch}\ F = \sum_{r,s=0}^{\infty} \sum_{j_1>\cdots>j_r\geqslant 0>k_1>\cdots>k_s} z^{r-s}q^{(j_1+\cdots+j_r)-(k_1+\cdots+k_s)}.$$

由于,

$$\begin{aligned}\prod_{j=1}^{+\infty}(1+zq^{j-1}) = \prod_{j=0}^{+\infty}(1+zq^j) &= \sum_{r=0}^{\infty}\sum_{j_1>\cdots>j_r\geqslant 0}(zq^{j_1})(zq^{j_2})\cdots(zq^{j_r}) \\ &= \sum_{r=0}^{\infty}\sum_{j_1>\cdots>j_r\geqslant 0} z^r q^{j_1+\cdots+j_r},\end{aligned}$$

以及,

$$\begin{aligned}\prod_{j=1}^{+\infty}(1+z^{-1}q^j) &= \sum_{s=0}^{\infty}\sum_{k_1>\cdots>k_s>0}(z^{-1}q^{k_1})(z^{-1}q^{k_2})\cdots(z^{-1}q^{k_s}) \\ &= \sum_{s=0}^{\infty}\sum_{k_1>\cdots>k_s>0} z^{-s}q^{(k_1+\cdots+k_s)},\end{aligned}$$

所以,

$$\mathrm{ch}\ F = \prod_{j=1}^{+\infty}(1+zq^{j-1})(1+z^{-1}q^j).$$ □

为了计算 ch $\widetilde{B}$,需要做以下准备,即引入如下两个集合,

$$A(k) = \left\{(j_1, j_2, \cdots) \mid \sum_{l=1}^{\infty} l j_l = k, j_l \in \mathbb{Z}_{\geqslant 0}\right\},$$

$$B(k) = \left\{(j_1, j_2, \cdots) \mid \sum_{l=1}^{\infty} j_1 \geqslant j_2 \geqslant \cdots \geqslant 0\right\}.$$

下面用 $\#\mathfrak{S}$ 表示集合 $\mathfrak{S}$ 的元素个数.

引理 6.8　集合 $A(k)$ 与 $B(k)$ 的元素个数相等，即 $\# A(k)=\# B(k)$.

证明：注意到 $A(k)$ 与 $B(k)$ 之间存在一个双射 $f:B(k)\to A(k)$，其定义如下：

$$f(j_l)=j_l-j_{l+1},\quad l\geqslant 1.$$

因此，结论成立. □

注 6.7　记 $\# A(k)$ 与 $\# B(k)$ 的数值为 $p(k)$.

引理 6.9

$$\prod_{j=1}^{+\infty}(1-q^j)^{-1}=\sum_{s\geqslant 0}\sum_{0<k_1\leqslant\cdots\leqslant k_s}q^{k_1+\cdots+k_s}.$$

证明：首先，

$$\begin{aligned}\prod_{j=1}^{+\infty}(1-q^j)^{-1}&=\prod_{j=1}^{+\infty}(1+q^j+q^{2j}+q^{3j}+\cdots)\\&=\sum_{j_1,j_2,\cdots\geqslant 0}q^{j_1}q^{2j_2}q^{3j_3}\cdots=\sum_{k\in\mathbb{Z}}\sum_{(j_1,j_2,\cdots)\in A(k)}q^k\\&=\sum_{k\in\mathbb{Z}}q^k\# A(k).\end{aligned}$$

接着，

$$\sum_{s\geqslant 0}\sum_{0<k_1\leqslant\cdots\leqslant k_s}q^{k_1+\cdots+k_s}=\sum_{k\in\mathbb{Z}}q^k\# B(k).$$

于是根据引理 6.8 可知，结论成立. □

引理 6.10

$$\mathrm{ch}\,\widetilde{B}=\sum_{l\in\mathbb{Z}}z^lq^{\frac{l(l-1)}{2}}\prod_{j=1}^{+\infty}(1-q^j)^{-1}.$$

证明：首先，$v=\alpha_{-k_s}\cdots\alpha_{-k_1}\mid l\rangle(0<k_1\leqslant k_2\leqslant\cdots\leqslant k_s)$ 为 $\widetilde{B}$ 的一组基，其对应的 charge 与能量分别为 l 与 $\frac{l(l-1)}{2}+\sum_{i=1}^{s}k_i$. 因此，

$$\mathrm{ch}\,\widetilde{B}=\sum_{l}\sum_{s\geqslant 0}\sum_{0<k_1\leqslant\cdots\leqslant k_s}z^lq^{\frac{l(l-1)}{2}+k_1+\cdots+k_s}.$$

最后，利用引理 6.9 可知，结论成立. □

利用 Jacobi 三重积恒等式[214]，即

$$\prod_{j=1}^{+\infty}(1-zq^{j-1})(1-z^{-1}q^j)(1-q^j)=\sum_{l\in\mathbb{Z}}(-z)^lq^{\frac{l(l-1)}{2}},$$

可以得到如下结论.

命题 6.10　$\mathrm{ch}\,F=\mathrm{ch}\,\widetilde{B}$.

在此基础上,本书可以给出了定理 6.3 的证明. 注意到 $\widetilde{B}_l^{(m)} \subseteq F_l^{(m)}$,并且 $F_l^{(m)}$ 以及 $\widetilde{B}_l^{(m)}$ 的维数都是有限的,因此只要证明 $\dim F_l^{(m)} = \dim \widetilde{B}_l^{(m)}$ 即可. 这个证明可以根据 ch F 与 ch $\widetilde{B}$ 的定义(6.10),以及命题 6.10 得到. □

根据定理 6.3 的证明过程,可以得到如下的推论.

推论 6.2 $\widetilde{B}_l^{(m)} = F_l^{(m)}$.

6.3.3 玻色费米对应

本节将给出费米 Fock 空间 F 与玻色 Fock 空间 B 之间的对应,称为玻色费米对应. 首先,给出玻色费米对应的基本结论;然后,将费米场 $\psi(\lambda)$ 与 $\psi^*(\lambda)$ 用 Heisenberg 子代数生成元 α_n 进行表达;最后,讨论了不同版本玻色费米对应之间的等价关系.

6.3.3.1 玻色费米对应的基本结论

给定玻色 Fock 空间 $B = \mathbb{C}[q, q^{-1}, t]$,定义 $t_1^{j_1} \cdots t_k^{j_k}$ 的 degree 为 $j_1 + 2j_2 + \cdots + kj_k$,则有

$$B_l = \bigoplus_{m \geqslant l(l-1)/2} B_l^{(m)},$$

其中,$B_l^{(m)}$ 为 q^l 乘以 $\mathbb{C}[t]$ 中 degree 为 $m - l(l-1)/2$ 的元素组成的集合. 注意到,

$$\dim B_l^{(m + \frac{l(l-1)}{2})} = \# A(m), \quad \dim \widetilde{B}_l^{(m + \frac{l(l-1)}{2})} = \# B(m).$$

因此,利用引理 6.8 有如下结论.

命题 6.11 $\dim B_l^{(m)} = \dim \widetilde{B}_l^{(m)}$.

定理 6.4 若存在一个 $\widetilde{B}_l$ 到 B_l 的线性映射 σ_l,其定义如下:

$$\sigma_l : \widetilde{B}_l \to B_l,$$
$$\alpha_{-k_s} \cdots \alpha_{-k_1} |l\rangle \mapsto q^l k_1 \cdots k_s t_{k_1} \cdots t_{k_s},$$

则,σ_l 为同构映射.

证明:显然 σ_l 为满射. 下面证明 σ_l 为单射. 为此,只需证明 $\mathrm{Ker}\, \sigma_l = \{0\}$ 即可. 根据 σ_l 的定义可知,

$$\sigma_l(\widetilde{B}_l^{(m)}) \subset B_l^{(m)}.$$

并且容易验证,$\sigma_{l,m} : \widetilde{B}_l^{(m)} \to B_l^{(m)}$ 仍然为满射,其中,$\sigma_{l,m} = \sigma_l |_{\widetilde{B}_l^{(m)}}$. 于是,根据同态基本定理可知,

$$\widetilde{B}_l^{(m)} / \mathrm{Ker}(\sigma_{l,m}) \cong B_l^{(m)}.$$

所以，根据命题 6.11 可知，$\dim\mathrm{Ker}(\sigma_{l,m})=0$，从而，$\mathrm{Ker}(\sigma_{l,m})=\{0\}$. 接着，根据 $\widetilde{B}_l=\bigoplus_{m\geqslant l(l-1)/2}\widetilde{B}_l^{(m)}$ 可知，

$$\mathrm{Ker}\ \sigma_l=\bigoplus_{m\geqslant l(l-1)/2}\mathrm{Ker}\ (\sigma_{l,m})=\{0\}.$$

因此，σ_l 为单射，从而 σ_l 为双射，结论成立. □

推论 6.3　对于 $k>0$，以及 $f(t)\in\mathbb{C}[t]$，

$$\sigma_l\alpha_{-k}\sigma_l^{-1}=kt_k,\sigma_l\alpha_k\sigma_l^{-1}=\partial_{t_k},(\sigma_l\alpha_0\sigma_l^{-1})(f(t)q^l)=lq^lf(t).$$

证明：根据 σ_l 的定义，$\sigma_l\alpha_{-k}\sigma_l^{-1}=kt_k$ 显然成立. 至于，$\sigma_l\alpha_k\sigma_l^{-1}=\dfrac{\partial}{\partial t_k}$，只需要验证，

$$\sigma_l(\alpha_k\alpha_{-k_s}\cdots\alpha_{-k_1}|l\rangle)=\partial_{t_k}\sigma_l(\alpha_{-k_s}\cdots\alpha_{-k_1}|l\rangle).$$

事实上，可以利用命题 6.8 与命题 6.9 进行直接验证. 由于，α_0 可以计算 charge，因此，对于 $a\in A_0$，

$$\sigma_l(\alpha_0a|l\rangle)=l\sigma_l(a|l\rangle),$$

从而，$(\sigma_l\alpha_0\sigma_l^{-1})(f(t)q^l)=lq^lf(t)$成立. □

根据定理 6.3 还可以得到如下结论.

定理 6.5　$\sigma=\sum\limits_{l\in\mathbb{Z}}\sigma_l$ 为 F 到 B 的线性同构.

注 6.8　还可以用 $\sigma_{t,q}$代替 σ 用来表明映射 σ 与 t，以及 q 的相关.

为了更进一步地研究映射 σ，本书引入

$$\Gamma(\lambda)=\sigma\psi(\lambda)\sigma^{-1},\Gamma^*(\lambda)=\sigma\psi^*(\lambda)\sigma^{-1},$$

则利用引理 6.8 与推论 6.3 可以得到引理 6.11.

引理 6.11

$$[\partial_{t_m},\Gamma(\lambda)]=\lambda^m\Gamma(\lambda),[t_m,\Gamma(\lambda)]=\frac{\lambda^{-m}}{m}\Gamma(\lambda).$$

引理 6.12

$$[t_m,\Gamma(\lambda)e^{\xi(\widetilde{\partial},\lambda^{-1})}]=0,[\partial_{t_m},e^{-\xi(t,\lambda)}\Gamma(\lambda)]=0.$$

其中，$\widetilde{\partial}=\left(\partial_x,\frac{1}{2}\partial_{t_2},\frac{1}{3}\partial_{t_3}\cdots\right)$，$\xi(t,\lambda)=\sum\limits_{k=1}^{+\infty}t_k\lambda^k$.

证明：首先，计算$[t_m,\exp(\xi(\widetilde{\partial},\lambda^{-1})]$. 注意到

$$e^{\xi(\widetilde{\partial},\lambda^{-1})}f(t)=f(t+[\lambda^{-1}]),$$

其中，$[\lambda^{-1}]=(\lambda^{-1},\lambda^{-2}/2,\cdots)$，从而，可以得到

$$[t_m, e^{\xi(\widetilde{\partial},\lambda^{-1})}] = -\frac{\lambda^m}{m} e^{\xi(\widetilde{\partial},\lambda^{-1})}.$$

接着，利用引理 6.11 可以得到$[t_m, \Gamma(\lambda) e^{\xi(\widetilde{\partial},\lambda^{-1})}]=0$. 至于$[\partial_{t_m}, e^{-\xi(t,\lambda)}\Gamma(\lambda)]$，可以利用引理 6.11 直接验证. □

定理 6.6

$$\sigma\psi(\lambda)\sigma^{-1}|_{B_l} = \lambda^l q e^{\xi(t,\lambda)} e^{-\xi(\widetilde{\partial},\lambda^{-1})},$$

$$\sigma\psi^*(\lambda)\sigma^{-1}|_{B_l} = \lambda^{1-l} q^{-1} e^{-\xi(t,\lambda)} e^{\xi(\widetilde{\partial},\lambda^{-1})}.$$

证明：下面仅验证$\sigma\psi(\lambda)\sigma^{-1}|_{B_l}$，另一等式类似可证. 首先，根据 $\Gamma(\lambda)$的定义可知，

$$\Gamma(\lambda) = f(t, \partial_t, \lambda, q),$$

其中，f 的形式待定，$\partial_t = (\partial_x, \partial_{t_2}, \cdots)$.

然后，由引理 6.12 可知，$\Gamma(\lambda) e^{\xi(\widetilde{\partial},\lambda^{-1})}$中没有$\partial_t$ 出现；接着，根据 $\psi(\lambda)$可以将 F_l 变为 F_{l+1}，所以，$\Gamma(\lambda)$可写成如下形式：

$$\Gamma(\lambda) = q f(\lambda, t) e^{-\xi(\widetilde{\partial},\lambda^{-1})},$$

其中，$f(\lambda, t)$待定. 再次，利用引理 6.12 可知，$e^{-\xi(t,\lambda)}\Gamma(\lambda) e^{\xi(\widetilde{\partial},\lambda^{-1})}$中不会有 t 和∂_t. 因此，

$$\Gamma(\lambda)|_{B_l} = q C_l(\lambda) e^{\xi(\widetilde{\partial},\lambda^{-1})} e^{-\xi(t,\lambda)}.$$

其中，$C_l(\lambda)$未知. 接下来的关键就是确定 $C_l(\lambda)$的表达式. 注意到

$$\begin{aligned}
\Gamma(\lambda)(q^l) &= \sigma_{l+1}\psi(\lambda)\sigma_l^{-1}(q^l) = \sigma_{l+1}(\psi(\lambda)|l\rangle) \\
&= \sigma_{l+1}\Big(\sum_{k\in\mathbb{Z}} \lambda^k \psi_k \mid l\rangle\Big) = \sigma_{l+1}\Big(\sum_{k\geqslant l} \lambda^k \psi_k \mid l\rangle\Big) \\
&= \lambda^l \sigma_{l+1}(|l+1\rangle) + \sum_{k=l+1}^{+\infty} \sigma_{l+1}(\psi_k \mid l\rangle)\lambda^k \\
&= q^{l+1}\lambda^l + \sum_{k=l+1}^{+\infty} \sigma_{l+1}(\psi_k \mid l\rangle)\lambda^k,
\end{aligned}$$

这里，用到 $\psi_l|l\rangle = |l+1\rangle$，$\psi_n \mid m\rangle = 0 (n < m)$. 因此，

$$q^{l+1} C_l(\lambda) e^{\xi(t,\lambda)} = q^{l+1}\lambda^l + \sum_{k=l+1}^{+\infty} \sigma_{l+1}(\psi_k \mid l\rangle)\lambda^k.$$

于是，

$$C_l(\lambda) = \lambda^l + q^{-l-1} \sum_{k=l+1}^{+\infty} \sigma_{l+1}(\psi_k \mid l\rangle)\lambda^k \Big|_{t=0}.$$

下面计算$\sigma_{l+1}(\psi_k \mid l\rangle)|_{t=0}$，其中，$k \geqslant l+1$. 由于，$\psi_k \mid l\rangle \in \widetilde{B}_{l+1}$，所以

$\psi_k \mid l\rangle$ 可以写成如下形式：

$$\psi_k|l\rangle = a|l+1\rangle + \sum_{s\geqslant 1} a_{k_1\cdots k_s}\alpha_{-k_s}\cdots\alpha_{-k_1} \mid l+1\rangle.$$

其中，$a_{k_1\cdots k_s}$，$a\in\mathbb{C}$. 由于，$k\geqslant l+1$，所以，利用式(6.5)可知，$\langle l+1|\psi_k|l\rangle=0$. 于是，利用命题 6.9 可知 $a=0$. 因此，$\sigma_{l+1}(\psi_k|l\rangle)|_{t=0}=0$，并且最终可得

$$C_l(\lambda)=\lambda^l.$$

□

若引入如下算子 $\tilde{Q}$ 和 $\tilde{\alpha}_0$ 表达式：

$$\tilde{\alpha}_0=\sigma\alpha_0\sigma^{-1},\quad \tilde{Q}(f(q,t))=qf(q,t). \tag{6.11}$$

则有命题 6.12.

命题 6.12

$$\sigma\psi(\lambda)\sigma^{-1}=\tilde{Q}\lambda^{\tilde{\alpha}_0}\mathrm{e}^{\xi(t,\lambda)}\mathrm{e}^{-\xi(\tilde{\partial},\lambda^{-1})},$$

$$\sigma\psi^*(\lambda)\sigma^{-1}=\tilde{Q}^{-1}\lambda^{1-\tilde{\alpha}_0}\mathrm{e}^{-\xi(t,\lambda)}\mathrm{e}^{\xi(\tilde{\partial},\lambda^{-1})}.$$

进一步，若令 $Q=\sigma^{-1}\tilde{Q}\sigma$，则有定理 6.7.

定理 6.7

$$\psi(\lambda)=Q\lambda^{\alpha_0}\exp\left(-\sum_{k<0}\frac{\alpha_k}{k}\lambda^{-k}\right)\exp\left(-\sum_{k>0}\frac{\alpha_k}{k}\lambda^{-k}\right),$$

$$\psi^*(\lambda)=Q^{-1}\lambda^{1-\alpha_0}\exp\left(\sum_{k<0}\frac{\alpha_k}{k}\lambda^{-k}\right)\exp\left(\sum_{k>0}\frac{\alpha_k}{k}\lambda^{-k}\right).$$

6.3.3.2　算子 Q 的性质

下面重点研究算子 Q 的性质. 为此，需要引入下面一些引理. 为方便起见，可以定义，

$$E^{(\pm)}(\lambda)=\exp\left(-\sum_{\pm k>0}\frac{\alpha_k}{k}\lambda^{-k}\right).$$

引理 6.13　给定算子 A 与 B，则有

$$\mathrm{e}^B A e^{-B}=\mathrm{e}^{adB}(A),$$

其中，$adB(A)=[B,A]$. 进一步可得

$$\mathrm{e}^B\mathrm{e}^A\mathrm{e}^{-B}=\exp(\mathrm{e}^{adB}(A)).$$

证明：令 $f(s)=\mathrm{e}^{sB}A\mathrm{e}^{-sB}$，利用数学归纳法可以知道

$$f^{(n)}(s)=(adB)^n(f(s)),$$

并且，$f^{(n)}(0)=(adB)^n(A)$. 于是，代入 $f(s)$ 在 $s=0$ 处的泰勒公式，

$$f(s)=\sum_{n\geqslant 0}\frac{f^{(n)}(0)}{n!}s^n,$$

并令 $s=1$ 即可得 $\mathrm{e}^B A\mathrm{e}^{-B}=\mathrm{e}^{adB}(A)$.

注意到 $\mathrm{e}^A=\sum_{k\geqslant 0}\frac{A^k}{k!}$ 以及 $\mathrm{e}^B A^k\mathrm{e}^{-B}=(e^{adB}(A))^k$,可以得到关于 $\mathrm{e}^B\mathrm{e}^A\mathrm{e}^{-B}$ 的结果. □

引理 6.14 若定义

$$Q(z)=E^{(-)}(z)^{-1}\psi(z)E^{(+)}(z)^{-1},$$

则有

$$[\alpha_k,Q(z)]=\delta_{k0}Q(z).$$

证明:首先,

$$\begin{aligned}[\alpha_k,Q(z)]&=[\alpha_k,E^{(-)}(z)^{-1}\psi(z)E^{(+)}(z)^{-1}]\\&=[\alpha_k,E^{(-)}(z)^{-1}]\psi(z)E^{(+)}(z)^{-1}+\\&\quad E^{(-)}(z)^{-1}[\alpha_k,\psi(z)]E^{(+)}(z)^{-1}+\\&\quad E^{(-)}(z)^{-1}\psi(z)[\alpha_k,E^{(+)}(z)^{-1}],\end{aligned}$$

其中,$[\alpha_k,\psi(z)]=z^k\psi(z)$. 下面计算 $[\alpha_k,E^{(-)}(z)^{-1}]$ 与 $[\alpha_k,E^{(+)}(z)^{-1}]$. 事实上,利用公式

$$[A,\mathrm{e}^B]=A\mathrm{e}^B-\mathrm{e}^B A=(A-\mathrm{e}^B A\mathrm{e}^{-B})\mathrm{e}^B, \tag{6.12}$$

以及引理 6.13 可得,

$$[\alpha_0,E^{(-)}(z)^{-1}]=[\alpha_0,E^{(+)}(z)^{-1}]=0,$$

以及当 $k>0$ 时,

$$[\alpha_k,E^{(-)}(z)^{-1}]=-z^kE^{(-)}(z)^{-1},[\alpha_k,E^{(+)}(z)^{-1}]=0.$$

因此,代入 $[\alpha_k,Q(z)]$ 后引理得证. □

引理 6.15 $k<0$ 时,$\psi(z)=Q(z)E^{(-)}(z)E^{(+)}(z)$.

证明:代入 $Q(z)$ 的定义式后可知,只需要证明下式,

$$\psi(z)=E^{(-)}(z)^{-1}\psi(z)E^{(+)}(z)^{-1}E^{(-)}(z)E^{(+)}(z).$$

或者只要证明 $E^{(-)}(z)^{-1}$ 与 $\psi(z)E^{(+)}(z)^{-1}$ 可交换即可. 与引理 6.14 中类似证明方法可以得到,当 $k>0$ 时有

$$[\alpha_{-k},E^{(+)}(z)^{-1}]=-z^{-k}E^{(+)}(z)^{-1},$$

于是,$[\alpha_{-k},\psi(z)E^{(+)}(z)^{-1}]=0$. 从而,$E^{(-)}(z)^{-1}$ 与 $\psi(z)E^{(+)}(z)^{-1}$ 可交换,所以,结论成立. □

根据引理 6.15 和定理 6.7,可以知道

$$Qz^{\alpha_0}E^{(-)}(z)E^{(+)}(z)=Q(z)E^{(-)}(z)E^{(+)}(z).$$

由于,$E^{(\pm)}(z)$ 可逆,因此,可知 $Q(z)=Qz^{\alpha_0}$. 注意到

$$\frac{\mathrm{d}(\sigma Q\sigma^{-1})}{\mathrm{d}z}(q^l f(t))=\frac{\mathrm{d}\widetilde{Q}}{\mathrm{d}z}(q^l f(t))=\frac{\mathrm{d}(q^{l+1}f(t))}{\mathrm{d}z}=0.$$

由于,σ 只与 t,以及 q 有关,因此,$\frac{\mathrm{d}Q}{\mathrm{d}z}=0$. 最后,结合引理 6.14 可以得到如下结论.

引理 6.16　$Q(z)=Qz^{\alpha_0}$,并且 Q 不依赖 z,以及

$$[\alpha_k,Q]=\delta_{k0}Q.$$

推论 6.4　$Q\lambda^{\alpha_0}=\lambda^{-1+\alpha_0}Q$.

证明:注意到

$$\lambda^{\alpha_0}=\mathrm{e}^{\alpha_0\log\lambda},$$

只需要利用引理 6.13,以及 $[\alpha_0,Q]=Q$,来计算 $\lambda^{\alpha_0}Q\lambda^{-\alpha_0}$ 即可. □

定理 6.8　算子 Q 满足如下性质

$$Q\psi_k=\psi_{k+1}Q,Q\psi_k^*=\psi_{k+1}^*Q,$$
$$Q|l\rangle=|l+1\rangle,\langle l|Q=\langle l-1|.$$

证明:首先,利用定理 6.8,引理 6.16,以及推论 6.4 可知

$$Q\psi(\lambda)=\lambda^{-1}\psi(\lambda)Q.$$

通过比较等式两边的系数,可以知道 $Q\psi_k=\psi_{k+1}Q$,类似可得 $Q\psi_k^*=\psi_{k+1}^*Q$.

然后,证明 $Q|l\rangle=|l+1\rangle$. 由于,

$$Q=Q(z)z^{-\alpha_0}=E^{(-)}(z)^{-1}\psi(z)E^{(+)}(z)^{-1}z^{-\alpha_0},$$

所以,利用 $\alpha_k|l\rangle=0(k>0)$,$\alpha_0|l\rangle=l|l\rangle$,以及 $\psi_k|l\rangle=0(k<l)$,有

$$Q\mid l\rangle=\exp\left(-\sum_{k>0}\frac{z^k}{k}\alpha_{-k}\right)\sum_{i=0}^{\infty}\psi_{i+l}z^i\mid l\rangle.$$

注意等式左侧不依赖 z,而右侧是关于 z 的幂级数,因此,

$$Q|l\rangle=\text{右侧 } z^0 \text{ 的系数}=\psi_l|l\rangle=|l+1\rangle.$$

或者,利用 $Q=\sigma^{-1}\widetilde{Q}\sigma$,以及 $\widetilde{Q}$ 的定义(6.11)可知,

$$Q|l\rangle=(\sigma^{-1}\widetilde{Q})(q^l)=\sigma^{-1}(q^{l+1})=|l+1\rangle.$$

类似可证,$\langle l|Q=\langle l-1|$. □

若引入

$$H(t)=\sum_{k=1}^{+\infty}t_k\alpha_k,H^*(t)=\sum_{k=1}^{+\infty}t_k\alpha_{-k},$$

则利用定理 6.7 和定理 6.8,并结合 $\alpha_k|k\rangle=0$ 与 $\langle k|\alpha_{-k}=0(k>0)$ 可以得到如下推论.

推论 6.5 费米场 $\psi(\lambda)$ 与 $\psi^*(\lambda)$ 在 $|l\rangle$ 与 $\langle l|$ 上的作用如下:

$$\psi(\lambda)|l\rangle=\lambda^l e^{H^*([\lambda])}|l+1\rangle,\psi^*(\lambda)|l\rangle=\lambda^{1-l}e^{-H^*([\lambda])}|l-1\rangle,$$

$$\langle l|\psi(\lambda)=\lambda^{l-1}\langle l-1|e^{-H([\lambda^{-1}])},\langle l|\psi^*(\lambda)=\lambda^{-l}\langle l+1|e^{H([\lambda^{-1}])}.$$

其中,$[\lambda]=\left(\lambda,\frac{\lambda^2}{2},\frac{\lambda^3}{3},\cdots\right)$.

6.3.3.3 玻色费米对应的真空期望值形式

命题 6.13

$$\psi(\lambda)\psi^*(\mu)=\frac{(\lambda\mu^{-1})^{\alpha_0-1}}{1-\lambda^{-1}\mu}E^{(-)}(\lambda)E^{(-)}(\mu)^{-1}E^{(+)}(\lambda)E^{(+)}(\mu)^{-1}.$$

在玻色费米对应下,

$$\sigma_{t,q}(\psi(\lambda)\psi^*(\mu))\sigma_{t,q}^{-1}|_{B_l}=\frac{(\lambda\mu^{-1})^{l-1}}{1-\lambda^{-1}\mu}\widetilde{X}(t,\lambda,\mu),$$

其中,$\widetilde{X}(t,\lambda,\mu)=e^{\xi(t,\lambda)-\xi(t,\mu)}e^{-\xi(\widetilde{\partial},\lambda^{-1})+\xi(\widetilde{\partial},\mu^{-1})}$.

证明:根据定理 6.7、引理 6.16,以及推论 6.4 可知,

$$\psi(\lambda)\psi^*(\mu)=(\lambda\mu^{-1})^{\alpha_0-1}E^{(-)}(\lambda)E^{(+)}(\lambda)E^{(-)}(\mu)^{-1}E^{(+)}(\mu)^{-1},$$

根据引理 6.13,结合 $\xi([\lambda^{-1}],\mu)=\sum_{k=1}^{+\infty}\frac{1}{k}\lambda^{-k}\mu^k=-\log(1-\lambda^{-1}\mu)$,最终可以得到 $\psi(\lambda)\psi^*(\mu)$ 的结论. 至于,$\sigma_{t,q}(\psi(\lambda)\psi^*(\mu))\sigma_{t,q}^{-1}|_{B_l}$,利用 $\alpha_0|l\rangle=l|l\rangle$,以及玻色费米对应可以很容易得到. □

利用命题 6.13 可以很容易得到推论 6.6.

推论 6.6

$$\sigma_{t,q}(\psi(\lambda)\psi^*(\mu)|l\rangle)=q^l\frac{(\lambda\mu^{-1})^{l-1}}{1-\lambda^{-1}\mu}e^{\xi(t,\lambda)-\xi(t,\mu)}.$$

利用公式 $[\alpha_k,\psi(\lambda)]=\lambda^k\psi(\lambda)$,以及 $[\alpha_k,\psi^*(\lambda)]=-\lambda^k\psi^*(\lambda)$,结合引理 6.13 可以得到引理 6.17.

引理 6.17

$$e^{H(t)}\psi(\lambda)e^{-H(t)}=e^{\xi(t,\lambda)}\psi(\lambda),e^{H(t)}\psi^*(\lambda)e^{-H(t)}=e^{-\xi(t,\lambda)}\psi^*(\lambda),$$

$$e^{H^*(t)}\psi(\lambda)e^{-H^*(t)}=e^{\xi(t,\lambda^{-1})}\psi(\lambda),e^{H^*(t)}\psi^*(\lambda)e^{-H^*(t)}=e^{-\xi(t,\lambda^{-1})}\psi^*(\lambda).$$

利用引理 6.1 可以得到如下结论.

引理 6.18　$\langle l|\psi(\lambda)\psi^*(\mu)|l\rangle=\dfrac{(\lambda\mu^{-1})^{l-1}}{1-\lambda^{-1}\mu}$.

定理 6.9　对于任意 $a|0\rangle\in F(a\in A)$,

$$\sigma_{t,q}(a\mid 0\rangle)=\sum_{l\in\mathbb{Z}}q^l\langle l|\mathrm{e}^{H(t)}a|0\rangle. \tag{6.13}$$

证明:利用 Wick 定理,当 a 的 charge 为 l 时,式(6.13)右端求和只剩 $q^l<l|\mathrm{e}^{H(t)}a|0\rangle$. 因此只需要说明

$$\begin{aligned}&\sigma_{t,q}(\psi(\lambda_1)\cdots\psi(\lambda_r)\psi^*(\mu_r)\cdots\psi^*(\mu_1)|l\rangle)\\&=q^l\langle l|\mathrm{e}^{H(t)}\psi(\lambda_1)\cdots\psi(\lambda_r)\psi^*(\mu_r)\cdots\psi^*(\mu_1)|l\rangle\end{aligned} \tag{6.14}$$

即可.

注意到 $r=1$ 时,利用引理 6.17 与引理 6.18,有

$$\langle l|\mathrm{e}^{H(t)}\psi(\lambda)\psi^*(\mu)|l\rangle=\frac{(\lambda\mu^{-1})^{l-1}}{1-\lambda^{-1}\mu}\mathrm{e}^{\xi(t,\lambda)-\xi(t,\mu)}.$$

再根据推论 6.6,可以发现上式刚好与 $\sigma_{t,q}(\psi(\lambda)\psi^*(\mu)|l\rangle)$一致. 从而 $r=1$ 时,式(6.14)成立. 对于一般的 r,利用命题 6.2 与引理 6.17 可知式(6.14)的右边

$$=q^l\det(\langle l|\mathrm{e}^{H(t)}\psi(\lambda_i)\psi^*(\mu_j)|l\rangle)_{1\leqslant i,j\leqslant r}.$$

因此根据 $r=1$ 时的结果,只需要证明式(6.14)的左边

$$=q^l\det(q^{-l}\sigma(\psi(\lambda_i)\psi^*(\mu_j)|l\rangle))_{1\leqslant i,j\leqslant r}, \tag{6.15}$$

即可. 事实上注意到

$$S=\sum_i\psi_i\otimes\psi_i^*=\mathrm{Res}_z\frac{1}{z}\psi(z)\otimes\psi^*(z),$$

利用命题 6.2 的类似证明方法可以得到,

$$\begin{aligned}&S(\psi(\lambda_2)\cdots\psi(\lambda_r)\psi^*(\mu_r)\cdots\psi^*(\mu_1)\otimes\psi(\lambda_1))\\&=\psi(\lambda_1)\cdots\psi(\lambda_r)\psi^*(\mu_r)\cdots\psi^*(\mu_1)\otimes 1+\\&(\psi(\lambda_2)\cdots\psi(\lambda_r)\psi^*(\mu_r)\cdots\psi^*(\mu_1)\otimes\psi(\lambda_1))S+\\&\sum_{p=1}^r(-1)^p\psi(\lambda_2)\cdots\psi(\lambda_r)\psi^*(\mu_r)\cdots\widehat{\psi^*(\mu_p)}\cdots\psi^*(\mu_1)\otimes\psi(\lambda_1)\psi^*(\mu_p).\end{aligned}$$

先对上式从右边作用$|l\rangle\otimes|l\rangle$,再从左边作用$\sigma_{t,q}\otimes\sigma_{t,q}$,可以得到

$$\begin{aligned}&\mathrm{Res}_z z^{-1}\sigma_{t,q}(\psi(z)\psi(\lambda_2)\cdots\psi(\lambda_r)\psi^*(\mu_r)\cdots\psi^*(\mu_1)\mid l\rangle)\cdot\sigma_{t,q}(\psi^*(z)\psi(\lambda_1)\mid l\rangle)\\&=\sigma_{t,q}(\psi(\lambda_1)\cdots\psi(\lambda_r)\psi^*(\mu_1)\cdots\psi^*(\mu_r)\mid l\rangle)\cdot\sigma_{t,q}(\mid l\rangle)+\end{aligned}$$

$$\sum_{p=1}^{r}(-1)^{p}\sigma_{t,q}(\psi(\lambda_2)\cdots\psi(\lambda_r)\psi^*(\mu_r)\cdots\widehat{\psi^*(\mu_p))\cdots\psi^*(\mu_1)}\mid l\rangle)\times$$
$$\sigma_{t,q}(\psi(\lambda_1)\psi^*(\mu_p)\mid l\rangle). \tag{6.16}$$

这里用到了 $S(|l\rangle\otimes|l\rangle)=0$. 为方便起见，本书引入 $f(t)$ 与 $g(t)$：

$q^{l-1}f(t)=\sigma_{t,q}(\psi(\lambda_2)\cdots\psi(\lambda_r)\psi^*(\mu_r)\cdots\psi^*(\mu_1)|l\rangle)$, $q^{l+1}g(t)=\sigma_{t,q}(\psi(\lambda_1)|l\rangle)$.

根据定理 6.6 可知，

$$\begin{aligned}&\sigma_{t,q}(\psi(z)\psi(\lambda_2)\cdots\psi(\lambda_r)\psi^*(\mu_r)\cdots\psi^*(\mu_1)|l\rangle)\\=&q^lz^{l-1}e^{\xi(t,z)}f(t-[z^{-1}])=q^lz^{l-1}(f(t)+O(z^{-1})).\end{aligned}$$

以及 $\sigma_{t,q}(\psi^*(z)\psi(\lambda_1)|l\rangle)=q^lz^{-l}e^{-\xi(t,z)}g(t+[z^{-1}])$. 于是，

$$式(6.16)的左边=\mathrm{Res}_zq^{2l}(z^{-2}f(t)g(t)+O(z^{-3}))=0.$$

因此，

$$\begin{aligned}&\sigma_{t,q}(q^{-l}\psi(\lambda_1)\cdots\psi(\lambda_r)\psi^*(\mu_r)\cdots\psi^*(\mu_1)\mid l\rangle)\\=&\sum_{p=1}^{r}(-1)^{p+1}\sigma_{t,q}(q^{-l}(\lambda_2)\cdots\psi(\lambda_r)\psi^*(\mu_r)\cdots\widehat{\psi^*(\mu_p)}\cdots\psi^*(\mu_1)\mid l\rangle)\times\\&\sigma_{t,q}(q^{-l}(\lambda_1)\psi^*(\mu_p)\mid l\rangle).\end{aligned}$$

可以发现上式为行列式 $\det(q^{-l}\sigma_{t,q}(\psi(\lambda_i)\psi^*(\mu_j)|l\rangle))_{1\leqslant i,j\leqslant r}$ 的展开式.

至此证明了公式(6.15)，进而得到该命题结论成立. □

6.3.4 李代数 A_∞ 的玻色表示

定理 6.10 $\rho=Ad\sigma\cdot\hat{\pi}$ 给出了 A_∞ 在 B 上的表示，即

$$\rho:A_\infty\xrightarrow{\hat{\pi}}gl(F)\xrightarrow{Ad\sigma}gl(B),$$
$$E_{ij}\mapsto:\psi_i\psi_j^*:\mapsto\rho(E_{ij})=\sigma:\psi_i\psi_j^*:\sigma^{-1}.$$

进一步地，

$$\sum_{i,j\in\mathbb{Z}}\lambda^i\mu^{-j}\rho(E_{ij})|_{B_l}=\frac{\lambda^{-1}\mu}{1-\lambda^{-1}\mu}\left(\left(\frac{\lambda}{\mu}\right)^l\widetilde{X}(t,\lambda,\mu)-1\right).$$

证明：首先，利用表示 ρ 的定义可得，

$$\sum_{i,j}\lambda^i\mu^{-j}\rho(E_{ij})=\sigma:\psi(\lambda)\psi^*(\mu):\sigma^{-1},$$

注意到

$$:\psi(\lambda)\psi^*(\mu):=\psi(\lambda)\psi^*(\mu)-\frac{\lambda^{-1}\mu}{1-\lambda^{-1}\mu}.$$

因此，利用命题 6.13 可知，结论成立. □

若定义算子

$$\widetilde{D}_0=\frac{1}{2}\sum_{k\in\mathbb{Z}}:\alpha_{-k}\alpha_k:,$$

其中,正规积定义如下:

$$:\alpha_k\alpha_l:=\alpha_k\alpha_l-\langle 0|\alpha_k\alpha_l|0\rangle.$$

由于,

$$\langle 0|\alpha_k\alpha_l|0\rangle=\begin{cases}k\delta_{k+l,0}, & k>0,\\ 0, & k\leqslant 0.\end{cases}$$

因此,

$$:\alpha_k\alpha_l:=\begin{cases}\alpha_k\alpha_l, & k\leqslant 0,\\ \alpha_l\alpha_k, & k>0.\end{cases}$$

于是,

$$\widetilde{D}_0=\sum_{k>0}\alpha_{-k}\alpha_k+\frac{1}{2}\alpha_0^2.$$

引理 6.19

$$[\widetilde{D}_0,\psi(z)]=\left(z\frac{\mathrm{d}}{\mathrm{d}z}+\frac{1}{2}\right)\psi(z),[\widetilde{D}_0,\psi^*(z)]=\left(z\frac{\mathrm{d}}{\mathrm{d}z}-\frac{1}{2}\right)\psi^*(z),$$

从而,

$$\left[\widetilde{D}_0-\frac{1}{2}\alpha_0,\psi(z)\right]=z\frac{\mathrm{d}}{\mathrm{d}z}\psi(z),\left[\widetilde{D}_0-\frac{1}{2}\alpha_0,\psi^*(z)\right]=z\frac{\mathrm{d}}{\mathrm{d}z}\psi^*(z).$$

证明:这里仅计算$[\widetilde{D}_0,\psi(z)]$,另一个计算方法完全类似.首先,根据引理 6.16 可知,

$$[\widetilde{D}_0,Q(z)]=\left(z\frac{\mathrm{d}}{\mathrm{d}z}+\frac{1}{2}\right)Q(z).$$

接着,利用式(6.12)计算可得,

$$[\widetilde{D}_0,E^{(-)}(z)E^{(+)}(z)]=z\frac{\mathrm{d}}{\mathrm{d}z}(E^{(-)}(z)E^{(+)}(z)).$$

最后,根据定理 6.7 可以给出$[\widetilde{D}_0,\psi(z)]$. □

命题 6.14　在 F_l 上 $D_0=\widetilde{D}_0-\frac{1}{2}\alpha_0$.

证明:由于,$\alpha_k|l\rangle=0(k>0)$与 $\alpha_0|l\rangle=l|l\rangle$,因此,

$$\widetilde{D}_0\ |\ l\rangle=\sum_{k\neq 0}\alpha_{-k}\alpha_k\ |\ l\rangle+\frac{1}{2}\alpha_0^2\ |\ l\rangle=\frac{1}{2}l^2\ |\ l\rangle.$$

注意到

$$D_0 \mid l\rangle = \frac{1}{2}l(l-1)\mid l\rangle,$$

$$[D_0,\psi(z)] = z\frac{\mathrm{d}}{\mathrm{d}z}\psi(z),$$

$$[D_0,\psi^*(z)] = z\frac{\mathrm{d}}{\mathrm{d}z}\psi^*(z).$$

从而可以证明,D_0 与 $\widetilde{D}_0-\frac{1}{2}\alpha_0$ 在 $\psi(\lambda_r)\cdots\psi(\lambda_1)\psi^*(\mu_1)\cdots\psi^*(\mu_r)\mid l\rangle$ 上的作用是一致的. 于是,命题得证. □

6.4 A_∞-可积系统

本节将构造三种不同的 A_∞-可积系统:$(l-l')$—次 mKP 方程族、Toda 方程族,以及 2-分量 KP 方程族.

6.4.1 $(l-l')$—次 mKP 方程族

引理 6.20 对任意的 $a\in A_\infty$,$S=\sum_{k\in\mathbb{Z}}\psi_k\otimes\psi_k^*$,有

$$[S,\hat{\pi}(a)\otimes 1+1\otimes\hat{\pi}(a)]=0.$$

证明:不妨设 $a=E_{ij}$,则

$$\begin{aligned}
[S,\hat{\pi}(a)\otimes 1+1\otimes\hat{\pi}(a)] &= \sum_k[\psi_k\otimes\psi_k^*,:\psi_i\psi_j^*:\otimes 1+1\otimes:\psi_i\psi_j^*:]\\
&= \sum_k([\psi_k,:\psi_i\psi_j^*:]\otimes\psi_k^*+\psi_k\otimes[\psi_k^*,:\psi_i\psi_j^*:])\\
&= \sum_k(-\psi_i\{\psi_k,\psi_j^*\}\otimes\psi_k^*+\psi_k\otimes\{\psi_k^*,\psi_i\}\psi_j^*)\\
&= -\psi_i\otimes\psi_j^*+\psi_i\otimes\psi_j^*=0.
\end{aligned}$$

即证. □

引理 6.21 对于任意的 $a\in A_\infty$,有

$$e^{\hat{\pi}(a)}\otimes e^{\hat{\pi}(a)}=\exp(\hat{\pi}(a)\otimes 1+1\otimes\hat{\pi}(a)).$$

证明:由于,

$$(\hat{\pi}(a)\otimes 1)(1\otimes\hat{\pi}(a))=\hat{\pi}(a)\otimes\hat{\pi}(a)=(1\otimes\hat{\pi}(a))(\hat{\pi}(a)\otimes 1),$$

所以,

$$\exp(\hat{\pi}(a)\otimes 1+1\otimes\hat{\pi}(a))=\sum_{k=0}^{+\infty}\frac{1}{k!}(\hat{\pi}(a)\otimes 1+1\otimes\hat{\pi}(a))^k$$
$$=\sum_{k=0}^{+\infty}\frac{1}{k!}\sum_{l=0}^{k}C_k^l(\hat{\pi}(a)\otimes 1)^l(1\otimes\hat{\pi}(a))^{k-l}$$
$$=\sum_{k=0}^{+\infty}\frac{1}{k!}\sum_{l=0}^{k}C_k^l(\hat{\pi}(a))^l\otimes(\hat{\pi}(a))^{k-l}.$$

此外，

$$e^{\hat{\pi}(a)}\otimes e^{\hat{\pi}(a)}=\sum_{k,l=0}^{+\infty}\frac{1}{k!}\frac{1}{l!}\hat{\pi}(a)^k\otimes\hat{\pi}(a)^l$$
$$=\sum_{k=0}^{+\infty}\sum_{l=0}^{k}\frac{1}{(k-l)!}\frac{1}{l!}\hat{\pi}(a)^{k-l}\otimes\hat{\pi}(a)^l$$
$$=\sum_{k=0}^{+\infty}\sum_{l=0}^{k}\frac{1}{k!}C_k^l(\hat{\pi}(a))^l\otimes(\hat{\pi}(a))^{k-l}.$$

所以，引理得证. □

考虑 A_∞ 所对应的群

$$GL_\infty=\{e^{\hat{\pi}(a_1)},\cdots,e^{\hat{\pi}(a_n)}\mid a_i\in A_\infty\}.$$

则由引理 6.20 和引理 6.21 可以得到如下定理.

命题 6.15　对于任意的 $g\in GL_\infty$，有

$$[S,g\otimes g]=0.$$

利用公式 $\psi_n|m\rangle=0(n<m)$，$\psi_n^*|m\rangle=0(n\geqslant m)$，可以得到如下引理.

引理 6.22　在 $l\geqslant l'$ 时，

$$S(|l\rangle\otimes|l'\rangle)=\sum_k\psi_k|l\rangle\otimes\psi_k^*|l'\rangle=0.$$

定理 6.11　对于任意的 $g\in GL_\infty$，如果令 $\tau_l=g|l\rangle$，则当 $l\geqslant l'$ 时，

$$S(\tau_l\otimes\tau_{l'})=0.\tag{6.17}$$

进一步，令 $\sigma_{t,q}(\tau_l)=q^l\tau_l(t)$，则有

$$\oint_{z=\infty}\frac{dz}{2\pi i}z^{l-l'}\tau_l(t-[z^{-1}])\tau_{l'}(t'+[z^{-1}])e^{\xi(t-t',z)}=0,\tag{6.18}$$

其中，$\oint_{z=\infty}\frac{dz}{2\pi i}=-\mathrm{Res}_{z=\infty}$.

证明：首先，由命题 6.14 与引理 6.22 可得，

$$S(\tau_l\otimes\tau_{l'})=S(g\otimes g)(|l\rangle\otimes|l'\rangle)=(g\otimes g)S(|l\rangle\otimes|l'\rangle)=0.$$

接着，根据 $S=\mathrm{Res}_z\,\frac{1}{z}\psi(z)\otimes\psi^*(z)$ 可以将 $S(\tau_l\otimes\tau_{l'})=0\,(l\geqslant l')$ 写成

$$\mathrm{Res}_z\,\frac{1}{z}\psi(z)\tau_l\otimes\psi^*(z)\tau_{l'}=0.$$

用 $\sigma_{t,q}\otimes\sigma_{t',q'}$ 作用于上式. 对于 $A,B\in F$，本书定义：

$$\sigma_{t,q}\otimes\sigma_{t',q'}(A\otimes B)=\sigma_{t,q}(A)\cdot\sigma_{t',q'}(B).$$

注意到，

$$\begin{aligned}\sigma_{t,q}(\psi(z)\tau_l)&=\sigma_{t,q}\psi(z)\sigma_{t,q}^{-1}(q^l\tau_l(t))\\&=\widetilde{Q}z^{\tilde{\alpha}_0}\mathrm{e}^{\xi(t,z)}\mathrm{e}^{-\xi(\tilde{\partial},z^{-1})}(q^l\tau_l(t))\\&=q^{l+1}z^l\mathrm{e}^{\xi(t,z)}\tau_l(t-[z^{-1}]),\end{aligned}$$

类似地，

$$\begin{aligned}\sigma_{t',q'}(\psi^*(z)\tau_{l'})&=\widetilde{Q}^{-1}z^{1-\tilde{\alpha}_0}\mathrm{e}^{-\xi(t',z)}\mathrm{e}^{\xi(\tilde{\partial}',z^{-1})}q'^{l'}\tau_{l'}(t')\\&=(q')^{l'-1}z^{1-l'}\mathrm{e}^{-\xi(t',z)}\tau_{l'}(t'+[z^{-1}]).\end{aligned}$$

因此，即证. □

注 6.9 在 $l\geqslant l'$ 时，等式(6.17)为费米版本的 $(l-l')$ 次 mKP 方程族，而等式(6.18)为玻色版本的 $(l-l')$ 次 mKP 方程族[24].

注 6.10 令 $\tau(t)=\tau_l(t)$，则当 $l=l'$ 时有

$$\mathrm{Res}_z\tau(t-[z^{-1}])\tau(t'+[z^{-1}])\mathrm{e}^{\xi(t-t',z)}=0,$$

这正是 KP 方程族的双线性方程[23-24]，也就是式(3.26).

注 6.11 $(l-l')$ 次 mKP 方程族的 Lax 结构[58-59]如下：

$$L=\Lambda+v_0(s)+v_1(s)\Lambda^{-1}+\cdots,L_{t_n}=[(L^n)_{\geqslant 0},L].$$

6.4.2 Toda 方程族

定理 6.12 如果令 $\tau_n(x,y)=\langle n|\mathrm{e}^{H(x)}g\mathrm{e}^{-H^*(y)}|n\rangle$，其中，$g\in GL_\infty$，则

$$\begin{aligned}&\oint_{z=\infty}z^{n-n'}\mathrm{e}^{\xi(x-x',z)}\tau_n(x-[z^{-1}],y)\tau_{n'}(x'+[z^{-1}],y')\mathrm{d}z\\&=\oint_{z=0}z^{n-n'}\mathrm{e}^{\xi(y-y',z^{-1})}\tau_{n+1}(x,y-[z])\tau_{n'-1}(x',y'+[z])\mathrm{d}z.\end{aligned}$$

其中，$x=(x_1,x_2,\cdots)$，$y=(y_1,y_2,\cdots)$，这正是 Toda 方程族的双线性方程[24,61-62].

证明：首先，从 $[S,g\otimes g]=0$ 出发，可以得到

$$\mathrm{Res}_z\ \frac{1}{z}\psi(z)g\otimes\psi^*(z)g=\mathrm{Res}_z\ \frac{1}{z}g\psi(z)\otimes g\psi^*(z).$$

用$\langle n+1|e^{H(x)}\otimes\langle n'-1|e^{H(x')}$作用于上式左边，用 $e^{-H^*(y)}|n\rangle\otimes e^{-H^*(y')}|n'\rangle$ 作用于上式右边，则有

$$\begin{aligned}&\mathrm{Res}_z(z^{-1}e^{\xi(x-x',z)}\langle n+1|\psi(z)e^{H(x)}ge^{-H^*(y)}|n\rangle\\&\times\langle n'-1|\psi^*(z)e^{H(x')}ge^{-H^*(y')}|n'\rangle)\\&=\mathrm{Res}_z(z^{-1}e^{\xi(y-y',z^{-1})}\langle n+1|e^{H(x)}ge^{-H^*(y)}\psi(z)|n\rangle\\&\times\langle n'-1|e^{H(x')}ge^{-H^*(y')}\psi^*(z)|n'\rangle).\end{aligned}$$

进而利用引理 6.17 与推论 6.5 可得

$$\begin{aligned}&\mathrm{Res}_z(z^{n-n'}e^{\xi(x-x',z)}\langle n|e^{H(x-[z^{-1}])}ge^{-H^*(y)}|n\rangle\\&\times\langle n'|e^{H(x'+[z^{-1}])}ge^{-H^*(y')}|n'\rangle)\\&=\mathrm{Res}_z(z^{n-n'}e^{\xi(y-y',z^{-1})}\langle n+1|e^{H(x)}ge^{-H^*(y-[z])}|n+1\rangle\\&\times\langle n'-1|e^{H(x')}ge^{-H^*(y'+[z])}|n'-1\rangle).\end{aligned}$$

即证. □

6.4.3　2-分量 KP 方程族

对自由费米子$\{\psi_j,\psi_j^*\}_{j\in\mathbb{Z}}$按以下的方式进行重排，即

$$\psi_n^{(1)}=\psi_{2n},\psi_n^{(2)}=\psi_{2n+1},$$
$$\psi_n^{(1)*}=\psi_{2n}^*,\psi_n^{(2)*}=\psi_{2n+1}^*.$$

则有如下关系式，

$$\{\psi_m^{(j)},\psi_n^{(k)}\}=0,\{\psi_m^{(j)*},\psi_n^{(k)*}\}=0,\{\psi_m^{(j)},\psi_n^{(k)*}\}=\delta_{jk}\delta_{mn}.$$

定义如下：

$$|l_2,l_1\rangle=\Psi_{l_2}^{(2)}\Psi_{l_1}^{(1)}|0\rangle,\langle l_1,l_2|=\langle 0|\Psi_{l_1}^{(1)*}\Psi_{l_2}^{(2)*}.$$

其中，

$$\Psi_l^{(j)}=\begin{cases}\psi_l^{(j)*}\cdots\psi_{-1}^{(j)*} & (l<0),\\ 1 & (l=0),\\ \psi_{l-1}^{(j)}\cdots\psi_0^{(j)} & (l>0)\end{cases}\qquad \Psi_l^{(j)*}=\begin{cases}\psi_{-1}^{(j)}\cdots\psi_l^{(j)} & (l<0),\\ 1 & (l=0),\\ \psi_0^{(j)*}\cdots\psi_{l-1}^{(j)*} & (l>0).\end{cases}$$

引理 6.23　$\psi_k^{(j)}$ 与 $\psi_k^{(j)*}$ 在$|l_2,l_1\rangle$与$\langle l_1,l_2|$上作用如下

$$\psi_k^{(j)}|l_2,l_1\rangle=0\quad(k<l_j),\psi_k^{(j)*}|l_2,l_1\rangle=0\quad(k\geqslant l_j),$$
$$\langle l_1,l_2|\psi_k^{(j)}=0\quad(k\geqslant l_j),\langle l_1,l_2|\psi_k^{(j)*}=0\quad(k<l_j).$$

如果引入

$$\psi^{(i)}(k)=\sum_{l\in\mathbb{Z}}k^l\psi_l^{(i)},\psi^{(i)*}(k)=\sum_{l\in\mathbb{Z}}k^{-l}\psi_l^{(i)*}.$$

则有引理 6.24.

引理 6.24

$$\langle l_1,l_2|\psi^{(1)}(k)\mathrm{e}^{H(x^{(1)},x^{(2)})}=(-1)^{l_2}k^{l_1-1}\langle l_1-1,l_2|\mathrm{e}^{H(x^{(1)}-[k^{-1}],x^{(2)})},$$

$$\langle l_1,l_2|\psi^{(2)}(k)\mathrm{e}^{H(x^{(1)},x^{(2)})}=k^{l_2-1}\langle l_1,l_2-1|\mathrm{e}^{H(x^{(1)},x^{(2)}-[k^{-1}])},$$

$$\langle l_1,l_2|\psi^{(1)*}(k)\mathrm{e}^{H(x^{(1)},x^{(2)})}=(-1)^{l_2}k^{-l_1}\langle l_1+1,l_2|\mathrm{e}^{H(x^{(1)}+[k^{-1}],x^{(2)})},$$

$$\langle l_1,l_2|\psi^{(2)*}(k)\mathrm{e}^{H(x^{(1)},x^{(2)})}=k^{-l_2}\langle l_1,l_2+1|\mathrm{e}^{H(x^{(1)},x^{(2)}+[k^{-1}])}.$$

其中，$H(x^{(1)},x^{(2)})=\sum_{j=1,2}\sum_{l=1}^{+\infty}\sum_{n\in\mathbb{Z}}x_l^{(j)}\psi_n^{(j)}\psi_{n+l}^{(j)*}$.

此时，算子 S 可以写成

$$S=\sum_{j=1}^{2}\mathrm{Res}_z\,\frac{1}{z}\psi^{(j)}(z)\otimes\psi^{(j)*}(z),\tag{6.19}$$

于是，有引理 6.25.

引理 6.25 当 $l_1-l'_1\geqslant l'-l\geqslant l'_2-l_2+2$ 时，

$$S(|l_2-l-1,l_1+l\rangle\otimes|l'_2-l'+1,l'_1+l'\rangle)=0.$$

根据引理 6.24 和式(6.19)，则有定理 6.13.

定理 6.13 如果对 $g\in GL_\infty$，定义

$$\tau_{l_1,l_2;l}(x^{(1)},x^{(2)})=<l_1,l_2|\mathrm{e}^{H(x^{(1)},x^{(2)})}g|l_2-l,l_1+l\rangle,l_1,l_2,l\in\mathbb{Z},$$

则有

$$\begin{aligned}&\oint_{z=\infty}\frac{\mathrm{d}z}{2\pi iz}(-1)^{l_2+l'_2}z^{l_1-1-l'_1}\mathrm{e}^{\xi(x^{(1)}-x^{(1)'},z)}\\&\times\tau_{l_1-1,l_2;l+1}(x^{(1)}-[z^{-1}],x^{(2)})\tau_{l'_1+1,l'_2;l'-1}(x^{(1)'}+[z^{-1}],x^{(2)'})\\&+\oint_{z=\infty}\frac{\mathrm{d}z}{2\pi iz}z^{l_2-1-l'_2}\mathrm{e}^{\xi(x^{(2)}-x^{(2)'},z)}\\&\times\tau_{l_1,l_2-1;l}(x^{(1)},x^{(2)}-[z^{-1}])\tau_{l'_1,l'_2+1;l'}(x^{(1)'},x^{(2)'}+[z^{-1}])=0,\end{aligned}$$

这正是 2-分量 KP 方程族.

证明：利用$[S,g\otimes g]=0$ 和引理 6.26 可得，当 $l_1-l'_1\geqslant l'-l\geqslant l'_2-l_2+2$ 时，

$$S(g|l_2-l-1,l_1+l\rangle\otimes g|l'_2-l'+1,l'_1+l'\rangle)=0.$$

因此，用$\langle l_1,l_2|\mathrm{e}^{H(x^{(1)},x^{(2)})}\otimes\langle l'_1,l'_2|\mathrm{e}^{H(x^{(1)'},x^{(2)'})}$ 作用于上式两端，并利用引理

6.25 可以最终证明. □

注 6.12　若令

$$\tilde{\tau}_n = (-1)^{\frac{n(n-1)}{2}} \tau_{n-1,-n;-n+1},$$

则利用

$$\oint_{z=\infty} \frac{dz}{2\pi i} = -\operatorname{Res}_{z=\infty} = \oint_{z=0} \frac{z^{-2}dz}{2\pi i},$$

可以得到,$\tilde{\tau}_n$ 满足 § 6.4.2 中的 Toda 方程族[24,61-62].

第七章　李代数 $A_1^{(1)}$ 与可积系统

本章将重点介绍李代数 $A_1^{(1)}$ 与可积系统. 首先,介绍李代数 $A_1^{(1)}$ 的基本概念与性质;然后,介绍李代数 $A_1^{(1)}$ 的表示;接着,介绍如何利用仿射李代数构造可积系统的方法——Kac-Wakimoto 构造;最后,以李代数 $A_1^{(1)}$ 构造了相应的可积系统. 并利用 Casimir 算子的分解,证明 $A_1^{(1)}$-可积方程族正是 KdV 方程族.

7.1　李代数 $A_1^{(1)}$ 简介

本节将介绍李代数 $A_1^{(1)}$ 的基本概念与性质,并介绍如何将李代数 $A_1^{(1)}$ 看成李代数 A_∞ 的子代数. 本部分内容读者可以参考文献[186,207].

7.1.1　李代数 $A_1^{(1)}$ 的定义

$A_1^{(1)}$ 可以实现为 $\widehat{sl_2}=\widetilde{sl_2}\oplus\mathbb{C}c\oplus\mathbb{C}d$,其中

$$\widetilde{sl_2}=\left\{\begin{pmatrix}\alpha(t) & \beta(t)\\ r(t) & -\alpha(t)\end{pmatrix}\ \middle|\ \alpha(t),\beta(t),r(t)\in\mathbb{C}[t,t^{-1}]\right\}.$$

$\widehat{sl_2}$ 相应的李代数关系为

$$[A(t),B(t)]=A(t)B(t)-B(t)A(t)+\mathrm{Res}_{t=0}\left(tr\left(\frac{\mathrm{d}A(t)}{\mathrm{d}t}B(t)\right)\right)c,\tag{7.1}$$

$$[c,A(t)]=[c,d]=0,[d,A(t)]=t\frac{\mathrm{d}A(t)}{\mathrm{d}t}.$$

感兴趣的读者可以验证上面定义的李括号满足李代数定义中的三个条件.

7.1.2　李代数 $A_1^{(1)}$ 作为 A_∞ 的子代数

令$\widetilde{gl_2}$为矩阵元素是$\mathbb{C}[t,t^{-1}]$的 2×2 矩阵，也就是

$$\widetilde{gl_2}=gl_2(\mathbb{C}[t,t^{-1}]).$$

记 e_{ij} 为第(i,j)个元素为 1，其余元素为 0 的 2×2 矩阵，则有引理 7.1.

引理 7.1　记 $\iota:\widetilde{gl_2}\to\overline{gl(\infty)}$为如下映射：

$$\iota:t^k e_{i,j}\mapsto\sum_{l\in\mathbb{Z}}E_{1+i+2(l-k),1+j+2l},$$

则 ι 为李代数单同态，其中$\overline{gl(\infty)}$与$\widetilde{gl_2}$的李括号为交换子，并且相应的像为满足周期条件 $g_{i+2r,j+2r}=g_{i,j}(g_{i,j}\in\overline{gl(\infty)})$的矩阵组成的集合.

证明：首先，由$(t^k e_{i,j})(t^l e_{m,n})=t^{k+l}\delta_{j,m}e_{i,n}$可知，

$$\iota((t^k e_{i,j})(t^l e_{m,n}))=\sum_{p\in\mathbb{Z}}\delta_{j,m}E_{1+i+2(p-k-l),n+1+2p}.$$

同时，

$$\begin{aligned}\iota(t^k e_{i,j})\iota(t^l e_{m,n})&=\sum_{p,q}E_{1+i+2(p-k),1+j+2p}E_{1+m+2(q-l),n+1+2q}\\&=\sum_{p,q}\delta_{j+2p,m+2(q-l)}E_{1+i+2(p-k),n+1+2q}.\end{aligned}$$

又由于 $1\leqslant j,m\leqslant 2$，因此，

$$j+2p=m+2(q-l)\Leftrightarrow j=m,p=q-l.$$

从而上式中的

$$\delta_{j+2p,m+2(p-l)}=\delta_{j,m}\delta_{p,q-l},$$

于是，有

$$\iota(t^k e_{i,j})\iota(t^l e_{m,n})=\delta_{j,m}\sum_{q\in\mathbb{Z}}E_{1+i+2(q-k-l),n+1+2q}.$$

所以，

$$\iota((t^k e_{i,j})(t^l e_{m,n}))=\iota(t^k e_{i,j})\iota(t^l e_{m,n}),$$

从而可以说明 ι 确实为李代数同态.

下面再证明 ι 为单射. 若 $\iota(\sum_{i,j=1}^{2}\sum_{k\in\mathbb{Z}}a_{i,j,k}t^k e_{i,j})=0$，则只需证 $a_{i,j,k}=0$ 即可. 事实上

$$\iota(\sum_{i,j=1}^{2}a_{i,j,k}t^k e_{i,j})=\sum_{l}\sum_{i,j,k}a_{i,j,k}E_{1+i+2(l-k),1+j+2l},$$

则其相应的(m,n)的位置为

$$\Big(\sum_{i,j,k,l} a_{i,j,k} E_{1+i+2(l-k),1+j+2l}\Big)_{m,n} = \sum_{i,j,k,l} a_{i,j,k} \delta_{m,1+i+2(l-k)} \delta_{n,1+j+2l}.$$

不妨设 $m = 2r + p + 1, n = 2s + q + 1, r、s \in \mathbb{Z}, 1 \leqslant p, q \leqslant 2$. 则上式可改写为

$$\sum_{i,j,k,l} a_{i,j,k} \delta_{p,i} \delta_{r,l-k} \delta_{q,j} \delta_{l,s} = a_{p,q,s-r}.$$

从而

$$\iota\Big(\sum a_{i,j,k} t^k e_{i,j}\Big)_{m,n} = a_{p,q,s-r} = 0.$$

根据 p,q,s 与 r 的任意性可知 ι 为单射. □

推论 7.1 $\iota: \widehat{gl_2} = \widetilde{gl_2} \oplus \mathbb{C}c \to A_\infty$ 也为李代数同态，其中 $\iota(c) = c$，$\widehat{gl_2}$ 的李括号根据定理 7.1 所定义.

证明：根据引理 7.1，仅需验证

$$\omega(\iota(t^k A), \iota(t^l B)) = \mathrm{Res}_{t=0} \mathrm{tr}\Big(\frac{\mathrm{d}}{\mathrm{d}t} t^k A\Big) t^l B = k\delta_{k+l,0} \mathrm{tr}(AB)$$

即可. 不妨假定 $k \geqslant 0$，令 $A = \sum_{i,j=1,2} a_{i,j} e_{i,j}$，$B = \sum_{s,t=1,2} b_{s,t} e_{s,t}$，则

$$\begin{aligned}&\omega(\iota(t^k A), \iota(t^l B))\\ &= \sum_{i,j,s,t=1,2} a_{i,j} b_{s,t} \sum_{m_1,m_2 \in \mathbb{Z}} \omega(E_{1+i+2(m_1-k),1+j+2m_1}, E_{1+s+2(m_2-l),1+t+2m_2}).\end{aligned}$$

同时，根据

$$\begin{aligned}\omega(E_{i,j}, E_{k,l}) &= \sum_{m<0,n\geqslant 0} (E_{i,j})_{m,n} (E_{k,l})_{n,m} - \sum_{m\geqslant 0,n<0} (E_{i,j})_{m,n} (E_{k,l})_{n,m}\\ &= \delta_{j,k} \delta_{i,l} (\theta(l < 0) - \theta(j < 0)).\end{aligned}$$

于是，有

$$\begin{aligned}&\omega(\iota(t^k A), \iota(t^l B))\\ &= \sum_{i,j} \sum_{s,t} \sum_{m_1,m_2} a_{i,j} b_{s,t} \delta_{j+2m_1, s+2(m_2-l)} \delta_{i+2(m_1-k), t+2m_2}\\ &\quad (\theta(1 + t + 2m_2 < 0) - \theta(1 + j + 2m_1 < 0))\\ &= \sum_{i,j} \sum_{s,t} \sum_{m_1,m_2} a_{i,j} b_{s,t} \delta_{j,s} \delta_{m_1,m_2-l} \delta_{i,t} \delta_{m_1-k,m_2}\\ &\quad (\theta(1 + i + 2(m_1 - k) < 0) - \theta(1 + j + 2m_1 < 0))\\ &= \delta_{k+l,0} \mathrm{tr}(AB) \sum_m \theta\Big(-\frac{j+1}{2} \leqslant m < k - \frac{i+1}{2}\Big).\end{aligned}$$

下面分四种情况进行分类讨论.

1. 当 $i=j=1$ 时，$-1\leqslant m\leqslant k-3/2$；
2. 当 $i=j=2$ 时，$-3/2\leqslant m\leqslant k-2$；
3. 当 $i=1,j=2$ 时，$-3/2\leqslant m\leqslant k-3/2$；
4. 当 $i=2,j=1$ 时，$-1\leqslant m\leqslant k-2$.

可以发现这满足这 4 种情况时，整数 m 的数量均为 k 个. 因此，

$$\sum_{m\in\mathbb{Z}}\theta\left(-\frac{j+1}{2}\leqslant m<k-\frac{i+1}{2}\right)=k.$$

所以，

$$\omega(\iota(t^kA),\iota(t^lB))=k\delta_{k+l,0}\,\mathrm{tr}(AB).$$

□

注 7.1　$a(t)=\sum_k t^k a_k\in\widetilde{gl_2}$，有

$$\iota(a(t))=\begin{pmatrix}\cdots&\cdots&\cdots&\cdots&\cdots&\cdots&\cdots\\ \cdots&a_{-1}&a_0&a_1&\cdots&\cdots&\cdots\\ \cdots&\cdots&a_{-1}&a_0&a_1&\cdots&\cdots\\ \cdots&\cdots&\cdots&a_{-1}&a_0&a_1&\cdots\\ \cdots&\cdots&\cdots&\cdots&\cdots&\cdots&\cdots\end{pmatrix}.$$

7.1.3　李代数 $A_1^{(1)}$ 的性质

引理 7.2　当且仅当 $a(t)=\sum_{j\geqslant 0}^{\infty}a_jt^j$ 时，$a(t)=\sum_j a_jt^j\in\widehat{gl_2}$ 在映射 ι 下的像为严格上三角矩阵. 其中，a_0 为严格上三角矩阵.

证明：根据引理 7.1 推导过程可知，当 $m=2r+p+1,n=2s+q+1$ 时

$$(\iota(a(t)))_{m,n}=(a_{s-r})_{p,q},$$

若 $\iota(a(t))$ 为严格上三角矩阵，则在 $m\geqslant n$(即 $2r+p+1\geqslant 2s+q+1$)时有

$$(\iota(a(t)))_{m,n}=0.$$

注意到 $2r+p+1\geqslant 2s+q+1$ 等价于 $p-q\geqslant 2(s-r)$，以及 $-1\leqslant p-q\leqslant 1$. 因此当 $2(s-r)\leqslant -1$ 时，必有 $2(s-r)\leqslant p-q$ 对任意的 p,q 均成立. 从而

$$(a_{s-r})_{p,q}=\iota(a(t))_{m,n}=0,$$

由 s、r、p、q 的任意性可知，$a_j=0(j<0)$. 当 $s=r$ 时，$p-q\geqslant 2(s-r)$ 变为

$p-q\geqslant 0$,从而$(a_0)_{p,q}=0(p\geqslant q)$.这表明 a_0 为严格上三角矩阵.当 $s-r>0$ 时,$2(s-r)\geqslant 2>p-q$ 不满足 $p-q\geqslant 2(s-r)$.因此,$a_j(j>0)$可以不为 0.所以结论成立.

反过来,设 $m=2r+p+1,n=2s+q+1;1\leqslant p,q\leqslant 2$,并且 $m\geqslant n$,这等价于 $p-q\geqslant 2(s-r)$,则 $s-r>0$ 不可能出现,因为此时 $2(s-r)\geqslant 2>p-q$.

此外,

$$\begin{aligned}\left(\iota\left(\sum_{j=0}^{+\infty}a_jt^j\right)\right)_{m,n} &= \sum_{j=0}^{+\infty}\sum_{k,l=1}^{2}(a_j)_{k,l}\left(\sum_{i\in\mathbb{Z}}E_{1+k+2(i-j),1+l+2i}\right)_{m,n} \\ &= \sum_{j=0}^{+\infty}\sum_{k,l=1}^{2}\sum_{i\in\mathbb{Z}}(a_j)_{k,l}\delta_{m,1+k+2(i-j)}\delta_{n,1+l+2i} \\ &= \sum_{j=0}^{+\infty}\sum_{k,l=1}^{2}\sum_{i\in\mathbb{Z}}(a_j)_{k,l}\delta_{p,k}\delta_{r,i-j}\delta_{q,l}\delta_{i,s} \\ &= \sum_{j=0}^{+\infty}(a_j)_{p,q}\delta_{j,s-r}.\end{aligned}$$

于是,有

1. 当 $s-r<0$ 时,$\left(\iota\left(\sum_{j=0}^{+\infty}a_jt^j\right)\right)_{m,n}=0$;

2. 当 $s-r=0$ 时,则 $p\geqslant q$,于是$\left(\iota\left(\sum_{j=0}^{+\infty}a_jt^j\right)\right)_{m,n}=(a_0)_{pq}=0$.这里用到了 a_0 为严格上三角矩阵. □

引理 7.3 引入 $\widetilde{\Lambda}=(\delta_{i,j+1})_{i,j\in\mathbb{Z}}$,则 $\iota((e+tf)^j)=(\widetilde{\Lambda})^j$,这里

$$e=\begin{pmatrix}0&1\\0&0\end{pmatrix},f=\begin{pmatrix}0&0\\1&0\end{pmatrix},$$

从而 $\alpha_j=\hat{\pi}\circ\iota((e+tf)^j)$.

证明:首先有

$$\begin{aligned}\iota(e+tf)^j &= (\tau(e)+\tau(tf))^j=\left(\sum_{s\in\mathbb{Z}}(E_{2+2s,3+2s}+E_{3+2(s-1),2+2s})\right)^j \\ &= \left(\sum_{s\in\mathbb{Z}}(E_{2s,2s+1}+E_{2s+1,2s+2})\right)^j \\ &= \left(\sum_{s\in\mathbb{Z}}E_{s,s+1}\right)^j=\widetilde{\Lambda}^j=\sum_{s\in\mathbb{Z}}E_{s,s+j}.\end{aligned}$$

注意到 $\hat{\pi}(\widetilde{\Lambda}^j)=\sum_{s\in\mathbb{Z}}:\psi_s\psi_{s+j}^*:=\alpha_j$,从而得证. □

7.2　李代数 $A_1^{(1)}$ 的表示

7.2.1　李代数 $A_1^{(1)}$ 的最高权表示

如果引入矩阵

$$h=\begin{pmatrix}1 & 0\\ 0 & -1\end{pmatrix},$$

则$\widehat{sl_2}$的 Cartan 子代数为

$$\hat{\mathfrak{h}}=\mathrm{span}\{h,c,d\}.$$

进一步定义

$$\hat{\mathfrak{n}}_+=\mathbb{C}e+\sum_{k>0}t^k sl_2,\hat{\mathfrak{n}}_-=\mathbb{C}f+\sum_{k>0}t^{-k}sl_2,$$

则有如下的分解

$$\widehat{sl_2}=\hat{\mathfrak{n}}_+\oplus\hat{\mathfrak{h}}\oplus\hat{\mathfrak{n}}_-.$$

定义 7.1　给定李代数$\widehat{sl_2}$的不可约表示空间 $L(\Lambda)$，其中 $\Lambda\in\hat{\mathfrak{h}}^*$，以及对应的表示映射 π_Λ. 若 $L(\Lambda)$中存在一个非零向量 $v_\Lambda\in L(\Lambda)$满足

$$\pi_\Lambda(\hat{n}_+)v_\Lambda=0,\pi_\Lambda(h)v_\Lambda=\Lambda(h)v_\Lambda,h\in\hat{\mathfrak{h}},$$

则 Λ 称为最高权，$L(\Lambda)$称为最高权表示空间，v_Λ 称为最高权向量.

下面考虑 $L(\Lambda_k)=F_k=\widetilde{B}_k=\mathrm{span}\{\alpha_{k_1}\alpha_{k_2}\cdots\alpha_{k_s}|k\rangle\}$限制在$\widehat{sl_2}$ 上的表示.

命题 7.1　$\rho=\hat{\pi}\circ\iota$ 以及 $\rho(d)|k\rangle=0$ 给出了$\widehat{sl_2}$ 在 $L(\Lambda_k)$上的表示.

证明:事实上仅需说明 $\rho(d)$在 $L(\Lambda_k)$上的表示即可. 注意到

$$\alpha_j=\hat{\pi}(\widetilde{\Lambda}^j)=\hat{\pi}\circ\iota((e+tf)^j)=\rho((e+tf)^j),$$

所以，就有

$$\begin{aligned}\rho(d)(\alpha_{k_1}\cdots\alpha_{k_s}\mid k\rangle)&=\sum_{j=1}^{s}\alpha_{k_1}\cdots\alpha_{k_{j-1}}[\rho(d),\alpha_{k_j}]\alpha_{k_{j+1}}\cdots\alpha_{k_s}\mid k\rangle\\&=\sum_{j=1}^{s}\alpha_{k_1}\cdots\alpha_{k_{j-1}}\rho\left(t\frac{d}{dt}(e+tf)^j\right)\alpha_{k_{j+1}}\cdots\alpha_{k_s}\mid k\rangle.\end{aligned}$$

即证.　□

注 7.2 $L(\Lambda_k)$不是不可约的，具体见下面的命题.

引理 7.4 对任意的 $A(t)\in\widehat{sl_2}$，有$[\alpha_{2s},\rho(A(t))]=0$.

证明：首先注意如下关系式

$$\alpha_{2s}=\pi(\widetilde{\Lambda}^{2s})=\pi\circ\iota\left(\begin{pmatrix}0&1\\t&0\end{pmatrix}^{2s}\right)=\rho\left(\begin{pmatrix}t^s&0\\0&t^s\end{pmatrix}\right).$$

因此，

$$[\alpha_{2s},\rho(A(t))]=\rho\left(\left[\begin{pmatrix}t^s&0\\0&t^s\end{pmatrix},A(t)\right]\right)=0.$$

即证. □

下面寻找$\widehat{sl_2}$的非平凡子表示. 若记

$$L(\Lambda_{k\bmod 2})=\{v\in L(\Lambda_k)\mid \alpha_{2s}v=0,s=1,2,\cdots\},$$

不难发现 $L(\Lambda_{k\bmod 2})$为$\widehat{sl_2}$的非平凡子表示. 则在引理 7.4 的基础上可以证明如下命题.

命题 7.2 $L(\Lambda_{k\bmod 2})$为$\widehat{sl_2}$的非平凡子表示.

证明：若 $v\in L(\Lambda_{k\bmod 2})$，则满足 $\alpha_{2s}v=0$. 根据引理 7.4，对于任意 $A(t)\in\widetilde{sl_2}$可以得到

$$\alpha_{2s}\rho(A(t))v=\rho(A(t))\alpha_{2s}v=0,$$
$$\alpha_{2s}\rho(c)v=\alpha_{2s}v=0.$$

因此，$\rho(A(t))v$ 与 $\rho(c)v$ 均落在 $L(\Lambda_{k\bmod 2})$中.

因为 $\alpha_{2s}\rho(d)v=0$，从而 $\rho(d)v\in L(\Lambda_{k\bmod 2})$. 由于，

$$\alpha_{2s}=\rho\left(t^s\begin{pmatrix}1&0\\0&1\end{pmatrix}\right),$$

所以，有

$$[\rho(d),\alpha_{2s}]=\rho\left(\left[d,t^s\begin{pmatrix}1&0\\0&1\end{pmatrix}\right]\right)=s\alpha_{2s}.$$

因此，

$$\alpha_{2s}\rho(d)v=([\alpha_{2s},\rho(d)]+\rho(d)\alpha_{2s})v=(-s+\rho(d))\alpha_{2s}v=0。$$

从而，证明 $L(\Lambda_{k\bmod 2})$确实为子表示. □

命题 7.3　$L(\Lambda_{k\bmod 2})=\widetilde{B}'_k$，其中 $\widetilde{B}'_k=\operatorname{span}\{\alpha_{-k_1}\cdots\alpha_{-k_s}|k\rangle \mid 0<k_1\leqslant\cdots\leqslant k_s, k_1,\cdots,k_s\equiv 1 \bmod 2\}$，并且 $L(\Lambda_{k\bmod 2})$ 为 $\widehat{sl_2}$ 的最高权表示空间.

证明：因为，$\alpha_{2s}|k\rangle=0(s\geqslant 1)$，所以

$$\widetilde{B}'_k\subset L(\Lambda_{k\bmod 2}).$$

因此，剩下的只需证明

$$L(\Lambda_{k\bmod 2})\subset\widetilde{B}'_k$$

即可.

实际上，对于

$$\forall v=\sum_{0<k_1\leqslant\cdots\leqslant k_s}a_{k_1\cdots k_s}\alpha_{-k_1}\cdots\alpha_{-k_s}|k\rangle\in L(\Lambda_{k\bmod 2}),$$

由 $\alpha_{2s}v=0(s\geqslant 1)$ 可以发现 v 中不能出现 α_{-2s} 的项，从而 $v\in\widetilde{B}'_k$.

例如，$v=a\alpha_{-2}|k\rangle+b\alpha_{-2}^2|k\rangle$，则有

$$\begin{aligned}0&=\alpha_2 v=a[\alpha_2,\alpha_{-2}]|k\rangle+b[\alpha_2,\alpha_{-2}^2]|k\rangle\\&=2a|k\rangle+4b\alpha_{-2}|k\rangle.\end{aligned}$$

由于 $|k\rangle$ 与 $\alpha_{-2}|k\rangle$ 线性无关，因此 $a=b=0$. □

注 7.3　如果定义

$$h_0=h+c, h_1=h,$$

并引入 $\Lambda_i\in\mathfrak{h}^*$ 满足 $\Lambda_i(h_j)=\delta_{ij}$，其中 $i,j=0,1$，则 $\widehat{sl_2}$ 的最高权只有两个，也就是 Λ_0 与 Λ_1. 其对应的最高权向量分别为 $|2k\rangle$ 与 $|2k+1\rangle$.

7.2.2　$\widetilde{sl_2}$ 的费米及玻色表示

引入 $\rho(t^n e)$，$\rho(t^n f)$ 与 $\rho(t^n h)$ 的生成函数

$$e(z)=\sum_{n\in\mathbb{Z}}z^{-2n-1}\rho(t^n e), f(z)=\sum_{n\in\mathbb{Z}}z^{-2n+1}\rho(t^n f), h(z)=\sum_{n\in\mathbb{Z}}z^{-2n}\rho(t^n h).$$

命题 7.4　$e(z)=\dfrac{1}{4}:(\psi(z)+\psi(-z))(\psi^*(z)-\psi^*(-z)):$.

证明：由于，

$$\iota(t^n e)=\iota(t^n e_{12})=\sum_{l\in\mathbb{Z}}E_{2+2(l-n),3+2l},$$

因此，

$$e(z)=\sum_{n,l\in\mathbb{Z}}z^{-2n-1}:\psi_{2+2(l-n)}\psi_{3+2l}^*:$$

$$= \sum_{n,l\in\mathbb{Z}} :(\psi_{2+2(l-n)} z^{2(l-n)+2})(\psi^*_{3+2l} z^{-3-2l}):$$
$$= :\left(\sum_{j\in\mathbb{Z}} \psi_{2+2j} z^{2j+2}\right)\left(\sum_{l\in\mathbb{Z}} \psi^*_{2l+1} z^{-2l-1}\right):$$
$$= \frac{1}{4}:(\psi(z)+\psi(-z))(\psi^*(z)-\psi^*(-z)):.$$

从而得证. □

命题 7.5 $f(z)=\frac{1}{4}:(\psi(z)-\psi(-z))(\psi^*(z)+\psi^*(-z)):.$

证明:

$$f(z)=\sum_{n\in\mathbb{Z}}\rho(t^n f)z^{-2n+1} = \sum_{n,l\in\mathbb{Z}} z^{-2n+1} :\psi_{3+2(l-n)}\psi^*_{2+2l}:$$
$$= \sum_{n,l\in\mathbb{Z}} :(\psi_{3+2(l-n)} z^{2(l-n)+3})(\psi^*_{2+2l} z^{-2-2l}):$$
$$= \sum_{j\in\mathbb{Z}} :\psi_{1+2j} z^{2j+1} \sum_{l\in\mathbb{Z}} \psi^*_{2l} z^{-2l}:$$
$$= \frac{1}{4}:(\psi(z)-\psi(-z))(\psi^*(z)+\psi^*(-z)):.$$

即证. □

命题 7.6

$$h(z)=\frac{1}{4}:(\psi(z)-\psi(-z))(\psi^*(z)-\psi^*(-z)):-$$
$$\frac{1}{4}:(\psi(z)+\psi(-z))(\psi^*(z)+\psi^*(-z)):.$$

证明:

$$h(z) = \sum_{n\in\mathbb{Z}}\rho(t^n h)z^{-2n} = \sum_{n,l\in\mathbb{Z}} z^{-2n}(:\psi_{1+2(l-n)}\psi^*_{1+2l}: - :\psi_{2+2(l-n)}\psi^*_{2+2l}:)$$
$$= \sum_{n,l\in\mathbb{Z}} (:\psi_{1+2(l-n)} z^{2(l-n)+1} \psi^*_{1+2l} z^{-1-2l}: - :\psi_{2+2(l-n)} z^{2(l-n)+2} \psi^*_{2+2l} z^{-2-2l}:)$$
$$= :\sum_{j\in\mathbb{Z}} \psi_{1+2j} z^{2j+1} \sum_{l} \psi^*_{2l+1} z^{-2l-1}: - :\sum_{j\in\mathbb{Z}} \psi_{2j} z^{2j} \sum_{l\in\mathbb{Z}} \psi^*_{2l} z^{-2l}:$$
$$= \frac{1}{4}:(\psi(z)-\psi(-z))(\psi^*(z)-\psi^*(-z)): -$$
$$\frac{1}{4}:(\psi(z)+\psi(-z))(\psi^*(z)+\psi^*(-z)):$$

即证. □

至此,已经找到 $\rho(t^n e)$,$\rho(t^n f)$ 与 $\rho(t^n h)$. 再注意到 $\rho(c)=1$,从而得到

了$\widetilde{sl_2}$的费米表示.进一步利用玻色费米,并对应§6.3.3可以得到相应的玻色表示.

7.2.3 算子 d 的费米与玻色表示

本节重点寻找算子 d 的费米与玻色表示,其关键是计算 $\rho(d)$ 是否满足

$$[\rho(d),\rho(t^k e_{ij})]=k\rho(t^k e_{ij}).$$

首先,通过直接计算可以得到引理 7.5.

引理 7.5　如果定义能量算子 $D_0=\sum_j j:\psi_j\psi_j^*:$,则 D_0 具有如下的性质:

$$[D_0,\psi_m]=m\psi_m,[D_0,\psi_n^*]=-n\psi_n^*.$$

同时,对于 $\rho(t^k e_{ij})=\sum_{l\in\mathbb{Z}}:\psi_{i+1+2(l-k)}\psi_{j+1+2l}^*:$有引理 7.6.

引理 7.6　能量算子 D_0 与 $\rho(t^k e_{ij})$的交换关系如下:

$$[D_0,\rho(t^k e_{ij})]=(i-j-2k)\rho(t^k e_{ij}).$$

证明:根据

$$\rho(t^k e_{ij})=\sum_{l\in\mathbb{Z}}:\psi_{i+1+2(l-k)}\psi_{j+1+2l}^*:,$$

可以得到

$$\begin{aligned}
[D_0,\rho(t^k e_{ij})]&=\Big[D_0,\sum_{l\in\mathbb{Z}}:\psi_{i+1+2(l-k)}\psi_{j+1+2l}^*:\Big]\\
&=\sum_{l\in\mathbb{Z}}[D_0,\psi_{i+1+2(l-k)}]\psi_{j+1+2l}^*+\sum_{l\in\mathbb{Z}}\psi_{i+1+2(l-k)}[D_0,\psi_{j+1+2l}^*]\\
&=\sum_{l\in\mathbb{Z}}(i+1+2(l-k)-j-1-2l)\psi_{i+1+2(l-k)}\psi_{j+1+2l}^*\\
&=\sum_{l\in\mathbb{Z}}(i-j-2k)\psi_{i+1+2(l-k)}\psi_{j+1+2l}^*\\
&=\sum_{l\in\mathbb{Z}}(i-j-2k)(:\psi_{i+1+2(l-k)}\psi_{j+1+2l}^*:+\delta_{i-j,2k})\\
&=(i-j-2k)\rho(t^k e_{ij}).
\end{aligned}$$

□

引理 7.7　引入算子 $A_0=\sum_{k\in\mathbb{Z}}(-1)^k\psi_k\psi_k^*=\mathrm{Res}_z\frac{1}{z}\psi(z)\psi^*(-z)$,则 A_0 具有如下的性质:

$$[A_0,\psi_j]=(-1)^j\psi_j,[A_0,\psi_j^*]=-(-1)^j\psi_j^*.$$

推论 7.12 算子 A_0 与 $\rho(t^k e_{ij})$的交换关系如下：

$$[A_0,\rho(t^k e_{ij})]=((-1)^{i+1}-(-1)^{j+1})\rho(t^k e_{ij}).$$

证明：

$$\begin{aligned}[A_0,\rho(t^k e_{ij})] &= \left[A_0,\sum_{l\in\mathbb{Z}}:\psi_{i+1+2(l-k)}\psi^*_{j+1+2l}:\right]\\ &= \sum_{l\in\mathbb{Z}}[A_0,\psi_{i+1+2(l-k)}]\psi^*_{j+1+2l}+\sum_{l\in\mathbb{Z}}\psi_{i+1+2(l-k)}[A_0,\psi^*_{j+1+2l}]\\ &= \sum_{l\in\mathbb{Z}}((-1)^{i+1+2(l-k)}-(-1)^{j+1+2l})\psi_{i+1+2(l-k)}\psi^*_{j+1+2l}\\ &= ((-1)^{i+1}-(-1)^{j+1})\rho(t^k e_{ij}).\end{aligned}$$

□

通过比较$[\rho(d),\rho(t^k e_{ij})]$，$[D_0,\rho(t^k e_{ij})]$和$[A_0,\rho(t^k e_{ij})]$的结果，可以得到定理 7.1.

定理 7.1 算子 d 在 $L(\Lambda_{k\mathrm{mod}2})$上的费米表示如下：

$$\rho(d)=-\frac{1}{2}D_0-\frac{1}{4}A_0.$$

算子 d 的玻色表示可以通过命题 7.7 得到.

命题 7.7 在 $L(\Lambda_l)$上，

$$D_0=\sum_{k>0}\alpha_{-k}\alpha_k+\frac{l(l-1)}{2}.$$

特别地，在 $L(\Lambda_{l\mathrm{mod}2})$上

$$D_0=\sum_{k=1}^{+\infty}\alpha_{-2k-1}\alpha_{2k+1}+\frac{l(l-1)}{2}.$$

该命题的证明比较复杂.证明过程详见参考文献[207].

7.3 可积系统的 Kac-Wakimoto 构造

在 A_∞ 构造可积系统的过程中，最关键的就是引入算子

$$S=\sum_{j\in\mathbb{Z}}\psi_j\otimes\psi_j^*,S^*=\sum_{j\in\mathbb{Z}}\psi_j^*\otimes\psi_j.$$

但推广至一般仿射李代数时，会发现相应的 S 或者 S^* 缺少统一的定义方式.例如，例外李代数，由于缺少费米表示，因此很难确定 S 与 S^*.但是，Kac 与 Wakimoto[187] 发现可以用 A_∞ 的 Casimir 算子

$$\Omega = S^* S$$

来代替 S，因为不难发现 $S(\tau\otimes\tau)=0$ 与 $\Omega(\tau\otimes\tau)=0$ 这两者是等价的.

定理 7.2　假设 $\mathfrak{g}$ 为具有对称 Cartan 矩阵的 Kac-Moody 代数，G 为其对应的群. 若在 $\mathfrak{g}$ 上定义一个非退化的不变二次型 $(\cdot \mid \cdot)$，并且 $\{u_j\}$ 与 $\{u^j\}$ 为相应的一组对偶基，并与 $\mathfrak{g}$ 的三角分解相容. 再假定 $L(\Lambda)$ 为李代数 $\mathfrak{g}$ 的最高权表示，Λ 为对应的最高权，并令 v_Λ 为相应的最高权向量. 则在 $L(\Lambda)\otimes L(\Lambda)$ 中时，当且仅当

$$\sum_{j\in\mathbb{Z}} u_j(v)\otimes u^j(v) = (\Lambda \mid \Lambda) v\otimes v \tag{7.2}$$

$0\neq v\in G\cdot v_\Lambda\subset L(\Lambda)$.

定理 7.2 证明的必要性十分复杂，所以下面仅证明充分性，即 $0\neq v\in G\cdot v_\Lambda\subset L(\Lambda)$ 时，有式(7.2)成立. 为此本书做如下的准备工作. 首先，引入 Casimir 算子

$$\Omega_{KW} = \sum_{j\in\mathbb{Z}} u_j\otimes u^j.$$

引理 7.8　在定理 7.2 的条件下

$$[\Omega_{KW}, a\otimes 1+1\otimes a]=0, a\in\mathfrak{g}.$$

进一步，

$$[\Omega_{KW}, e^a\otimes e^a]=0.$$

证明：由于 $\{u_j\}$ 与 $\{u^j\}$ 为 $\mathfrak{g}$ 的一组对偶基底，因此可以假定

$$[a,u_i]=\sum_{i,j\in\mathbb{Z}}\alpha_{ij}u_j, [a,u^i]=\sum_{i,j\in\mathbb{Z}}\beta_{ij}u^j.$$

其中，$\alpha_{ij}, \beta_{ij}\in\mathbb{C}$. 由二次型的不变性 $([x,y]\mid z)+(y\mid [x,z])=0$ 可知，

$$\alpha_{ij}=([a,u_i]\mid u^j)=-(u_i\mid [a,u^j])=-\beta_{ji}.$$

所以，

$$\begin{aligned}
[a\otimes 1+1\otimes a, \Omega_{KW}] &= \sum_{j\in\mathbb{Z}}([a,u_j]\otimes u^j+u_j\otimes [a,u^j]) \\
&= \sum_{j\in\mathbb{Z}}\sum_{i\in\mathbb{Z}}\alpha_{ji}u_i\otimes u^j+\sum_{i\in\mathbb{Z}}\sum_{j\in\mathbb{Z}}\beta_{ji}u_j\otimes u^i \\
&= \sum_{i,j\in\mathbb{Z}}(\alpha_{ji}+\beta_{ij})u_i\otimes u^j=0
\end{aligned}$$

成立. 进一步根据

$$e^a\otimes e^a=\exp(a\otimes 1+1\otimes a)$$

可以得到 $[\Omega_{KW}, e^a\otimes e^a]=0$. 从而结论得证. □

引理 7.9 在定理 7.2 的条件下，Ω_{KW} 不依赖李代数 $\mathfrak{g}$ 的对偶基底 $\{u_j\}$ 与 $\{u^j\}$ 的选择.

证明：设 v_j 与 v^j 为另外的一组对偶基底，并记 $\Omega'_{KW}=\sum_{j\in\mathbb{Z}}v_j\otimes v^j$，下面证明 $\Omega_{KW}=\Omega'_{KW}$. 因为，

$$v_j=\sum_{l\in\mathbb{Z}}(v_j\mid u^l)u_l,\ v^j=\sum_{l\in\mathbb{Z}}(v^j\mid u_l)u^l,$$

所以，

$$\begin{aligned}\Omega'_{KW}&=\sum_{j,k,l\in\mathbb{Z}}(v_j\mid u^k)(v^j\mid u_l)(u_k\otimes u^l)\\&=\sum_{k,l\in\mathbb{Z}}\Big(\sum_{j\in\mathbb{Z}}v_j(v^j\mid u_l)\mid u^k\Big)(u_k\otimes u^l)\\&=\sum_{k,l\in\mathbb{Z}}(u_l\mid u^k)(u_k\otimes u^l)\\&=\sum_{k\in\mathbb{Z}}u_k\otimes u^k=\Omega_{KW}.\end{aligned}$$

因此定理得证. □

引理 7.10 在定理 7.2 的条件下，

$$\Omega_{KW}(v_\Lambda\otimes v_\Lambda)=(\Lambda\mid\Lambda)(v_\Lambda\otimes v_\Lambda).$$

证明：首先，设 $\mathfrak{g}=\mathfrak{h}\oplus\bigoplus_{\alpha\in\Delta}\mathfrak{g}_\alpha$. 对于每个正根 α，假定 $e_\alpha^{(1)}\cdots e_\alpha^{(n_\alpha)}$ 为根空间 $\mathfrak{g}_\alpha$ 的一组基底，$f_\alpha^{(1)}\cdots f_\alpha^{(n_\alpha)}$ 为对偶空间 $\mathfrak{g}_{-\alpha}$ 的一组基底，$\{h_i\}$ 与 $\{h^i\}$ 为 $\mathfrak{h}$ 的对偶基底，则 $\{h_i,e_\alpha^{(i)},f_\alpha^{(l)}\}$ 与 $\{h^j,f_\alpha^{(j)},e_\alpha^{(l)}\}$ 构成 $\mathfrak{g}$ 的一组对偶基底，于是

$$\Omega_{KW}=\sum_{i\in\mathbb{Z}}h_i\otimes h^i+\sum_{\alpha\in\Delta^+}\sum_{i\in\mathbb{Z}}(e_\alpha^{(i)}\otimes f_\alpha^{(i)}+f_\alpha^{(i)}\otimes e_\alpha^{(i)}).$$

因为，$L(\Lambda)$ 是李代数 $\mathfrak{g}$ 的最高权表示空间，v_Λ 是最高权向量，所以，$g_\alpha v_\Lambda=0,\forall a\in\Delta_+$，以及 $hv_\Lambda=\Lambda(h)v_\Lambda$. 从而

$$\Omega_{KW}(v_\Lambda\otimes v_\Lambda)=\sum_{i\in\mathbb{Z}}\Lambda(h_i)\Lambda(h^i)(v_\Lambda\otimes v_\Lambda).$$

下面证明 $\sum_{i\in\mathbb{Z}}\Lambda(h_i)\Lambda(h^i)=(\Lambda\mid\Lambda)$. 设 t_Λ 为 Λ 在 $\mathfrak{h}$ 中的嵌入元，也就是 $\Lambda(h)=(t_\Lambda\mid h)$. 因此

$$\begin{aligned}\sum_{i\in\mathbb{Z}}\Lambda(h_i)\Lambda(h^i)&=\sum_{i\in\mathbb{Z}}(t_\Lambda\mid h_i)(t_\Lambda\mid h^i)\\&=\Big(t_\Lambda\mid\sum_{i\in\mathbb{Z}}h_i(t_\Lambda\mid h^i)\Big)\\&=(t_\Lambda\mid t_\Lambda)=(\Lambda\mid\Lambda).\end{aligned}$$

引理得证. □

有了上面的准备后,可以接着证明定理 7.2 的充分条件.事实上,不妨假定 $v=e^a v_\Lambda$,其中 $a\in\mathfrak{g}$,则根据引理 7.8 与引理 7.10 可得

$$\Omega_{KW}(v\otimes v)=(e^a\otimes e^a)\Omega_{KW}(v_\Lambda\otimes v_\Lambda)$$
$$=(\Lambda\mid\Lambda)(e^a\otimes e^a)(v_\Lambda\otimes v_\Lambda)=(\Lambda\mid\Lambda)(v\otimes v).$$

从而定理 7.2 的充分条件成立.

7.4 $A_1^{(1)}$-可积方程族

本节将以李代数 $A_1^{(1)}$ 为例,利用 Kac-Wakimoto 方法构造相应的可积系统.这里的关键是写出李代数 $A_1^{(1)}$ 的 Casimir 算子及其费米与玻色表示.

7.4.1 李代数 $A_1^{(1)}$ 的对偶基底

首先,$\widehat{sl_2}$ 中存在一个非退化的对称不变二次型$(\cdot\mid\cdot)$[186],其定义如下,

$$(A(t)\mid B(t))=\mathrm{Res}_{t=0}t^{-1}\mathrm{tr}(A(t)B(t)),$$
$$(c\mid A(t))=0,(c\mid c)=0,(c\mid d)=1,$$
$$(d\mid A(t))=0,(d\mid d)=0,\forall A(t),B(t)\in\widetilde{sl}_2.$$

特别地

$$(t^kA\mid t^lB)=\delta_{k+l,0}tr(AB),\forall A,B\in sl_2(\mathbb{C}).$$

显然,$\{ht^n,et^n,ft^n,c,d\}$构成了$\widehat{sl_2}$的一组基底,但是这组基底对应的费米表示比较复杂,为此本书考虑另外一组基底.若

$$A_{2j}=-t^jh,A_{2j+1}=t^j(e-tf),H_{2j+1}=t^j(e+tf),\tag{7.3}$$

则容易证明$\{A_j,H_{2j+1},c,d\}$构成了$\widehat{sl_2}$的另一组基底,并且这组基底所对应的费米表示形式相对简单,具体见引理 7.11.

引理 7.11 若定义 $A(z)=\sum_j z^{-j}\rho(A_j),H(z)=\sum_{j\in\mathbb{Z}}z^{-2j-1}\rho(H_{2j+1})$,则$\widehat{sl_2}$的费米表示为

$$A(z)=:\psi(-z)\psi^*(z):,H(z)=\sum_{n\in\mathbb{Z}}\alpha_{2n+1}z^{-2n-1},$$

$$\rho(c)=1,\rho(d)=-\frac{1}{2}\sum_{k\in\mathbb{Z}}k:\psi_k\psi_k^*:-\frac{1}{4}\rho(A_0).$$

证明:首先,根据式(7.3)可以得到

$$\begin{aligned}A(z)&=\sum_{j\in\mathbb{Z}}z^{-j}\rho(A_j)\\&=\sum_{j\in\mathbb{Z}}(z^{-2j}\rho(-t^jh)+z^{-2j-1}\rho(t^j(e-tf)))\\&=e(z)-f(z)-h(z)=:\psi(-z)\psi^*(z):.\end{aligned}$$

再计算费米表示 $H(z)$,

$$\begin{aligned}H(z)&=\sum_{j\in\mathbb{Z}}z^{-2j-1}\rho(H_{2j+1})=e(z)+f(z)\\&=\frac{1}{2}(:\psi(z)\psi^*(z):-:\psi(-z)\psi^*(-z):)\\&=\frac{1}{2}\sum_{n\in\mathbb{Z}}(\alpha_n-(-1)^n\alpha_n)z^{-n}=\sum_{n\in\mathbb{Z}}\alpha_{2n+1}z^{-2n-1}.\end{aligned}$$

从而,引理得证. □

引理 7.12 $\{A_j,H_{2j+1},c,d\}$ 与 $\left\{\frac{(-1)^j}{2}A_{-j},\frac{1}{2}H_{-2j-1},d,c\right\}$ 构成 $\widehat{sl_2}$ 的一组对偶基底.

证明:首先,通过计算可以知道

$$(A_{2j}\mid A_{2l})=2\delta_{j+l,0},(A_{2j}\mid A_{2l+1})=(A_{2j}\mid H_{2l+1})=0,$$

$$(A_{2j+1}\mid A_{2l+1})=-(t^je\mid t^{l+1}f)-(t^{j+1}f\mid t^le)=-2\delta_{j+l+1,0}.$$

从而,

$$(A_j\mid A_l)=2(-1)^j\delta_{j+l,0}.$$

类似可得到

$$\begin{gathered}(A_j\mid H_{2l+1})=(A_j\mid c)=(A_j\mid d)=0,\\(H_{2j+1}\mid H_{2l+1})=2\delta_{j+l+1,0},\\(H_{2j+1}\mid c)=(H_{2j+1}\mid d)=0,\\(c\mid c)=(d\mid d)=0,(c\mid d)=1.\end{gathered}$$

从而引理得证. □

7.4.2 李代数 $A_1^{(1)}$ 的 Casimir 算子

根据 $A_1^{(1)}$ 李代数对偶基底,可以得到相应的 Casimir 算子,具体见命题 7.8.

命题 7.8　李代数 $A_1^{(1)}$ 的 Casimir 算子如下：

$$\begin{aligned}\Omega_{KW} &= \frac{1}{2}\sum_j (-1)^j A_j \otimes A_{-j} + \frac{1}{2}\sum_j H_{2j+1} \otimes H_{-2j-1} + c \otimes d + d \otimes c \\ &= \mathrm{Res}_z \frac{1}{2z} A(z) \otimes A(-z) + \frac{1}{2}\sum_j H_{2j+1} \otimes H_{-2j-1} + c \otimes d + d \otimes c.\end{aligned}$$

引理 7.13　$E^{(+)}(z)$与$E^{(-)}(z)$满足的关系式如下：

$$E^{(+)}(-z)E^{(-)}(z)^{-1} = \frac{1}{2}E^{(-)}(z)^{-1}E^{(+)}(-z).$$

证明：首先记

$$A = -\sum_{k=1}^{+\infty}\frac{1}{k}(-z)^{-k}\alpha_k, B = -\sum_{l=1}^{+\infty}\frac{1}{l}z^l\alpha_{-l},$$

则

$$[A,B] = \sum_{k,l=1}^{+\infty}\frac{1}{kl}(-1)^k z^{l-k}[\alpha_k, \alpha_{-l}] = \sum_{k=1}^{+\infty}\frac{1}{k}(-1)^k = -\log 2.$$

于是根据公式

$$e^A e^B e^{-A} = e^{e^A B e^{-A}} = e^{B+[A,B]+\frac{1}{2!}[A,[A,B]]+\cdots},$$

可知结论成立，从而引理得证.　□

推论 7.3　$A(z)$具有如下的表达式：

$$\begin{aligned}A(z) &= \psi(-z)\psi^*(z) + \frac{1}{2} \\ &= \frac{(-1)^{1-\alpha_0}}{2}\exp\Big(-\sum_{l\geqslant 1, odd}\frac{2}{l}\alpha_{-l}z^l\Big) \times \exp\Big(\sum_{l\geqslant 1, odd}\frac{2}{l}\alpha_l z^l\Big) + \frac{1}{2}.\end{aligned}$$

证明：首先计算

$$A(z) = :\psi(-z)\psi^*(z): = \psi(-z)\psi^*(z) - \langle\psi(-z)\psi^*(z)\rangle,$$

并且

$$\begin{aligned}\psi(-z)\psi^*(z) &= Q(-z)^{\alpha_0}E^{(-)}(-z)E^{(+)}(-z)Q^{-1}z^{1-\alpha_0}E^{(-)}(z)^{-1}E^{(+)}(z)^{-1} \\ &= (-z)^{-1+\alpha_0}E^{(-)}(-z)E^{(+)}(-z)z^{1-\alpha_0}E^{(-)}(z)^{-1}E^{(+)}(z)^{-1} \\ &= (-1)^{-1+\alpha_0}E^{(-)}(-z)E^{(+)}(-z)E^{(-)}(z)^{-1}E^{(+)}(z)^{-1},\end{aligned}$$

其中，$Q\lambda^{\alpha_0} = \lambda^{-1+\alpha_0}Q$，$[\alpha_k, Q] = \delta_{k,0}Q$. 再根据引理 7.13，就能得到

$$\psi(-z)\psi^*(z) = \frac{(-1)^{-1+\alpha_0}}{2}E^{(-)}(-z)E^{(-)}(z)^{-1}E^{(+)}(-z)E^{(+)}(z)^{-1},$$

这里

$$E^{(-)}(-z)E^{(-)}(z)^{-1}=\exp\Big(\sum_{l=1}^{+\infty}\frac{1}{l}\alpha_{-l}z^{l}((-1)^{l}-1)\Big)$$

$$=\exp\Big(-\sum_{l\geqslant 1,odd}^{+\infty}\frac{2}{l}\alpha_{-l}z^{l}\Big),$$

$$E^{(+)}(-z)E^{(+)}(z)^{-1}=\exp\Big(-\sum_{l=1}^{+\infty}\frac{1}{l}\alpha_{l}z^{-l}((-1)^{l}-1)\Big)$$

$$=\exp\Big(\sum_{l\geqslant 1,odd}^{+\infty}\frac{2}{l}\alpha_{l}z^{-l}\Big).$$

于是

$$\psi(-z)\psi^{*}(z)=\frac{(-1)^{1-\alpha_0}}{2}\exp\Big(-\sum_{l\geqslant 1,\text{odd}}^{+\infty}\frac{2}{l}\alpha_{-l}z^{l}\Big)\times\exp\Big(\sum_{l\geqslant 1,\text{odd}}^{+\infty}\frac{2}{l}\alpha_{l}z^{l}\Big).$$

再根据

$$\langle\psi(-z)\psi^{*}(z)\rangle=\frac{(-z)^{-1}z}{1-(-z)^{-1}z}=-\frac{1}{2},$$

最终推论得证. □

命题 7.9 Ω_{KW}的费米形式如下:

$$\Omega_{KW}=\mathrm{Res}_z\frac{1}{2z}\psi(z)\psi^{*}(-z)\otimes\psi(-z)\psi^{*}(z)+\frac{1}{2}\sum_{k}\alpha_{2k+1}\otimes\alpha_{-2k-1}+$$

$$1\otimes\Big(-\frac{1}{2}D_0\Big)+\Big(-\frac{1}{2}D_0\Big)\otimes 1-\frac{1}{8}(1\otimes 1),$$

其中,$\alpha_{2k+1}=\sum_{l}:\psi_l\psi_{l+2k+1}^{*}:$,$D_0=\sum_{k}k:\psi_k\psi_k^{*}:$.

证明:根据

$$\mathrm{Res}_z z^{-1}A(z)\otimes A(-z)=\mathrm{Res}_z z^{-1}A(-z)\otimes A(z)$$

$$=\mathrm{Res}_z z^{-1}\Big(\psi(z)\psi^{*}(-z)+\frac{1}{2}\Big)\otimes\Big(\psi(-z)\psi^{*}(z)+\frac{1}{2}\Big)$$

$$=\mathrm{Res}_z z^{-1}\Big(\psi(z)\psi^{*}(-z)\otimes\psi(-z)\psi^{*}(z)+$$

$$\psi(z)\psi^{*}(-z)\otimes\frac{1}{2}+\frac{1}{2}\otimes A(z)\Big)$$

$$=\mathrm{Res}_z z^{-1}\psi(z)\psi^{*}(-z)\otimes\psi(-z)\psi^{*}(z)+$$

$$\frac{1}{2}(A_0\otimes 1+1\otimes A_0)-\frac{1}{4},$$

就可以得到 Ω_{KW}的费米形式. □

推论 7.4　在 $L(\Lambda_0)\otimes L(\Lambda_0)$上，$\Omega_{KW}$的玻色形式如下：

$$\Omega_{KW}=\mathrm{Res}_z\frac{1}{8z}\exp\Big(\sum_{l>0,odd}\frac{2}{l}\alpha_{-l}z^l\Big)\exp\Big(-\sum_{l>0,odd}\frac{2}{l}\alpha_l z^{-l}\Big)$$

$$\otimes\exp\Big(\sum_{l>0,odd}\frac{2}{l}\alpha_{-l}z^l\Big)\exp\Big(-\sum_{l>0,odd}\frac{2}{l}\alpha_l z^{-l}\Big)+\frac{1}{2}\sum_k\alpha_{2k+1}\otimes\alpha_{-2k-1}$$

$$-\frac{1}{2}\sum_{k\geqslant 0}(\alpha_{-2k-1}\alpha_{2k+1}\otimes 1+1\otimes\alpha_{-2k-1}\alpha_{2k+1})-\frac{1}{8}(1\otimes 1).$$

7.4.3　$A_1^{(1)}$-可积方程族的 Kac-Wakimoto 构造

根据推论 7.3 可以很容易得到引理 7.14.

引理 7.14　Ω_{KW}在真空上的作用如下：

$$\Omega_{KW}(|0\rangle\otimes|0\rangle)=0.$$

进一步利用引理 7.8 可以得到定理 7.3.

定理 7.3　若令 G 为$\widehat{sl_2}$ 对应的群，以及 $\tau=g|0\rangle$，那么$\widehat{sl_2}$-可积方程族的形式如下：

$$\Omega_{KW}(\tau\otimes\tau)=0.$$

其相应的玻色形式为

$$\mathrm{Res}_z z^{-1}e^{2\xi(t-t',z)}\tau(t-2[z^{-1}])\tau(t'+2[z^{-1}])$$
$$=4\sum_{j\in\mathbb{Z}^+_{odd}}j(t_j-t'_j)(\partial_{t_j}-\partial_{t'_j})(\tau(t)\tau(t'))+\tau(t)\tau(t'). \tag{7.4}$$

其中，$t=(t_1,t_3,t_5,\cdots)$，$[z^{-1}]=\Big(z^{-1},\frac{1}{3}z^{-3},\cdots\Big)$.

在下一节中将利用 Casimir 算子 Ω_{KW}的分解来证明 $A_1^{(1)}$-方程族就是 KdV-方程族，即

$$\text{式}(7.4)\Leftrightarrow\mathrm{Res}_z z^{2k}e^{\xi(t-t',z)}\tau(t-[z^{-1}])\tau(t'+[z^{-1}])=0,\ \forall k\geqslant 0.$$

7.5　Casimir 算子的分解

7.5.1　算子 Ω_m 与 $\widetilde{\Omega}_m$

首先，引入算子 $\Omega(\xi)$，$\widetilde{\Omega}(\xi)$

$$\Omega(\xi)=\frac{1}{2}\sum_{i=1}^{2}\psi(\omega^{-i}\xi^{-\frac{1}{2}})\otimes\psi^{*}(\omega^{-i}\xi^{-\frac{1}{2}})\xi^{-1},$$

$$\widetilde{\Omega}(\xi)=\frac{1}{2}\sum_{i=1}^{2}\psi^{*}(\omega^{-i}\xi^{-\frac{1}{2}})\otimes\psi(\omega^{-i}\xi^{-\frac{1}{2}})\xi^{-1}.$$

本节记 $\omega=-1$，后面不再做特别说明. 直接计算可得引理 7.15.

引理 7.15

$$\sum_{i=1}^{2}\omega^{-ik}=\begin{cases}2, & k\text{ 为偶数};\\ 0, & k\text{ 为奇数}.\end{cases}$$

命题 7.10　$\Omega(\xi)$ 与 $\widetilde{\Omega}(\xi)$ 可以写成如下形式：

$$\Omega(\xi)=\sum_{m}\Omega_{m}\xi^{-m-1},\widetilde{\Omega}(\xi)=\sum_{m}\widetilde{\Omega}_{m}\xi^{-m-1}.$$

其中，

$$\Omega_{m}=\sum_{k}\psi_{k}\otimes\psi_{k-2m}^{*},\widetilde{\Omega}_{m}=\sum_{k}\psi_{k}^{*}\otimes\psi_{k+2m}.$$

证明：根据引理 7.15，可以得到

$$\begin{aligned}\Omega(\xi)&=\frac{1}{2}\sum_{i=1}^{2}\sum_{k,l\in\mathbb{Z}}(\omega^{-i}\xi^{-\frac{1}{2}})^{k-l}\psi_{k}\otimes\psi_{l}^{*}\xi^{-1}\\&=\frac{1}{2}\sum_{k,l\in\mathbb{Z}}\sum_{i=1}^{2}\omega^{-i(k-l)}\xi^{-\frac{1}{2}(k-l)-1}\psi_{k}\otimes\psi_{l}^{*}\\&=\sum_{m\in\mathbb{Z}}\Big(\sum_{k\in\mathbb{Z}}\psi_{k}\otimes\psi_{k-2m}^{*}\Big)\xi^{-m-1}=\sum_{m\in\mathbb{Z}}\Omega_{m}\xi^{-m-1}.\end{aligned}$$

类似可以得到 $\widetilde{\Omega}(\xi)=\sum_{m\in\mathbb{Z}}\widetilde{\Omega}_{m}\xi^{-m-1}$.　□

在介绍本节的主要内容之前，需要如下的一些准备工作. 首先，利用引理 6.18 类似的方法可以得到如下结论.

引理 7.16

$$\langle 0|\psi(\lambda)\psi^{*}(\mu)|0\rangle=\frac{\lambda^{-1}\mu}{1-\lambda^{-1}\mu},\langle 0|\psi^{*}(\lambda)\psi(\mu)|0\rangle=\frac{1}{1-\lambda^{-1}\mu}.$$

引理 7.17　若 $f(\xi_1,\xi_2)$ 及其偏导中不含有 $(\xi_1-\xi_2)^{-1}$ 的因子，则有

$$\partial_{\xi_1}^{2}\left(\frac{(\xi_1-\xi_2)^2}{2}f(\xi_1,\xi_2)\right)\Bigg|_{\xi_1=\xi_2=\xi}=f(\xi,\xi).$$

证明：通过计算可以发现，

$$\partial_{\xi_1}\left(\frac{(\xi_1-\xi_2)^2}{2}f(\xi_1,\xi_2)\right)=(\xi_1-\xi_2)f(\xi_1,\xi_2)+\frac{(\xi_1-\xi_2)^2}{2}\partial_{\xi_1}f(\xi_1,\xi_2),$$

$$\partial_{\xi_1}^2\left(\frac{(\xi_1-\xi_2)^2}{2}f(\xi_1,\xi_2)\right)=f(\xi_1,\xi_2)+2(\xi_1-\xi_2)\partial_{\xi_1}f(\xi_1,\xi_2)+\frac{(\xi_1-\xi_2)^2}{2}\partial_{\xi_1}^2 f(\xi_1,\xi_2).$$

再令 $\xi_1=\xi_2=\xi$，即得结论成立. □

F^* 与 F 之间的配对 $\langle\cdot\rangle$（见 §6.2.1）可以推广至 $(F^*\otimes F^*)$ 与 $(F\otimes F)$，也就是

$$(F^*\otimes F^*)\times(F\otimes F)\to\mathbb{C}$$

$$(\langle 0|a_1\otimes\langle 0|b_1, a_2|0\rangle\otimes b_2|0\rangle)\mapsto\langle 0|a_1a_2|0\rangle\langle 0|b_1b_2|0\rangle=\langle a_1a_2\otimes b_1b_2\rangle.$$

其中，$a_i,b_i\in A(i=1,2)$. 于是，$\widetilde{\Omega}_m$ 与 Ω_n 之间的正规积定义如下：

$$:\widetilde{\Omega}_m\Omega_n:=\widetilde{\Omega}_m\Omega_n-\langle\widetilde{\Omega}_m\Omega_n\rangle. \tag{7.5}$$

推论 7.5　$\widetilde{\Omega}_m$ 与 Ω_m 满足如下的关系式：

$$[\widetilde{\Omega}_m,\Omega_n]=-\alpha_{-2m-2n}\otimes 1+1\otimes\alpha_{-2m-2n}+2n\delta_{m+n,0},$$

$$\langle\widetilde{\Omega}_m,\Omega_n\rangle=2n\delta_{m+n,0}\theta(m\leqslant -1).$$

当限制在 $L(\Lambda_{0\bmod 2})\otimes L(\Lambda_{0\bmod 2})$ 上时，

$$[\widetilde{\Omega}_m,\Omega_n]=2n\delta_{m+n,0}.$$

证明：首先计算 $[\widetilde{\Omega}_m,\Omega_n]$. 注意到 $:\psi_i\psi_j^*:=-:\psi_j^*\psi_i:$，因此，

$$\begin{aligned}[\widetilde{\Omega}_m,\Omega_n]&=\sum_{k,l}(\psi_k^*\psi_{l+2n}\otimes\psi_{k+2m}\psi_l^*-\psi_{l+2n}\psi_k^*\otimes\psi_l^*\psi_{k+2m})\\&=\sum_{k,l}(:\psi_k^*\psi_{l+2n}:+\delta_{k,l+2n}\theta(k\geqslant 0))\otimes(:\psi_{k+2m}\psi_l^*:+\delta_{l,k+2m}\theta(l<0))-\\&\quad\sum_{k,l}(:\psi_{l+2n}\psi_k^*:+\delta_{k,l+2n}\theta(k<0))\otimes(:\psi_l^*\psi_{k+2m}:+\delta_{l,k+2m}\theta(l\geqslant 0))\\&=\sum_{k,l}\delta_{l,k+2m}:\psi_k^*\psi_{l+2n}:\otimes 1+\sum_{k\cdot l}\delta_{k,l+2n}1\otimes:\psi_{k+2m}\psi_l^*:+\\&\quad\sum_{k,l}\theta_{l,k+2m}\delta_{k,l+2n}(\theta(k\geqslant 0,l<0)-\theta(k<0,l\geqslant 0)).\end{aligned}$$

进一步利用 $\theta(l<0)+\theta(l\geqslant 0)=1$，

$$\begin{aligned}&\sum_{k,l}\theta_{l,k+2m}\delta_{k,l+2n}(\theta(k\geqslant 0,l<0)-\theta(k<0,l\geqslant 0))\\&=\delta_{m+n,0}\Big(\sum_l\theta(l+2n\geqslant 0,l<0)-\sum_k\theta(k<0,k+2m\geqslant 0)\Big)\\&=2n\delta_{m+n,0}\theta(n<0)-2m\delta_{m+n,0}\theta(m<0)=2n\delta_{m+n,0}.\end{aligned}$$

综上可得，

$$[\widetilde{\Omega}_m,\Omega_n]=-\alpha_{-2m-2n}\otimes 1+1\otimes\alpha_{-2m-2n}+2n\delta_{m+n,0}.$$

至于$\langle\widetilde{\Omega}_m,\Omega_n\rangle$的值,计算如下:

$$\begin{aligned}\langle\widetilde{\Omega}_m,\Omega_n\rangle &= \sum_{k,l}\langle\psi_k^*\psi_{l+2n}\rangle\langle\psi_{k+2m}\psi_l^*\rangle\\ &= \sum_{k,l}\delta_{k,l+2n}\delta_{k+2m,l}\theta(k\geqslant 0)\theta(l<0)\\ &= \sum_{k}\delta_{m+n,0}\theta(k\geqslant 0,k+2m<0)\\ &= 2n\delta_{m+n,0}\theta(m\leqslant -1).\end{aligned}$$

证毕. □

根据式(7.5)和推论 7.5,可以知道:

当$m\geqslant 0$时,

$$:\widetilde{\Omega}_m\Omega_n:=\widetilde{\Omega}_m\Omega_n.$$

当$m\leqslant -1$时,

$$:\widetilde{\Omega}_m\Omega_n:=\widetilde{\Omega}_m\Omega_n-\langle\widetilde{\Omega}_m\Omega_n\rangle=\widetilde{\Omega}_m\Omega_n-2n\delta_{m+n,0}=\Omega_n\widetilde{\Omega}_m.$$

从而,

$$:\widetilde{\Omega}_m\Omega_n:=\begin{cases}\widetilde{\Omega}_m\Omega_n, & m\geqslant 0;\\ \Omega_n\widetilde{\Omega}_m, & m\leqslant -1.\end{cases}\tag{7.6}$$

引理 7.18

$$\langle\widetilde{\Omega}(\xi_1)\Omega(\xi_2)\rangle=\frac{2}{(\xi_1-\xi_2)^2}.$$

证明:利用推论 7.4 可知,

$$\begin{aligned}\langle\widetilde{\Omega}(\xi_1)\Omega(\xi_2)\rangle &=\sum_{m,n}\langle\widetilde{\Omega}_m\Omega_n\rangle\xi_1^{-m-1}\xi_2^{-n-1}\\ &=\sum_{m,n}2n\delta_{m+n,0}\theta(n\geqslant 1)\xi_1^{-m-1}\xi_2^{-n-1}\\ &=\sum_{n\geqslant 1}2n(\xi_1\xi_2^{-1})^n\xi_1^{-1}\xi_2^{-1}\\ &=\sum_{n\geqslant 1}2(x^n)'\xi_2^{-2}\Big|_{x=\xi_1\xi_2^{-1}}\\ &=2\left(\frac{1}{1-x}\right)'\Bigg|_{x=\xi_1\xi_2^{-1}}\xi_2^{-2}\\ &=\frac{2}{(1-\xi_1\xi_2^{-1})^2\xi_2^2}=\frac{2}{(\xi_1-\xi_2)^2}.\end{aligned}$$

□

7.5.2 李代数 $A_1^{(1)}$ 的 Casimir 算子分解

定理 7.4 在$L(\Lambda_{0\bmod 2})\otimes L(\Lambda_{0\bmod 2})$上,

$$\partial_{\xi_1}^2\left(\frac{(\xi_1-\xi_2)^2}{2}\widetilde{\Omega}(\xi_1)\Omega(\xi_2)\right)\bigg|_{\xi_1=\xi_2=\xi}$$

中 ξ^{-2} 的系数恰好为 $-\Omega_{KW}$.

证明：首先，

$$\widetilde{\Omega}(\xi_1)\Omega(\xi_2)=\frac{1}{4}\sum_{i,j=1}^{2}\psi^*(\omega^{-i}\xi_1^{-\frac{1}{2}})\psi(\omega^{-j}\xi_2^{-\frac{1}{2}})\otimes\psi(\omega^{-i}\xi_1^{-\frac{1}{2}})\psi^*(\omega^{-j}\xi_2^{-\frac{1}{2}})\xi_1^{-1}\xi_2^{-1}.$$

根据引理 7.16 可得，

$$\langle 0|\psi(\omega^{-i}\xi_1^{-\frac{1}{2}})\psi^*(\omega^{-j}\xi_2^{-\frac{1}{2}})|0\rangle=\frac{\omega^{i-j}(\xi_1^{-1}\xi_2)^{-\frac{1}{2}}}{1-\omega^{i-j}(\xi_1^{-1}\xi_2)^{-\frac{1}{2}}},$$

$$\langle 0|\psi^*(\omega^{-i}\xi_1^{-\frac{1}{2}})\psi(\omega^{-j}\xi_2^{-\frac{1}{2}})|0\rangle=\frac{1}{1-\omega^{i-j}(\xi_1^{-1}\xi_2)^{-\frac{1}{2}}}.$$

因此，令 $A(\xi_1,\xi_2)$ 表示 $\widetilde{\Omega}(\xi_1)\Omega(\xi_2)$ 中所有 $i\neq j$ 的项之和，则有

$$A(\xi_1,\xi_2)=\frac{1}{4}\sum_{i\neq j}\left(-:\psi(\omega^{-j}\xi_2^{-\frac{1}{2}})\psi^*(\omega^{-i}\xi_1^{-\frac{1}{2}}):+\frac{1}{1+(\xi_1^{-1}\xi_2)^{-\frac{1}{2}}}\right)$$
$$\otimes\left(:\psi(\omega^{-i}\xi_1^{-\frac{1}{2}})\psi^*(\omega^{-j}\xi_2^{-\frac{1}{2}}):-\frac{(\xi_1^{-1}\xi_2)^{-\frac{1}{2}}}{1+(\xi_1^{-1}\xi_2)^{-\frac{1}{2}}}\right)\xi_1^{-1}\xi_2^{-1}.$$

这里用到了 $:\psi_k\psi_l^*:=-:\psi_l^*\psi_k:$，可以认为 $A(\xi_1,\xi_2)$ 及其偏导不含有 $(\xi_1-\xi_2)^{-1}$ 的因子，于是利用引理 7.17 可知

$$\begin{aligned}&\partial_{\xi_1}^2\left(\frac{(\xi_1-\xi_2)^2}{2}A(\xi_1,\xi_2)\right)\bigg|_{\xi_1=\xi_2=\xi}\\&=A(\xi,\xi)\\&=\frac{1}{4}\sum_{i\neq j}\left(-:\psi(\omega^{-j}\xi^{-\frac{1}{2}})\psi^*(\omega^{-i}\xi^{-\frac{1}{2}}):+\frac{1}{2}\right)\\&\quad\otimes\left(:\psi(\omega^{-i}\xi^{-\frac{1}{2}})\psi^*(\omega^{-j}\xi^{-\frac{1}{2}}):-\frac{1}{2}\right)\xi^{-2},\end{aligned}$$

并且其相应的 ξ^{-2} 的系数为

$$\begin{aligned}&\mathrm{Res}_\xi\frac{1}{4\xi}\sum_{i\neq j}\left(-:\psi(\omega^{-j}\xi^{-\frac{1}{2}})\psi^*(\omega^{-i}\xi^{-\frac{1}{2}}):+\frac{1}{2}\right)\\&\otimes\left(:\psi(\omega^{-i}\xi^{-\frac{1}{2}})\psi^*(\omega^{-j}\xi^{-\frac{1}{2}}):-\frac{1}{2}\right)\\=&\ \mathrm{Res}_z\frac{1}{4z}\left(\left(-:\psi(z)\psi^*(-z):+\frac{1}{2}\right)\otimes\left(:\psi(-z)\psi^*(z):-\frac{1}{2}\right)\right.\\&\left.+\left(-:\psi(-z)\psi^*(z):+\frac{1}{2}\right)\otimes\left(:\psi(z)\psi^*(-z):-\frac{1}{2}\right)\right)\end{aligned}$$

$$= \mathrm{Res}_z \frac{1}{2z}\left(-:\psi(z)\psi^*(-z):+\frac{1}{2}\right)\otimes\left(:\psi(-z)\psi^*(z):-\frac{1}{2}\right)$$

$$=-\mathrm{Res}_z \frac{1}{2z}\psi(z)\psi^*(-z)\otimes\psi(-z)\psi^*(z),$$

这里用到了 $\mathrm{Res}_z f(z)=-\mathrm{Res}_z f(-z)$.

再令 $B(\xi_1,\xi_2)$ 表示 $\widetilde{\Omega}(\xi_1)\Omega(\xi_2)$ 中 $i=j$ 的项之和. 进一步 $B(\xi_1,\xi_2)$ 可以通过以下计算拆成 $C(\xi_1,\xi_2)$, $D(\xi_1,\xi_2)$, $E(\xi_1,\xi_2)$ 三项, 具体为

$$B(\xi_1,\xi_2)=\frac{1}{4}\sum_{i=1}^{2}\left(-:\psi(\omega^{-i}\xi_2^{-\frac{1}{2}})\psi^*(\omega^{-i}\xi_1^{-\frac{1}{2}}):+\frac{1}{1-(\xi_1^{-1}\xi_2)^{-\frac{1}{2}}}\right)$$

$$\otimes\left(:\psi(\omega^{-i}\xi_1^{-\frac{1}{2}})\psi^*(\omega^{-i}\xi_2^{-\frac{1}{2}}):+\frac{(\xi_1^{-1}\xi_2)^{-\frac{1}{2}}}{1-(\xi_1^{-1}\xi_2)^{-\frac{1}{2}}}\right)\xi_1^{-1}\xi_2^{-1}$$

$$=C(\xi_1,\xi_2)+D(\xi_1,\xi_2)+E(\xi_1,\xi_2).$$

其中, $C(\xi_1,\xi_2)$ 与 $D(\xi_1,\xi_2)$ 分别是含两项正规积和一项正规积的部分, $E(\xi_1,\xi_2)$ 是常数项部分, 也就是

$$C(\xi_1,\xi_2)=-\frac{1}{4}\sum_{i=1}^{2}:\psi(\omega^{-i}\xi_2^{-\frac{1}{2}})\psi^*(\omega^{-i}\xi_1^{-\frac{1}{2}}):\otimes:\psi(\omega^{-i}\xi_1^{-\frac{1}{2}})$$

$$\psi^*(\omega^{-i}\xi_2^{-\frac{1}{2}}):\xi_1^{-1}\xi_2^{-1},$$

$$D(\xi_1,\xi_2)=\frac{1}{4}\sum_{i=1}^{2}(-:\psi(\omega^{-i}\xi_2^{-\frac{1}{2}})\psi^*(\omega^{-i}\xi_1^{-\frac{1}{2}}):\otimes(\xi_1^{-1}\xi_2)^{-\frac{1}{2}}+1$$

$$\otimes:\psi(\omega^{-i}\xi_1^{-\frac{1}{2}})\psi^*(\omega^{-i}\xi_2^{-\frac{1}{2}}):)\frac{\xi_1^{-1}\xi_2^{-1}}{1-(\xi_1^{-1}\xi_2)^{-\frac{1}{2}}},$$

$$E(\xi_1,\xi_2)=\frac{1}{2}\frac{(\xi_1^{-1}\xi_2)^{-\frac{1}{2}}\xi_1^{-1}\xi_2^{-1}}{(1-(\xi_1^{-1}\xi_2)^{-\frac{1}{2}})^2}(1\otimes 1).$$

下面对以上三个部分分别进行计算.

首先计算 $C(\xi_1,\xi_2)$, 由于 $C(\xi_1,\xi_2)$ 中不含有 $(\xi_1-\xi_2)^{-1}$ 的因子, 所以

$$\partial_{\xi_1}^2\left(\frac{(\xi_1-\xi_2)^2}{2}C(\xi_1,\xi_2)\right)\Big|_{\xi_1=\xi_2=\xi}=C(\xi,\xi).$$

特别的, 当限制在 $L(\Lambda_{0\bmod 2})\otimes L(\Lambda_{0\bmod 2})$ 时相应 ξ^{-2} 的系数为

$$-\mathrm{Res}_z \frac{1}{2z}:\psi(z)\psi^*(z):\otimes:\psi(z)\psi^*(z):$$

$$=-\frac{1}{2}\sum_k\alpha_k\otimes\alpha_{-k}=-\frac{1}{2}\sum_k\alpha_{2k+1}\otimes\alpha_{-2k-1}.$$

再计算 $E(\xi_1,\xi_2)$

$$\partial_{\xi_1}^2\left(\frac{(\xi_1-\xi_2)^2}{2}E(\xi_1,\xi_2)\right)\bigg|_{\xi_1=\xi_2=\xi}=\frac{1}{8\xi^2},$$

于是相应 ξ^{-2} 的系数为 $\frac{1}{8}$.

下面重点计算 $D(\xi_1,\xi_2)$，根据引理 7.18 可得，

$$D(\xi_1,\xi_2)=\frac{1}{2}\sum_{R,m}(\xi_1^{\frac{1}{2}k+\frac{1}{2}+m}\xi_2^{-\frac{k}{2}-\frac{1}{2}}(-:\psi_k\psi_{k+2m}^*:\otimes 1)$$
$$+\xi_1^{-\frac{k}{2}}\xi_2^{\frac{k}{2}+m}(1\otimes:\psi_k\psi_{k+2m}^*:))\frac{\xi_1^{-1}\xi_2^{-1}}{1-(\xi_1^{-1}\xi_2)^{-\frac{1}{2}}}.$$

接着直接计算可知

$$\partial_{\xi_1}^2\left(\frac{(\xi_1-\xi_2)^2}{2}D(\xi_1,\xi_2)\right)\bigg|_{\xi_1=\xi_2=\xi}$$
$$=\frac{1}{4}\sum_{k,m\in\mathbb{Z}}((-4m-2k+1)(-:\psi_k\psi_{k+m}^*:\otimes 1)$$
$$+(3+2k)(1\otimes:\psi_k\psi_{k+m}^*:))\xi^{-2-m}.\tag{7.7}$$

特别的，当式(7.7)限制在 $L(\Lambda_{0\bmod 2})\otimes L(\Lambda_{0\bmod 2})$ 时，相应 ξ^{-2} 的系数为

$$\frac{1}{4}\sum_{k\in\mathbb{Z}}((2k-1):\psi_k\psi_k^*:\otimes 1+(3+2k):1\otimes\psi_k\psi_k^*:)$$
$$=\frac{1}{2}(D_0\otimes 1+1\otimes D_0).$$

综上可得，当限制在 $L(\Lambda_{0\bmod 2})\otimes L(\Lambda_{0\bmod 2})$ 上时，

$$\partial_{\xi_1}^2\left(\frac{(\xi_1-\xi_2)^2}{2}\widetilde{\Omega}(\xi_1)\Omega(\xi_1)\right)\bigg|_{\xi_1=\xi_2=\xi}.$$

恰好为

$$-\Omega_{KW}=-\mathrm{Res}_z\frac{1}{2z}\psi(z)\psi^*(-z)\otimes\psi(-z)\psi^*(z)$$
$$-\frac{1}{2}\sum_k\alpha_{2k+1}\otimes\alpha_{-2k+1}+\frac{1}{2}(1\otimes D_0+D_0\otimes 1)+\frac{1}{8}.$$

□

命题 7.11　在 $L(\Lambda_{0\bmod 2})\otimes L(\Lambda_{0\bmod 2})$ 上，

$$-\Omega_{KW}=\widetilde{\Omega}_0\Omega_0+\sum_{m=1}^{+\infty}(\widetilde{\Omega}_m\Omega_{-m}+\Omega_m\widetilde{\Omega}_{-m}).$$

证明：根据引理 7.16，引理 7.17 以及，

$$\widetilde{\Omega}(\xi_1)\Omega(\xi_2)=:\widetilde{\Omega}(\xi_1)\Omega(\xi_2):+\langle\widetilde{\Omega}(\xi_1)\Omega(\xi_2)\rangle,$$

可得

$$\partial_{\xi_1}^2\left(\frac{(\xi_1-\xi_2)^2}{2}\widetilde{\Omega}(\xi_1)\Omega(\xi_2)\right)\bigg|_{\xi_1=\xi_2=\xi}=:\widetilde{\Omega}(\xi)\Omega(\xi):$$

$$=\sum_{m,n}:\widetilde{\Omega}_m\Omega_n:\xi^{-m-n-2}.$$

其中,相应 ξ^{-2} 的系数为

$$\sum_m:\widetilde{\Omega}_m\Omega_{-m}:=\sum_{m=1}^{+\infty}(\widetilde{\Omega}_m\Omega_{-m}+\Omega_m\widetilde{\Omega}_{-m})+\widetilde{\Omega}_0\Omega_0.$$

这里利用了关系式(7.6),从而命理得证. □

7.5.3 $A_1^{(1)}$-方程族等价于 *KdV* 方程族

命题 7.12[186,207] F 上存在唯一正定 Hermitian 型 $H(\cdot,\cdot):F\times F\to\mathbb{C}$ 满足

a) $(\psi_i)^\dagger=\psi_i^*$,

b) $H(|0\rangle,|0\rangle)=1$.

这里 $\dagger$ 表示 Hermitian 型下的共轭运算.

证明:$H(\cdot,\cdot)$可以通过条件 a)与 b)所唯一确定. □

进一步可以将 Hermitian 型 H 推广到$(F\otimes F)\times(F\otimes F)$上,具体为

$$H(a_1|0\rangle\otimes b_1|0\rangle,a_2|0\rangle\otimes b_2|0\rangle)=H(a_1|0\rangle,a_2|0\rangle)H(b_1|0\rangle,b_2|0\rangle),$$

并且有引理 7.19.

引理 7.19 在 $F\otimes F$ 上的 Hermitian 型 H 下,

$$(A\otimes B)^\dagger=A^\dagger\otimes B^\dagger. \tag{7.8}$$

其中,$A,B\in Cl(W)$.

证明:首先,通过计算可以发现

$$H((A^\dagger\otimes B^\dagger)(a_1|0\rangle\otimes b_1|0\rangle),a_2|0\rangle\otimes b_2|0\rangle)$$
$$=H(A^\dagger a_1|0\rangle,a_2|0\rangle)H(B^\dagger b_1|0\rangle,b_2|0\rangle),$$
$$H(a_1|0\rangle,Aa_2|0\rangle)H(b_1|0\rangle,Bb_2|0\rangle)$$
$$=H(a_1|0\rangle\otimes b_1|0\rangle,(A\otimes B)(a_2|0\rangle\otimes b_2|0\rangle)),$$

所以,

$$H((A^\dagger\otimes B^\dagger)(a_1|0\rangle\otimes b_1|0\rangle),a_2|0\rangle\otimes b_2|0\rangle)$$

$$=H(a_1|0\rangle\otimes b_1|0\rangle,(A\otimes B)(a_2|0\rangle\otimes b_2|0\rangle)),$$

成立,引理得证. □

定理 7.5　在定理 7.3 的条件下,

$$\Omega_{KW}(\tau\otimes\tau)=0\Leftrightarrow\widetilde{\Omega}_{-m}(\tau\otimes\tau)=\Omega_{-m}(\tau\otimes\tau)=0.$$

相应的玻色形式为

$$\mathrm{Res}_z z^{2m}\tau(t-[z^{-1}])\tau(t'+[z^{-1}])e^{\xi(t-t',z)}=0,$$

正是 KdV-方程族的双线性等式.其中,

$$t-[z^{-1}]=(t_1-z^{-1},t_3-z^{-3}/3,\cdots).$$

证明:首先,利用式(7.8)可得,

$$\widetilde{\Omega}_m^{\dagger}=\Omega_{-m},\Omega_m^{\dagger}=\widetilde{\Omega}_{-m}.$$

因此,当 $\Omega_{KW}(\tau\otimes\tau)=0$ 时,根据命题 7.11 可得

$$\begin{aligned}0&=H(\tau\otimes\tau,-\Omega_{KW}(\tau\otimes\tau))=H(\tau\otimes\tau,\widetilde{\Omega}_0\Omega_0(\tau\otimes\tau))\\&\quad+\sum_{m=1}^{+\infty}(H(\tau\otimes\tau,\widetilde{\Omega}_m\Omega_{-m}(\tau\otimes\tau)))+H(\tau\otimes\tau,\Omega_m\widetilde{\Omega}_{-m}(\tau\otimes\tau))\\&=H(\Omega_0(\tau\otimes\tau),\Omega_0(\tau\otimes\tau))+\sum_{m=1}^{+\infty}(H(\Omega_{-m}(\tau\otimes\tau),\Omega_{-m}(\tau\otimes\tau))\\&\quad+H(\widetilde{\Omega}_{-m}(\tau\otimes\tau),\widetilde{\Omega}_{-m}(\tau\otimes\tau).\end{aligned}$$

再由 $H(\cdot,\cdot)$的正定性可得

$$\Omega_{-m}(\tau\otimes\tau)=\widetilde{\Omega}_{-m}(\tau\otimes\tau)=0(m\geqslant 0).\tag{7.9}$$

其中,$\widetilde{\Omega}_0(\tau\otimes\tau)=0$ 可以由 $\widetilde{\Omega}_0\Omega_0=\widetilde{\Omega}_0\Omega_0$ 得到.进一步将式(7.8)改写成玻色形式.因为

$$\Omega_{-m}=\sum_k\psi_k\otimes\psi_{k+2m}^*=\mathrm{Res}_z z^{-1+2m}\psi(z)\otimes\psi^*(z),$$

所以 $\Omega_{-m}(\tau\otimes\tau)=0$ 可以写成

$$\mathrm{Res}_z z^{-1+2m}\psi(z)\tau\otimes\psi^*(z)\tau=0.\tag{7.10}$$

用 $\sigma_{t,q}\otimes\sigma_{t',q'}$ 作用于式(7.10),可以得到 KdV 的双线性等式,从而定理得证. □

注 7.4　在 KdV 方程族情形,从 KP 方程族继承下来的 tau 函数 $\tau(t)$不依赖偶数时间流 $t_{2m}(m\geqslant 1)$. 因此,相应的波函数与 KP 的 tau 函数关系如下:

$$\psi(t,\lambda)=\frac{\tau\left(t_1-z^{-1},0,t_3-\frac{1}{3}z^{-3},0,\cdots\right)}{\tau(t_1,0,t_3,0,\cdots)}e^{\xi(t,z)}.$$

由于，$\tau(t)$不依赖$t_{2m}(m\geqslant 1)$，因此，

$$\tau\left(t_1-z^{-1},0,t_3-\frac{1}{3}z^{-3},0,\cdots\right)=\tau\left(t_1-z^{-1},-\frac{1}{2}z^{-2},t_3-\frac{1}{3}z^{-3},-\frac{1}{4}z^{-4},\cdots\right). \tag{7.11}$$

这一点与 BKP 和 CKP 情形完全不同. 因为在 BKP 和 CKP 情形时偶数时间流会产生矛盾，所以按照先求导后代入的方式直接令偶数时间流为 0，并没有要求 tau 函数 $\tau(t)$不依赖偶数时间流，从而式(7.11)不再成立.

参考文献

[1] 曹策问.经典可积系统[M]//谷超豪.孤立子理论与应用.杭州:浙江科技出版社,1990:175-215.

[2] DAUXOIS T, PEYRARD M, RUFFO S. The Fermi-Pasta-Ulam "numerical experiment": history and pedagogical perspectives[J]. European Journal of Physics,2005,26(5):S3-S11.

[3] FORD J. The Fermi-Pasta-Ulam problem:paradox turns discovery[J]. Physics Reports,1992,213(5):271-310.

[4] ZABUSKY N J, KRUSKAL M D. Interaction of "Solitons" in a collisionless plasma and the recurrence of initial states[J]. Physical Review Letters,1965,15(6):240-243.

[5] TODA M. Vibration of a chain with nonlinear interaction[M]//Selected Papers of Morikazu Toda. Singapore:World Scientific,1993:97-102.

[6] GARDNER C S, GREENE J M, KRUSKAL M D, et al. Method for solving the Korteweg-de Vries equation[J]. Physical Review Letters, 1967,19 (19):1095-1097.

[7] FORD J. Equipartition of energy for nonlinear systems[J]. Journal of Mathematical Physics,1961,2(3):387-393.

[8] FORD J, WATERS J. Computer studies of energy sharing and ergodicity for nonlinear oscillator systmes[J]. Journal of Mathematical Physics,1963,4(10):1293-1306.

[9] LAX P D. Integrals of nonlinear equations of evolution and solitary waves[J]. Communications on Pure and Applied Mathematics, 1968,

21(5):467-490.

[10] ABLOWITZ M J, KAUP D J, NEWELL A C, et al. Nonlinear-evolution equations of physical significance [J]. Physical Review Letters,1973,31(2):125-127.

[11] ABLOWITZ M J, KAUP D J, NEWELL A C, et al. The inverse scattering transform-Fourier analysis for nonlinear problems [J]. Studies in Applied Mathematics,1974,53(4):249-315.

[12] ABLOWITZ M J, CLARKON P A. Solitons, nonlinear evolution equations and inverse scattering[M]. Cambridge: Cambridge University Press,1991.

[13] ADLER M. On a trace functional for formal pseudo differential operators and the symplectic structure of the Korteweg-de Vries type equations[J]. Inventiones Mathematicae,1978,50(3):219-248.

[14] DRINFELD V G, SOKOLOV V V. Lie algebras and equations of Korteweg-de Vries type [J]. Journal of Soviet Mathematics, 1985, 30(2):1975-2036.

[15] GEL'FAND I M, DICKEY L A. The resolvent and Hamiltonian systems[J]. Functional Analysis and Its Applications, 1977, 11(2): 11-27.

[16] NOVIKOV S P,MANAKOV S V,PITAEVSKII L P,et al. Theory of solitons. The inverse scattering method[M]. New York: Consultants Bureau,1984.

[17] SATO M. Soliton equations as dynamical systems on a infinite dimensional Grassmann manifolds[J]. RIMS Kokyuroku, 1981(439): 30-46.

[18] SATO M. The KP hierarchy and infinite-dimensional Grassmann manifolds [M]//Theta functions, Part 1. Providence: American Mathematical Society,1989:51-66.

[19] SATO M, SATO Y. Soliton equations as dynamical systems on infinite-dimensional Grassmann manifold [C]//Nonlinear PDEs in

Applied Science, US-Japan seminar, Tokyo, 1982. Lecture Notes Numer. Appl. Anal. 1983(5):259-271.

[20] ANDRONIKOF E. Interview with Mikio Sato[J]. Notices of the American Mathematical Society,2007,54(2):208-222.

[21] SCHAPIRA P. Mikio Sato,a visionary of mathematics[J]. Notices of the American Mathematical Society,2007,54(2):243-245.

[22] HIROTA R. The Direct Method in Soliton Theory[M]. Cambridge: Cambridge University Press,2004.

[23] DATE E,KASHIWARA M,JIMBO M,et al. Transformation groups for soliton equations[M]//Nonlinear integrable systems-classical theory and quantum theory. Singapore:World Scientific,1983:39-119.

[24] JIMBO M,MIWA T. Solitons and infinite dimensional Lie algebras [J]. Publications of the Research Institute for Mathematical Sciences, 1983,19(3):943-1001.

[25] MIWA T, JIMBO M, DATE E. Solitons: Differential equations, symmetries and infinite dimensional algebras[M]. Cambridge: Cambridge University Press,2000.

[26] DICKEY L A. Soliton equations and hamiltonian systems(2nd edition) [M]. Singapare:World Scientific,2003.

[27] KASHIWARA M, MIWA T. Transformation groups for soliton equations. I. The τ function of the Kadomtsev-Petviashvili equation [J]. Proceedings of the Japan Academy, Ser. A, Mathematical Sciences,1981,57(7):342-347.

[28] DATE E, KASHIWARA M, MIWA T. Transformation groups for soliton equations,II. Vertex operators and τ functions[J]. Proceedings of the Japan Academy, Ser. A, Mathematical Sciences, 1981, 57(8): 387-392.

[29] DATE E,JIMBO M,KASHIWARA M,et al. Transformation groups for soliton equations. III. Operator approach to the Kadomtsev-Petviashvili equation[J]. Journal of the Physical Society of Japan,

1981,50(11):3806-3812.

[30] DATE E,KASHIWARA M,JIMBO M,et al. Transformation groups for soliton equations. IV. A new hierarchy of soliton equations of KP-type[J]. Physica D,1981,4(3):343-365.

[31] DATE E,JIMBO M,KASHIWARA M,et al. Transformation groups for soliton equations. V. Quasiperiodic solutions of the orthogonal KP equation[J]. Proceedings of the Japan Academy,Ser. A,Mathematical Sciences,1982,18(3):1111-1119.

[32] DATE E,JIMBO M,KASHIWARA M,et al. Transformation groups for soliton equations. VI. KP hierarchies of orthogonal and symplectic type[J]. Journal of the Physical Society of Japan, 1981, 50(11): 3813-3818.

[33] DATE E,JIMBO M,KASHIWARA M,et al. Transformation groups for soliton equations. Euclidean Lie algebras and reduction of the KP hierarchy[J]. Publications of the Research Institute for Mathematical Sciences,1982,18(3):1077-1110.

[34] MULASE M. Algebraic theory of the KP equations[M]//Perspectives in mathematical physics. Cambridge: International Press, 1994: 151-217.

[35] ZUO D F,ZHANG L,CHEN Q. On the sub-KP hierarchy and its constraints,revisited[J]. Reviews in Mathematical Physics,2014,26(10): 39-119.

[36] TU M H. On the BKP hierarchy:Additional symmetries,Fay identity and Adler-Shiota-van Moerbeke formula[J]. Letters in Mathematical Physics,2007,81(2):93-105.

[37] CHENG J P,HE J S. The applications of the gauge transformation for the BKP hierarchy [J]. Journal of Mathematical Analysis and Applications,2014,410(2):989-1001.

[38] YANG Y, WANG X L, CHENG J P. Some results of the BKP hierarchy as the Kupershmidt reduction of the modified KP hierarchy

[J],Modern Physics Letters B,2020(34):2050433.

[39] VAN DE LEUR J,ORLOV A Y,SHIOTA T. CKP hierarchy,bosonic tau function and bosonization formulae[J]. Symmetry, Integrability and Geometry:Methods and Applications,2012(8):36.

[40] CHANG L, WU C Z. Tau function of the CKP hierarchy and nonlinearizable Virasoro symmetries[J]. Nonlinearity, 2013, 26(9): 2577-2596.

[41] CHENG Y. Constraints of the Kadomtsev-Petviashvili hierarchy[J]. Journal of Mathematical Physics,1992,33(11):3774-3782.

[42] CHENG Y, LI Y S. The constraint of the Kadomtsev-Petviashvili equation and its special solutions[J]. Physics Letters A,1991,157(1): 22-26.

[43] CHENG Y,ZHANG Y J. Bilinear equations for the constrained KP hierarchy[J]. Inverse Problems,1994,10(1):L11-L17.

[44] SIDORENKO J, STRAMPP W. Symmetry constraints of the KP hierarchy[J]. Inverse Problems,1991,7(6):L37-L43.

[45] CAO C W. Nonlinearization of the Lax system for AKNS hierarchy [J]. Science in China,Series A,1990,33(5):528-536.

[46] KONOPELCHENKO B G, OEVEL W. An r-matrix approach to nonstandard classes of integrable equations[J]. Publications of the Research Institute for Mathematical Sciences,1993,29(4):581-666.

[47] OEVEL W,ROGERS C. Gauge transformations and reciprocal links in 2+1 dimensions[J]. Reviews in Mathematical Physics, 1993, 5(2): 299-330.

[48] KUPERSHMIDT B A. Mathematics of dispersive water waves[J]. Communications in Mathematical Physics,1985,99(1):51-73.

[49] CHENG J P,LI M H,TIAN K L. On the modified KP hierarchy:tau functions,squared eigenfunction symmetries and additional symmetries [J]. Journal of Geometry and Physics,2018(134):19-37.

[50] KISO K. A remark on the commuting flows defined by Lax equations

[J]. Progress of Theoretical Physics, 1990, 83(6): 1108-1114.

[51] SHAW J C, TU M H. Miura and auto-Bäcklund transformations for the cKP and cmKP hierarchies[J]. Journal of Mathematical Physics, 1997, 38(11): 5756-5773.

[52] SHAW J C, YEN H C. Miura and Bäcklund transformations for hierarchies of integrable equations[J]. Chinese Journal of Physics, 1993, 31(6): 709-719.

[53] KAC V G, VAN DE LEUR J W. Equivalence of formulations of the MKP hierarchy and its polynomial tau-functions[J]. Japanese Journal of Mathematics, 2018, 13(2): 235-271.

[54] TAKEBE T, TEO L P. Coupled modified KP hierarchy and its dispersionless limit[J]. Symmetry, Integrability and Geometry: Methods and Applications, 2006(2): 72.

[55] KUPERSHMIDT B A. On the integrability of modified Lax equations [J]. Journal of Physics A, 1989, 22(21): L993-L998.

[56] CHENG Y. Modifying the KP, the nth constrained KP hierarchies and their Hamiltonian structures[J]. Communications in Mathematical Physics, 1995, 171(3): 661-682.

[57] GESZTESY F, UNTERKOFLER K. On the (modified) Kadomtsev-Petviashvili hierarchy[J]. Differential Integral Equations, 1995, 8(4): 797-812.

[58] DICKEY L A. Modified KP and discrete KP[J]. Letters in Mathematical Physics, 1999, 48(3): 277-289.

[59] ADLER M, VAN MOERBEKE P. Vertex operator solutions to the discrete KP-hierarchy[J]. Communications in Mathematical Physics, 1999, 203(1): 185-210.

[60] ADLER M, SHIOTA T, VAN MOERBEKE P. A Lax representation for the vertex operator and the central extension[J]. Communications in Mathematical Physics, 1995, 171(3): 547-588.

[61] ALEXANDROV A, ZABRODIN A. Free fermions and tau-functions

[J]. Journal of Geometry and Physics, 2013(67): 37-80.

[62] UENO K, TAKASAKI K. Toda lattice hierarchy[M]//Group representations and systems of differential equations (Tokyo, 1982). Amsterdam: North-Holland, 1984: 1-95.

[63] TAKASAKI K. Two extensions of 1D Toda hierarchy[J]. Journal of Physics A, 2010(43): 434032.

[64] TAKASAKI K. Toda hierarchies and their applications[J]. Journal of Physics A, 2018, 51(20): 203001.

[65] MANIN Y I, RADUL A O. A supersymmetric extension of the Kadomtsev Petviashvili hierarchy[J]. Communications in Mathematical Physics, 1985, 98(1): 65-77.

[66] MULASE M. Solvability of the super KP equation and a generalization of the Birkhoff decomposition[J]. Inventiones Mathematicae, 1988, 92(1): 1-46.

[67] MULASE M. A new super KP system and a characterization of the Jacobians of arbitrary algebraic super curves[J]. Journal of Differential Geometry, 1991, 34(3): 651-680.

[68] RABIN J M. The geometry of the super-KP flows[J]. Communications in Mathematical Physics, 1991, 137(3): 533-552.

[69] KAC V G, MEDINA E. On the super-KP hierarchy[J]. Letters in Mathematical Physics, 1996, 37(4): 435-448.

[70] KAC V G, VAN DE LEUR J W. Super boson-fermion correspondence of type B[M]//Infinite-dimensional Lie algebras and groups. Singapare: World Scientific, 1989: 369-406.

[71] HAINE L, ILIEV P. Commutative rings of difference operators and an adelic flag manifold[J]. International Mathematics Research Notices, 2000(6): 281-323.

[72] HE J S, LI Y H, CHENG Y. q-deformed KP hierarchy and q-deformed constrained KP hierarchy[J]. Symmetry, Integrability and Geometry: Methods and Applications, 2006(2): 60.

[73] ILIEV P. Tau function solutions to a q-deformation of the KP hierarchy[J]. Letters in Mathematical Physics,1998,44(3):187-200.

[74] KANAGA VEL S,TAMIZHMANI K M. Lax pairs,symmetries and conservation laws of a differential-difference equation-Sato's approach [J]. Chaos,Solitons & Fractals,1997,8(6):917-931.

[75] LIU S W,CHENG Y,HE J S. The determinant representation of the gauge transformation for the discrete KP hierarchy[J]. Science China Mathematics,2010,53(5):1195-1206.

[76] TAKASAKI K. q-analogue of modified KP hierarchy and its quasi-classical limit [J]. Letters in Mathematical Physics, 2005, 72 (3): 165-181.

[77] TAMIZHMANI K M,KANAGA VEL S. Gauge equivalence and L-reductions of the differential-difference KP equation [J]. Chaos, Solitons & Fractals,2000,11(1-3):137-143.

[78] CARLET G, MAÑAS M. On the Lax representation of the 2-component KP and 2D Toda hierarchies[J]. Journal of Physics A, 2010(43):434011.

[79] KAC V G,VAN DE LEUR J W. The n-component KP hierarchy and representation theory [J]. Journal of Mathematical Physics, 2003, 44(8):3245-3293.

[80] MAÑAS M,MARTINEZ ALONSO L,ALVAREZ-FERNANDEZ C. The multicomponent 2D Toda hierarchy: discrete flows and string equations[J]. Inverse Problems,2009,25(6):065007.

[81] ZHANG Y J. On a reduction of the multi-component KP hierarchy[J]. Journal of Physics A,1999,32(36):6461-6476.

[82] KAC V G, VAN DE LEUR J W. The geometry of spinors and the multicomponent BKP and DKP hierarchies [M]//The bispectral problem. Providence:American Mathematical Society,1998:159-202.

[83] LI S S,NIJHOFF F W,SUN Y Y,et al. Symmetric discrete AKP and BKP equations[J]. Journal of Physics A,2021,54(7):075201.

[84] WILLOX R, HATTORI M. Discretisations of constrained KP hierarchies[J]. Journal of Mathematical Sciences, The University of Tokyo,2015,22(3):613-661.

[85] CARLET G. The extended bigraded Toda hierarchy[J]. Journal of Physics A,2006,39(30):9411-9435.

[86] CARLET G, DUBROVIN B, ZHANG Y J. The extended Toda hierarchy[J]. Moscow Mathematical Journal,2004,4(2):313-332.

[87] CARLET G, VAN DE LEUR J. Hirota equations for the extended bigraded Toda hierarchy and the total descendent potential of CP^1 orbifolds[J]. Journal of Physics A,2013,46(40):405205.

[88] CHENG J P, MILANOV T. Hirota quadratic equations for the Gromov-Witten invariants of $P^1_{n-2,2,2}$ [J]. Avances in Mathematics, 2021,388:107860.

[89] CHENG J P, MILANOV T. The extended D-Toda hierarchy[J]. Selecta Mathematica. New Series,2021,27(2):24.

[90] DUBROVIN B, ZHANG Y J. Virasoro symmetries of the extended Toda hierarchy[J]. Communications in Mathematical Physics, 2004, 250(1):161-193.

[91] MILANOV T. Hirota quadratic equations for the extended Toda hierarchy[J]. Duke Mathematical Journal,2007,138(1):161-178.

[92] TAKASAKI K, TAKEBE T. SDiff(2) KP hierarchy[M]//Infinite analysis,Part A,B. Singapore:World Scientific,1992:889-922.

[93] TAKASAKI K,TAKEBE T. Integrable hierarchies and dispersionless limit[J]. Integrable hierarchies and dispersionless limit, 1995, 7(5): 743-808.

[94] 郑重. 非交换 KP 系列及其约束[D]. 合肥:中国科学技术大学,2002.

[95] ADLER M, SHIOTA T, VAN MOERBEKE P. Random matrices, Virasoro algebras, and noncommutative KP[J]. Duke Mathematical Journal,1998,94(2):379-431.

[96] HE J S, TU J Y, LI X D, et al. Explicit flow equations and recursion

operator of the ncKP hierarchy [J]. Nonlinearity, 2011, 24 (10): 2875-2890.

[97] ZHENG Z, HE J S, CHENG Y. Bäcklund transformation of the noncommutative Gelfand-Dickey hierarchy[J]. Journal of High Energy Physics, 2004(2): 69.

[98] GAWRYLCZYK J. Relationship between the Moyal KP and the Sato KP hierarchies[J]. Journal of Physics A, 1995, 28(15): 4381-4388.

[99] TAKASAKI K. Nonabelian KP hierarchy with Moyal algebraic coefficients [J]. Journal of Geometry and Physics, 1994, 14 (4): 332-364.

[100] MCINTOSH IAN. The quaternionic KP hierarchy and conformally immersed 2-tori in the 4-sphere [J]. The Tohoku Mathematical Journal, 2011, 63(2): 183-215.

[101] LIN R L, HUA P, MANUEL M. The q-deformed mKP hierarchy with self-consistent sources, Wronskian solutions and solitons [J]. Journal of Physics A, 2010, 43(43): 434022.

[102] LIN R L, LIU X J, ZENG Y B. Bilinear identities and Hirota's bilinear forms for an extended Kadomtsev-Petviashvili hierarchy[J]. Journal of Nonlinear Mathematical Physics, 2013, 20(2): 214-218.

[103] LIN R L, LIU X J, ZENG Y B. A new extended q-deformed KP hierarchy [J]. Journal of Nonlinear Mathematical Physics, 2008, 15(3): 333-347.

[104] LIU X J, ZENG Y B, LIN R L. A new extended KP hierarchy[J]. Physics Letters A, 2008, 372(21): 3819-3823.

[105] LIU X J, ZENG Y B, LIN R L. An extended two-dimensional Toda lattice hierarchy and two-dimensional Toda lattice with self-consistent sources [J]. Journal of Mathematical Physics, 2008, 49(9): 093506.

[106] OLVER P J. Applications of Lie Groups to Differential Equations [M]. New York: Springer-Verlag, 1993.

[107] OEVEL W. Darboux theorems and Wronskian formulas for integrable

system. I. Constrained KP flows[J]. Physica A,1993,195(3):533-576.

[108] ARATYN H, NISSIMOV E, PACHEVA S. Method of squared eigenfunction potentials in integrable hierarchies of KP type[J]. Communications in Mathematical Physics,1998,193(3):493-525.

[109] CHEN K,ZHANG C,ZHANG D J. Squared eigenfunction symmetry of the DΔmKP hierarchy and its constraint[J]. Studies in Applied Mathematics,2021,147(2):752-791.

[110] CHENG J P,HE J S. Squared eigenfunction symmetries for the BTL and CTL hierarchies[J]. Communications in Theoretical Physics, 2013,59(2):131-136.

[111] CHENG J P,HE J S. On the squared eigenfunction symmetry of the Toda lattice hierarchy[J]. Journal of Mathematical Physics, 2013, 54(2):023511.

[112] CHENG J P,HE J S. The "ghost" symmetry in the CKP hierarchy [J]. Journal of Geometry and Physics,2014(80):49-57.

[113] CHENG J P, HE J S, HU S. The "ghost" symmetry of the BKP hierarchy[J]. Journal of Mathematical Physics,2010,51(5):053514.

[114] LI C Z,CHENG J P,TIAN K L,et al. Ghost symmetry of the discrete KP hierarchy[J]. Monatshefte für Mathematik, 2016, 180(4): 815-832.

[115] LORIS I. On reduced CKP equations[J]. Inverse Problems, 1999, 15(4):1099-1109.

[116] OEVEL W, CARILLO S. Squared eigenfunction symmetries for soliton equations,Part I,II[J]. Journal of Mathematical Analysis and Applications,1998,217(1):161-178,179-199.

[117] OEVEL W,SCHIEF W. Squared eigenfunctions of the(modified) KP hierarchy and scattering problems of Loewner type[J]. Reviews in Mathematical Physics,1994(6):1301-1338.

[118] YANG Y,GENG L M,CHENG J P. CKP hierarchy and free bosons [J]. Journal of Mathematical Physics,2021,62(8):083506.

[119] KONOPELCHENKO B G, SIDORENKO J, STRAMPP W. (1+1) dimensional integrable systems as symmetry constriants of (2+1) dimensional systems[J]. Physics Letters A, 1991, 157(1): 17-21.

[120] KONOPELCHENKO B G, SSTRAMPP W. The AKNS hierarchy as symmetry constraint of the KP hierarchy[J]. Inverse Problems, 1991, 7(2): L17-L24.

[121] KONOPELCHENKO B G, SSTRAMPP W. New reductions of the Kadomtsev-Petviashvili and two dimensional Toda lattice hierarchies via symmetry constraints[J]. Journal of Mathematical Physics, 1992, 33(11): 3676-3686.

[122] LORIS I. Dimensional reductions of BKP and CKP hierarchies[J]. Journal of Physics A, 2001, 34(16): 3447-3459.

[123] LORIS I, WILLOX R. Bilinear form and solutions of the k-constrained Kadomtsev-Petviashvili hierarchy[J]. Inverse Problems, 1997, 13(2): 411-420.

[124] LORIS I, WILLOX R. Symmetry reductions of the BKP hierarchy [J]. Journal of Mathematical Physics, 1999, 40(3): 1420-1431.

[125] SIDORENKO J, STRAMPP W. Multicomponent integrable reductions in the Kadomtsev-Petviashvili hierarchy [J]. Journal of Mathematical Physics, 1993, 34(4): 1429-1446.

[126] VAN DE LEUR J. The vector k-constrained KP hierarchy and Sato's Grassmannian[J]. Journal of Geometry and Physics, 1997, 23(1): 83-96.

[127] ARATYN H, GOMES J F, NISSIMOV E, et al. Loop-algebra and Virasoro symmetries of integrable hierarchies of KP type [J]. Applicable Analysis, 2001, 78(3-4): 233-253.

[128] ARATYN H, NISSIMOV E, PACHEVA S. Virasoro symmetry of constrained KP hierarchies[J]. Physics Letters A, 1997, 228(3): 164-175.

[129] LI M H, LI C Z, TIAN K L, et al. Virasoro type algebraic structure

hidden in the constrained discrete Kadomtsev-Petviashvili hierarchy [J]. Journal of Mathematical Physics, 2013, 54(4): 043512.

[130] TIAN K L, HE J S, CHENG J P, et al. Additional symmetries of constrained CKP and BKP hierarchies [J]. Science China Mathematics, 2011, 54(2): 257-268.

[131] GRINEVICH P G, ORLOV A Y. Problems of Modern Quantum Field Theory [M]//Virasoro action on Riemann surfaces, Grassmannians, det $\bar{\partial}_J$ and Segal-Wilson τ function. Berlin: Springer, 1989: 86-106.

[132] FOKAS A S, FUCHSSTEINER B. The hierarchy of the Benjamin-Ono equation[J]. Physics Letters A, 1981, 86(6-7): 341-345.

[133] FUCHSSTEINER B. Mastersymmetries, higher order time-dependent symmetries and conserved densties of nonlinear evolution equation [J]. Progress of Theoretical Physics, 1983, 70(6): 1508-1522.

[134] OEVEL W, FUCHSSTEINER B. Explicit formulas for symmetries and conservation laws of the Kadomtsev-Petviashvili equation [J]. Physics Letters A, 1982, 88(7): 323-327.

[135] CHEN H H, LEE Y C, LIN J E. On a new hierarchy of symmetries for the Kadomtsev-Petviashvili equation[J]. Physica D, 1983, 9(3): 439-445.

[136] ORLOV A Y, SCHULMAN E I. Additional symmetries for integrable equations and conformal algebra representation[J]. Letters in Mathematical Physics, 1986, 12(3): 171-179.

[137] ADLER M, SHIOTA T, VAN MOERBEKE P. From the w_∞-algebra to its central extension: a τ-function approach[J]. Physics Letters A, 1994, 194(1-2): 33-43.

[138] DICKEY L A. On additional symmetries of the KP hierarchy and Sato's Backlund transformation[J]. Communications in Mathematical Physics, 1995, 167(1): 227-233.

[139] VAN MOERBEKE P. Integrable foundations of string theory[M]//

Lectures on Integrable systems. River Edge: World Scientific, 1994: 163-267.

[140] ADLER M, VAN MOERBEKE P. A matrix integral solution to two-dimensional W_p-gravity [J]. Communications in Mathematical Physics, 1992, 147(1): 25-56.

[141] ADLER M, VAN MOERBEKE P. String-orthogonal polynomials, string equations, and 2-Toda symmetries [J]. Communications on Pure and Applied Mathematics, 1997, 50(3): 241-290.

[142] ADLER M, VAN MOERBEKE P. The spectrum of coupled random matrices[J]. Annals of Mathematics, 1999, 149(3): 921-976.

[143] CHENG J P, TIAN K L, HE J S. The additional symmetries for the BTL and CTL hierarchies[J]. Journal of Mathematical Physics, 2011, 52(5): 053515.

[144] CHENG J P, TIAN Y, YAN Z W, et al. The generalized additional symmetries of the two-Toda lattice hierarchy [J]. Journal of Mathematical Physics, 2013, 54(2): 023513.

[145] DICKEY L A. Additional symmetries of KP, Grassmannian, and the string equation [J]. Modern Physics Letters A, 1993, 8 (13): 1259-1272.

[146] HE J S, TIAN K L, FOERSTER A, et al. Additional symmetries and string equation of the CKP hierarchy[J]. Letters in Mathematical Physics, 2007, 81(2): 119-134.

[147] LI M H, CHENG J P, HE J S. The compatibility of additional symmetry and gauge transformations for the constrained discrete Kadomtsev-Petviashvili hierarchy [J]. Journal of Nonlinear Mathematical Physics, 2015, 22(1): 17-31.

[148] LIU Q F, LI C Z. Additional symmetries and string equations of the noncommutative B and C type KP hierarchies [J]. Journal of Nonlinear Mathematical Physics, 2017, 24(1): 79-92.

[149] LIU S W, MA W X. The string equation and the τ-function Witt

constraints for the discrete Kadomtsev-Petviashvili hierarchy[J]. Journal of Mathematical Physics, 2013, 54(10): 103513.

[150] LIU S W. Eigenvalues of the string constraints for the Kadomtsev-Petviashvili hierarchy[J]. Journal of Mathematical Physics, 2015, 56(11): 113505.

[151] LU J P, WU C Z. Bilinear equation and additional symmetries for an extension of the Kadomtsev-Petviashvili hierarchy[J]. Mathematical Physics Analysis and Geometry, 2021, 24(3): 1-23.

[152] SHEN H F, TU M H. On the string equation of the BKP hierarchy [J]. International Journal of Modern Physics A, 2009, 24(22): 4193-4208.

[153] SHEN H F, TU M H. On the constrained B-type Kadomtsev-Petviashvili hierarchy: Hirota bilinear equations and Virasoro symmetry[J]. Journal of Mathematical Physics, 2011, 52(3): 032704.

[154] TAKASAKI K. Quasi-classical limit of BKP hierarchy and W-infinity symmetries[J]. Letters in Mathematical Physics, 1993, 28(3): 177-185.

[155] TAKASAKI K. Toda lattice hierarchy and generalized string equations [J]. Communications in Mathematical Physics, 1996, 181(1): 131-156.

[156] TU M H. q-deformed KP hierarchy: its additional symmetries and infinitesimal Bäcklund transformations[J]. Letters in Mathematical Physics, 1999, 49(2): 95-103.

[157] VAN DE LEUR J. The Adler-Shiota-van Moerbeke formula for the BKP hierarchy[J]. Journal of Mathematical Physics, 1995, 36(9): 4940-4951.

[158] VAN DE LEUR J. The n-th reduced BKP hierarchy, the string equation and $BW_{1+\infty}$-constraints[J]. Acta Applicandae Mathematicae, 1996, 44(1-2): 185-206.

[159] VAN DE LEUR J. The $W_{1+\infty}(gl_s)$-symmetries of the s-component KP hierarchy[J]. Journal of Mathematical Physics, 1996, 37(5): 2315-

2337.

[160] WU C Z. From additional symmetries to linearization of Virasoro symmetries[J]. Physica D,2013(249):25-37.

[161] VMATVEEV V B, SALLE M A. Darboux transformations and solitons[M]. Berlin:Springer-Verlag,1991.

[162] CHAU L L, SHAW J C, YEN H C. Solving the KP hierarchy by gauge transformations[J]. Communications in Mathematical Physics, 1992,149(2),263-278.

[163] HE J S, LI Y S, CHENG Y. The determinant representation of the gauge transformation operators[J]. Chinese Annals of Mathematics, Series B,2002,23(4):475-486.

[164] ARATYN H, NISSIMOV E, PACHEVA S. Darboux-Bäcklund solutions of SL(p, q) KP-KdV hierarchies, constrained generalized Toda lattices, and two-matrix string model[J]. Physics Letters A, 1995,201(4):293-305.

[165] CHAU L L, SHAW J C, TU M H. Solving the constrained KP hierarchy by gauge transformations[J]. Journal of Mathematical Physics,1997,38(8):4128-4137.

[166] HE J S, LI Y H, CHENG Y. Two choices of the gauge transformation for the AKNS hierarchy through the constrained KP hierarchy[J], Journal of Mathematical Physics,2003,44(9):3928-3960.

[167] HE J S, CHENG Y, ROEMER R A. Solving bi-directional soliton equations in the KP hierarchy by gauge transformation[J]. Journal of High Energy Physics,2006(3):103.

[168] HE J S, WU Z W, CHENG Y. Gauge transformations for the constrained CKP and BKP hierarchies[J]. Journal of Mathematical Physics,2007,48(11):113519.

[169] NIMMO J J C. Darboux transformations from reductions of the KP hierarchy [M]//Nonlinear Evolution Equations and Dynamical Systems. Singapore:World Scientific,1995:168-177.

[170] CHENG J P. The gauge transformation of the modified KP hierarchy [J]. Journal of Nonlinear Mathematical Physics, 2018, 25(1): 66-85.

[171] CHEN H Z, GENG L M, LI N, et al. Solving the constrained modified KP hierarchy by gauge transformations [J]. Journal of Nonlinear Mathematical Physics, 2019, 26(1): 54-68.

[172] YANG Y, CHENG J P. The gauge transformations generated by the wave functions in the constrained modified KP hierarchy[J]. Modern Physics Letters B, 2020, 34(18): 2050205.

[173] HUANG R, SONG T, LI C Z. Gauge transformations of constrained discrete modified KP systems with self-consistent sources [J]. International Journal of Geometric Methods in Modern Physics, 2017, 14(4): 1750052.

[174] LI M H, CHENG J P, HE J S. The gauge transformation of the constrained semi-discrete KP hierarchy[J]. Modern Physics Letters B, 2013, 27(6): 1350043.

[175] LI M H, CHENG J P, HE J S. The successive application of the gauge transformation for the modified semi-discrete KP hierarchy [J]. Zeitschrift für Naturforschung A, 2016, 71(12): 1093-1098.

[176] OEVEL W. Darboux transformations for integrable lattice systems [M]// Nonlinear Physics: theory and experiment. Singapore: World Scientific, 1996: 233-240.

[177] CHENG J P. Miura and auto-Backlund transformations for the q-deformed KP and q-deformed modified KP hierarchies[J]. Journal of Nonlinear Mathematical Physics, 2017, 24(1): 7-19.

[178] CHENG J P, WANG J Z, ZHANG X Y. The gauge transformation of the q-deformed modified KP hierarchy [J]. Journal of Nonlinear Mathematical Physics, 2014, 21(4): 533-542.

[179] TU M H, SHAW J C, LEE C R. On Darboux-Bäcklund transformations for the q-deformed Korteweg-de Vries hierarchy[J]. Letters in Mathematical Physics, 1999, 49(1): 33-45.

[180] NIMMO J J C, WILLOX R. Darboux transformations for the two-dimensional Toda system[J]. Proceedings of the Royal Society A, 1997,453(1967):2497-2525.

[181] HELMINCK G F, VEN DE LEUR J. Darboux transformations for the KP hierarchy in the Segal-Wilson setting[J]. Canadian Journal of Mathematics,2001,53(2):278-309.

[182] WILLOX R,TOKIHIRO T,LORIS I,et al. The fermionic approach to Darboux transformations,Inverse Problems,1998(14):745-762.

[183] YANG Y, CHENG J P. Bilinear equations in Darboux transformations by Boson-Fermion correspondence[J]. Physica D, 2022(433):133198.

[184] ÜNAL M. Fermionic approach to soliton equations [J]. Journal of Mathematical Analysis and Applications,2011,380(2):782-793.

[185] KAC V G, PETERSON D H. Lectures on the infinite wedge-representation and the MKP hierarchy[M] // Systèmes dynamiques non linéaires:intégrabilité et comportement qualitatif. Montreal,QC: Presses Univ. Montréal,1986:141-184.

[186] KAC V G,RAINA A K,ROZHKOVSKAYA N. Bombay lectures on highest weight representations of infinite dimensional Lie algebras (2nd Edition)[M]. Singapore:World Scientific,2013.

[187] KAC V G, WAKIMOTO M. Exceptional hierarchies of soliton equations [M]//Theta functions, Part Ⅰ. Providence: American Mathematical Society,1989:191-237.

[188] LIU S Q, RUAN Y B, ZHANG Y J. BCFG Drinfeld-Sokolov hierarchies and FJRW-theory[J]. Inventiones Mathematicae, 2015, 201(2):711-772.

[189] LIU S Q,WU C Z,ZHANG Y J. On the Drinfeld-Sokolov hierarchies of D type[J]. International Mathematics Research Notices,2011(8): 1952-1996.

[190] WU C Z. Tau functions and Virasoro symmetries for Drinfeld-Sokolov

hierarchies[J]. Advances in Mathematics,2017(306):603-652.

[191] HOLLOWOOD T, MIRAMONTES J L. Tau-functions and generalized integrable hierarchies[J]. Communications in Mathematical Physics,1993,157(1):99-117.

[192] ANGUELOVA I I. The second bosonization of the CKP hierarchy [J]. Journal of Mathematical Physics,2017,58(7):071707.

[193] YOU Y C. DKP and MDKP hierarchy of soliton equations[J]. Physical D,1991,50(3):429-462.

[194] GIVENTAL A, MILANOV T. The breadth of symplectic and Poisson geometry [M]//Simple singularities and integrable hierarchies. Boston: Birkhäuser Boston,2005:173-201.

[195] MILANOV T,SHEN Y F,TSENG H H. Gromov-Witten theory of Fano orbifold curves, Gamma integral structures and ADE-Toda hierarchies[J]. Geometry & Topology,2016,20(4):2135-2218.

[196] BILLIG Y. An extension of the Korteweg-de Vries hierarchy arising from a representation of a toroidal Lie algebra[J]. Journal of Algebra,1999,217(1):40-64.

[197] IOHARA K,SAITO Y,WAKIMOTO M. Hirota bilinear forms with 2-toroidal symmetry[J],Physics Letters A,1999,254(1-2):37-46.

[198] IKEDA T, TAKASAKI K. Toroidal Lie algebras and Bogoyavlensky's (2+1)-dimensional equation[J]. International Mathematics Research Notices,2001(7):329-369.

[199] FRENKEL E, ZHU X W. Gerbal representations of double loop groups[J]. International Mathematics Research Notices, 2012(17): 3929-4013.

[200] CASATI P, ORTENZI G. New integrable hierarchies from vertex operator representations of polynomial Lie algebras[J]. Journal of Geometry and Physics,2006,56(3):418-449.

[201] VAN DE LEUR J. Bäcklund transformations for new integrable hierarchies related to the polynomial Lie algebra $gl_{\infty}^{(n)}$[J]. Journal of

Geometry and Physics,2007(57):435-447.

[202] MOROZOV A. Matrix models as integrable systems[M]//Particles and fields. New York: Springer,1999:127-210.

[203] DING J T. Spinor representations of $U_q(\hat{gl}(n))$ and quantum boson-fermion correspondence [J]. Communications in Mathematical Physics,1999,200(3):399-420.

[204] TSUDA T. Universal characters and an extension of the KP hierarchy[J]. Communications in Mathematical Physics, 2004, 248 (3):501-526.

[205] JING N H,LI Z J. Tau functions of the charged free bosons[J]. Science China Mathematics,2020,63(11):2157-2176.

[206] KAC V G. Infinite dimensional Lie algebras [M]. Cambridge: Cambridge University Press,1990.

[207] TEN KROODE F, VAN DE LEUR J. Bosonic and fermionic realizations of the affine algebra $\hat{gl}(n)$ [J]. Communications in Mathematical Physics,1991,137(1):67-107.

[208] WHEELER M. Free fermions in classical and quantum integrable models[J]. arXiv:1110,6703.

[209] 陈维桓. 微分几何引论[M]. 北京:高等教育出版社,2013.

[210] SPIVAK M. Calculus on manifolds. A modern approach to classical theorems of advanced calculus [M]. New York-Amsterdam: Benjamin,1965.

[211] WILLOX R,LORIS I. KP constraints from reduced multi-component hierarchies[J]. Journal of Mathematical Physics, 1999, 40 (12): 6501-6525.

[212] WANG S, GUO W C, GUAN W C, et al. Squared eigenfunction symmetries of the constrained integrable hierarchies[J]. International Journal of Modern Physics A,2022(37):2250076.

[213] TEO L P. Fay-like identities of the Toda lattice hierarchy and its dispersionless limit [J]. Reviews in Mathematical Physics, 2006,

18(10):1055-1073.

[214] KAC V G,CHEUNG P. Quantum calculus[M]. New York:Springer-Verlag,2002.